土石坝施工质量控制技术

主　编　徐玉杰

副主编　姚党照　郭全中
　　　　谢俊国　申天印

主　审　龙振球

黄河水利出版社

内 容 提 要

全书共分为9章，主要内容包括：土石坝的类型与强制性条文的相关规定，坝址地形的选择与枢纽布置，施工导流与截流，坝基开挖及地基处理，筑坝材料的工程性质及各项技术要求，土石坝的填筑与碾压要求，护坡及反滤层排水设施施工质量控制，土石坝施工质量和安全技术，土石坝工程安全监测施工质量控制。

本书主要作为水利电力工程从事土石坝施工的工程技术人员及监理工程师、质量监督人员的一部参考书。

图书在版编目(CIP)数据

土石坝施工质量控制技术/徐玉杰主编.—郑州：黄河水利出版社，2008.6

ISBN 978-7-80734-449-0

Ⅰ.土… Ⅱ.徐 Ⅲ.土石坝-工程施工-质量控制 Ⅳ.TV641

中国版本图书馆CIP数据核字(2008)第093953号

组稿编辑：余甫坤　电话：0371-66024993　E-mail：yfk7300@126.com

出 版 社：黄河水利出版社

地址：河南省郑州市金水路11号　　邮政编码：450003

发行单位：黄河水利出版社

发行部电话：0371-66026940、66020550、66028024、66022620(传真)

E-mail：hhslcbs@126.com

承印单位：黄河水利委员会印刷厂

开本：787 mm×1 092 mm　1/16

印张：15

字数：365千字　　印数：1—2 100

版次：2008年6月第1版　　印次：2008年6月第1次印刷

定价：39.00元

前　言

《土石坝施工质量控制技术》是按照工程设计提出的结构、技术质量及安全监测和安全技术等要求，从技术、工艺、材料、机械、组织和管理等多方面，采取的相应施工方法和先进技术措施，根据现行的水利部分强制性条文及工程新规程、规范，并结合作者多年从事水利水电工程施工的经验编写而成的。

本书主要内容涉及9个方面：土石坝的类型与强制性条文的规定，坝址地形的选择与枢纽布置，施工导流与截流，坝基开挖与地基处理，筑坝材料的工程性质及各项技术要求，土石坝的填筑与碾压要求，护坡及反滤层排水设施施工要求，土石坝施工质量和安全技术，土石坝工程安全监测施工质量控制等。

在编写过程中，注意了联系当前水利水电工程施工中的实际情况，并适当介绍目前国内外先进的施工技术和经验、施工机械的应用等。本书全部采用新规范、新标准。

全书由徐玉杰、姚党照、郭全中、谢俊国、申天印共同编写，计36.5万字，龙振球主审。本书在编写过程中参考了大量的规范和相关书籍，未在书中一一注明，在此向有关作者表示感谢。

由于编写时间仓促和编者水平有限，对书中存在的不足和缺点，望广大读者批评指正。

编　者

2008年3月

目　录

第一章　土石坝的类型与强制性条文的相关规定

土石坝是最古代的水工建筑物，在纪元前，世界各地及我国就已经有了这种坝型，而现在世界各国仍普遍采用着。新中国成立后，历经50多年的不懈努力，我国已建成水库8万多座，其中高15m以上的大坝2.4万座，占世界大坝的一半，已建成大中型水库1 100多座，如淮河支流上的南湾、薄山、板桥、石漫滩、宿鸭湖等水利工程。由于土石坝工程经常能够就地取材，而且筑坝时可采用从最简单到最新式的各种机械，所以可以修筑的高度可达百米以上。

第一节　土石坝的类型和坝型选择

一、土石坝的类型

按照施工方法，土石坝可分为：碾压式、水填式和半水填式；按照高度可分为：低坝或低水头坝——坝高在30 m以下者，中坝——坝高在30～70 m之间者，高坝——坝高在70 m以上者。

土石坝的坝高应从坝体防渗体、底部或坝轴线部位的建基面算至坝顶（不含防浪墙），取其大者。

根据材料和构造的不同，土石坝可分为：

(1)均匀土质坝：坝体主要是由一种均匀的土料筑成的。

(2)多种土质坝：坝体断面各个部分是由许多不同性质的土料组合而成的。

(3)硬性斜墙坝：其断面包括透水性极小的材料如混凝土、钢筋混凝土金属、浆砌块石等筑成的迎水面防渗斜墙。

(4)塑性斜墙坝：其断面包适由透水性小的土料筑成的迎水面防渗斜墙。

(5)硬性心墙坝：其断面包括用不透水或透水性极小的材料如混凝土、钢筋混凝土、金属等筑成的迎水面垂直的防渗心墙，其余部分由各种粒径的土料所组成。

(6)塑性心墙坝：其断面包括由透水性小的土料筑成的垂直的防渗心墙，墙体其他部分是由各种粒度的土料做成的。

(7)堆石面板坝：其断面用各种岩石堆积而成，上游面用透水性小的材料如混凝土、钢筋混凝土等做成。

上面所提到的各种坝的类型如图1-1所示。

二、坝型选择

坝型选择的原则：

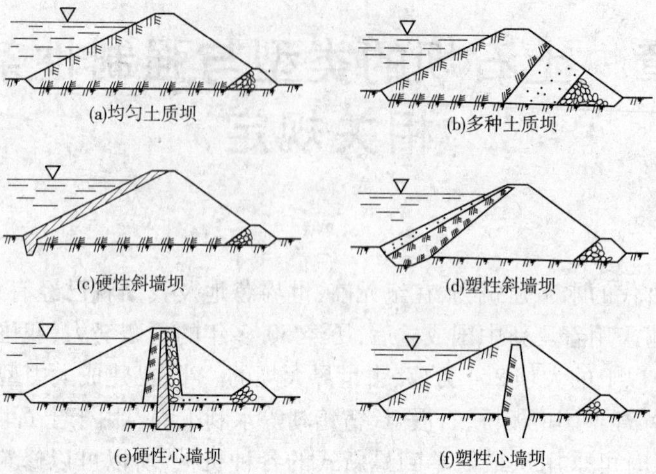

图 1-1　各类堤型

（1）碾压式土石坝的型式可在以下三种基本型式中选择：

①均质坝；

②土质防渗体分区坝；

③非土质材料防渗体坝。

（2）堤型选择应综合考虑下列因素，经技术经济比较后确定：

①坝址区河势、地形、坝址基岩、覆盖层特征及地震烈度等地形地质条件；

②筑坝材料的种类、性质、数量、位置和运输条件；

③施工导流施工进度与分期、填筑强度、气象条件、施工场地、运输条件和初期度汛等施工条件；

④坝高：高坝多采用土质防渗体分区坝，低坝多采用均质坝，条件合适时采用混凝土面板堆石坝；

⑤枢纽布置，坝基处理以及坝体与泄水、引水建筑物等的连接；

⑥运行条件：如对渗漏量要求高低，上、下游水位变动情况，分期建设等；

⑦坝及枢纽的总工程量、总工期和总造价。

（3）3 级低坝经过论证可采用土工膜防渗体坝。

（4）轴线较长的土石坝根据地形、地质及料场的具体条件，可分段采用不同坝型，但在坝型变化处应设置渐变段。

第二节　碾压式土石坝的强制性条文规定

碾压式土石坝设计规范等规定强制性条文有筑坝材料的选择和填筑标准、坝体结构、坝基处理、坝体与地基和其他建筑物的连接等四个方面。

一、筑坝材料的选择和填筑标准

（一）防渗土料的基本性质要求

防渗土料的基本性质要求包括渗透系数、水溶盐含量和有机质含量三方面。

（1）渗透系数。心墙与斜墙坝的防渗土料的渗透系数一般不大于 10^{-5} cm/s，均质坝不大于 10^{-4} cm/s。防渗土料的选择与水库的渗漏量要求有关：以供水发电为主的水库，希望采用渗透性更小的防渗土料；以防洪为主的水库，防渗土料的防渗系数相对可适当大一些。

（2）水溶盐含量。水溶盐一般分为易溶盐、中溶盐和难溶盐三类。易溶盐包括氯盐、重磷酸盐、碳酸钠和硫酸钠等；中溶盐主要是石膏；难溶盐包括碳酸钙、碳酸镁等。难溶盐在非侵蚀性水中淋洗速度慢，引起填土性质的变化极小，可以不计，故强制性条文规定：常用的筑坝土料中的易溶盐、中溶盐的含量不大于3%。

（3）有机质含量。土中有机质有两种：①未完全分解的植物残渣、树皮等，这些有机质的继续分解可以在土中产生孔洞，其化学成分能改变土壤的性质；②完全分解的有机质，对土的影响与其处于分散或凝聚状态有关。所以，强制性条文规定：均质坝的有机质含量不大于5%，心墙和斜墙不大于2%。

（二）砾石土的要求

砾石土包括风化砾石土、风化岩石开挖碾压后形成的砾石土和人工掺合的砾石土。强制性条文规定：用于填筑防渗体的砾石土，其粗料（粒径大于5 mm的颗粒）含量一般不超过50%，其最大粒径不超过10～15 cm或铺土厚度的2/3，但不得发生粗料集中架空现象。

（三）反滤层、过渡层和排水层土石料的要求

强制性条文规定：①具有要求的颗粒级配，且粒径小于0.1 mm颗粒含量不大于5%；②具有要求的透水性；③质地致密坚硬，具有高度的抗水性和抗风化能力，风化料一般不能用做反滤料，如必须应用时应有充分论证；④反滤料宜尽量利用天然砂砾石料筛选，在缺乏天然砂砾料时，也可采用人工砂或碎石料，但应选用抗水性和抗风化能力强的母岩轧制。

为防止在施工中发生粗细颗粒分离，对于 D_{60} 以下颗粒要求下包线与上包线的 D_n（$n \leq 60\%$）之比不大于5。小于0.1 mm颗粒含量的多少影响反滤料的透水性，应根据一般经验确定。

反滤料、过渡料等，若抗水性差，在渗透水的作用下，颗粒会进一步软化破碎；若抗风化程度差，在堆存填筑于表层时，可能会因颗粒进一步风化，使颗粒变细。两种情况均会导致级配不满足要求，反滤料透水性变小。质地致密坚硬的材料，对提高抗水性和抗风化性能有利，故强制性条文规定：应具有高度的抗水性和抗风化能力，风化料一般不能用做反滤料。

（四）黏性土料的压实标准

黏性土料的压实标准，应根据现场碾压试验所确定的参数和设计要求来确定，一般根据强制性条文的要求：对1、2级坝和高坝不低于0.97～0.99，对3级及以下的坝应不低于0.95～0.97。

（五）无黏性土压实标准

强制性条文规定：无黏性土的压实标准按相对密度确定，要求不低于0.70～0.75。无黏性土中粗料含量小于50%时，应保证细料（小于5 mm的颗粒）的相对密度满足本要求。对于砂砾料要求的相对密度，换算出不同粗料含量的填筑密度值。对于砂砾料，实际在应用中一般据不同级配的室内试验结果整理出级配—干密度—相对密度关系，以便现场挖坑取样检查时，能根据测出的级配和干密度，查出相对密度值，以便于控制填筑质量。

（六）堆石的压实标准

堆石填筑标准常采用施工参数控制，即采用规定的机械设备、填筑层厚和碾压遍数等参

数的方法控制。

我国一直沿用孔隙率(干容重)和施工参数两类标准同时控制。规定施工参数,便于现场操作,采用干容重控制便于定量控制压实质量和校核设计要求。故强制性条文规定:堆石的压实功能和设计孔隙率可按已有类似工程拟定,一般为20%~28%,并由碾压试验确定。施工时以施工参数(包括碾压设备的型号、振动频率及重量,铺土厚度,加水量,碾压遍数等)及干容重控制。

二、坝体结构的各项要求

(一)坝体排水设备的要求

从保护被保护料细颗粒不流失而言,排水与反滤层是相同的。从透水性要求而言,对反滤层的要求是能通畅地排出渗透水流,能自由地排出“全部”渗水。故强制性条文规定:坝体排水设备必须满足以下要求:

(1)应有充分的排水能力,以保证自由地向下游排出全部渗水。

(2)应按排水反滤原则设计,以保证坝体及地基土不发生渗透破坏。

(3)便于观测和检修。

(二)反滤层的设置要求

反滤层的部位包括土质防渗体与坝壳、坝基透水层之间,以及下游渗流逸出处。土质防渗体与坝壳之间简单明了,易于执行。下游渗流逸出处则需根据工程具体情况,划分区域范围。由于反滤层对防止渗透破坏起着关键性的作用,故强制性条文规定:土质防渗体(包括心墙、斜墙、铺盖、截水槽等)与坝壳或坝基透水层之间,以及下游渗流逸出处都必须设置反滤层。当坝基或坝壳为砂土、层间关系满足反滤要求时,经过论证也可不设置专门的反滤层。

(三)上游坝面护坡的要求

上游坝面护坡,为防止波浪淘刷、冰层和漂浮物撞击、顺坝水流冲刷等,必须设置护坡,在坝表面材料为土、砂、砂砾石时,应设专门护坡,但堆石坝可采用堆石材料的粗颗粒或超径石做护坡或采用钢筋混凝土板护坡。土坝表面护坡的石块有必要从岩性(抗水性和抗风化性)、强度和风化程度等各方面都要达到规定要求。

(四)坝面排水的要求

对于均质土坝和砂砾石坝壳设置坝面排水是十分必要的。应确保排水沟牢固不渗水,排水沟一旦出现局部损坏,集中的水流从排水沟损坏处对坝面的冲刷可能要比雨水漫流冲刷坝坡严重得多。坝面与岸坡连接处是集水量相对较大的部位,更应引起重视,故强制性条文规定:为避免雨水漫流而造成坝坡坡面冲刷,应设坝面排水,其范围包括坝顶、坝坡、坝端及坝下游等部位的集水、节水和排水设施。

三、坝基处理的要求

概括起来,坝基处理大致有开挖、加固及坝基面处理三个方面的工作。

(一)一般要求

坝基处理有对渗流控制、稳定和变形三方面的要求,故强制性条文规定:坝基处理应满足渗流控制、静力和动力稳定、容许沉降量和不均匀沉降等方面的要求,保证坝的安全运行和经济效益。

对于砂砾石坝基，应先查明砂砾石的平面和空间分布情况，以及级配密度、渗透系数、允许渗透比降等物理力学指标。在地震区还应了解标准贯入击数、剪切波速、动力特性指标等。当岩石坝基有较大的透水性、软弱夹层、风化破碎或有化学溶蚀，以致通过地质渗漏量影响水库效益，影响坝体及坝基的稳定及渗流稳定时，对坝基应进行处理。

（二）处理地基的要求

处理地基主要有以下8种方法：

（1）深厚砂砾石层。国内外以采用混凝土防渗墙的较多，也可采用灌浆处理。

（2）软土。天然含水率大、呈软塑到流塑状态、抗剪强度低、透水性小、灵敏度高等是软土的特点，一般可采用以下标准评价，液性指数：$I_L \geqslant 0.75$，无侧限抗压强度 $g_w \leqslant 50$ kPa，标准贯入击数 $\mu_{63.5} \leqslant 4$，灵敏度 $S_t \geqslant 4$。当 $I_L \geqslant 1.0$、$e_0 \geqslant 1.5$ 时为淤泥；当 $I_L \geqslant 1.0$、$1.5 > e_0 \geqslant 1.0$ 为淤泥质土。

软黏土不宜作为坝基，必须经处理：首先宜考虑挖除，当厚度较大、分布较广，难以挖除时，可采取打砂井、插塑料排水带、加荷预压、真空预压、振冲置换及调整施工速率等措施，使大量沉降在大坝填筑以前完成，并通过预压提高坝基的强度和承载能力，控制填土速率，使荷载的增长与坝基软黏土强度的增长相适应，以保证地基的稳定。

（3）湿陷性黄土。其主要由粉粒组成，呈棕黄褐色，具有大孔隙或垂直节理等特征。湿陷性黄土作坝基时，需论证其沉降湿陷和溶滤对土石坝的危害。湿陷性黄土坝基多采用挖除、翻压、强夯等方法进行处理，其目的是在坝体填筑前清除其湿陷性，以免对工程造成危害。

黄土中常存有陷穴、动物巢穴、窑洞、基坑等地下空洞，必须查明处理。

（4）疏松砂土及少黏性土（黏粒含量小于15%）。对于疏松砂土及少黏性土坝基，其主要问题是液化问题，其解决的办法：

①浅层加固。一般要首先考虑挖除后换填好土或采用振动压密和重锤夯实等人工加密措施处理。如有效深度在1~2 m，用重锤。如有效深度在2~3 m，用重型振动碾压实后土层可达中密或紧密状态。

②深层加固。常用的加固处理方法有振冲法和强夯法。

a. 振冲法：是在振冲造成的孔中投入碎石或卵砾石，形成一系列排水体，使振动孔隙水压力加速消散，从而使液化现象大为减轻。该法适用于黏粒含量少于10%的砂砾、砂和少黏性土，加固深度可达20 m。经群孔振冲处理，相对密度可提高0.7~0.8以上，可达到防止液化的程度。

b. 强夯法：用很重的锤从高处（8~25 m）自由落下，给地基以冲击和振动使地基土层加密的一种方法。或采用冲击法或振动法往砂土中沉入桩管，并逐步边拔管边灌砂、振动而形成一系列砂桩，使周围砂层产生挤密和振密作用，处理深度可达到密实状态。在软黏土中置换率可高达70%。

③盖重排水。盖重的作用是提高地基易液化土层的约束应力，从而提高液化能力，加强排水，还可降低浸润线，减轻震害。

（5）岩溶的处理要求。岩溶是指可溶性岩层被水长期溶蚀而形成的各种地质现象和形态。在岩溶地区筑坝，其处理方法如下：

①大面积溶蚀未形成溶洞的可做铺盖防渗；

②浅层溶洞可挖除洞内破碎岩石和充填物，利用浆砌块石或混凝土堵塞；

③深层的溶洞可采用灌浆方法处理或做混凝土防渗墙；

④防渗体下游宜做排水设施；

⑤库岸边可做防渗设施隔离。

(6)断层破碎带的处理要求。透水性强或有不稳定泥化夹层的岩石，坝基处理的方案是防止渗漏、管涌和溶蚀问题。除做好接触面的处理外，还常采取灌浆、混凝土塞、混凝土防渗墙、铺盖、扩大截水槽底宽等处理措施。其主要目的是延长渗径。断层与坝的防渗体接触带可用混凝土盖板分隔开来，以防止接触冲刷。在防渗体下游断层出露处设置排水反滤设施，可防止断层破碎带内细颗粒流失和管涌破坏。

对有软弱夹层的岩基，主要解决滑动稳定问题，浅层一般挖除深层或多层，可采用锚固、压坡等措施处理。

(7)含有大量溶盐类的岩石和土，这类地基主要是在渗透水流作用下的淋蚀问题，过量的淋蚀会加大地基的沉降量。处理方法：一般对浅层采取挖除能彻底解决问题，当工程量大时也可采取加大截水槽底宽和坝顶超高的措施。

(8)透水坝基下游坝址处有连续的透水性差的覆盖层：一般采取设透水盖重和排水两种措施处理。其形式很多，现主要介绍如下：

①透水性均匀的单层结构坝基以及上层渗透系数大于下层的双层结构坝基，可采用水平排水垫层，也可在坝脚处结合贴坡排水体做反滤排水沟。

②双层结构透水坝基，当表层为不太厚的弱透水层，且其下的透水层较浅、透水性较均匀时，宜将坝底表层挖穿做反滤排水暗沟，并与坝底水平排水沟(垫层)相连，将水导出。此外，也可在下游坝脚处做反滤排水沟。

③对表层弱透水层太厚或透水层成层性较显著，宜采用减压井深入强透水层。如表层弱透水层不太厚，可结合减压井做反滤排水沟。

四、坝体与地基和其他建筑物的连接要求

坝体与地基(岸坡)的连接有两方面的要求：其一，对坝基面材料性质的要求；其二，接触面几何形状的要求。

坝体与其他建筑物的连接要求，主要反映在对接触面几何形状的要求。

(1)对坝体与土质地基的连接，强制性条文规定有四个方面的要求：

①地基和岸坡上的草皮、树根、含有植物的表土、蛮石、垃圾及其他材料的清除，并将清理后的地基表面土层压实是常规的坡面处理工作。

②对坝断面范围内的低强度、高压缩性软土及地震时易于液化的土层，进行清除或处理。

③防渗体必须坐落在相对不透水的土基上，否则应采取适当的防渗处理措施。当防渗体坐落在相对不透水土基上时，一般仅进行表面处理，即刨毛和压实处理，当坝基渗透性较大时，需进行防渗处理。

④地基覆盖层与下游坝壳粗粒料(如堆石等)接触处应符合反滤要求，否则必须设置反滤层，以防止地基土流失到坝壳中。应注意的是，坝基覆盖层的颗粒级配往往是非常不均匀

的，不同区域的材料级配有时相差较大。在这种条件下，应根据工程实际情况，确定是不同分区采用不同的反滤，还是按保护坝基覆盖层中的细颗粒不流失的原则来设计反滤料的级配。

(2)坝体与岩石地基及岸坡的连接要求：

规定坝体与岩石地基及岸坡的连接必须做到土质防渗体和反滤层与相对不透水的新鲜或弱风化岩石相连接。在开挖清理完毕后，用混凝土或砂浆封堵清理后的张开节理裂隙和断层，基岩上一般宜设混凝土盖板、喷混凝土或喷砂浆层，将基岩与土质防渗体分隔开来，以防止接触冲刷。

为了确保工程质量，规定有两个层次的要求：其一，土质防渗体和反滤层部位的岩石地基应开挖到何种程度。在实际工程中，土质防渗体和反滤层应与相对不透水的新鲜或弱风化岩石相连接。其二，开挖后岩石地基如何处理。开挖清理后用混凝土或砂浆封堵清理后的张开裂隙和断层以及设混凝土盖板、喷混凝土或砂浆层，将岩基与土质防渗分隔开来等各种处理措施，均是工程中常采取的处理措施。

(3)岸坡坡度的要求：

岸坡坡度要大致平顺，不应成台阶状，要求岸坡上缓下陡时，超出部位的变坡角应小于20°。与防渗体连接的岩石岸坡坡度宜不陡于1:0.5～1:0.75，陡于此坡度应有专门论证，并采取相应工程措施。

(4)土石坝与混凝土建筑物的连接要求：

土石坝与混凝土坝、溢洪道、涵管等混凝土建筑物的连接，必须防止接触面的集中渗流、因不均匀沉降而产生的裂缝，以及水流对上下游坝坡和坝脚的冲刷等。

土石坝与混凝土建筑物的连接应处理好以下三方面的问题：

①防渗体与其他建筑物的连接，主要与连接物面的渗径长度和允许的渗透比降大小两种因素有关。渗径长度加长，高水运用实际产生的渗透比降较小，不易产生接触冲刷，反之，接触面紧密，允许渗透比降增大，连接长度可相应减小。这两方面要严格注意处理。

②上下游坝坡脚的保护要求，当土石坝与泄水建筑物连接时，若上下游坝坡坡脚的保护措施不当，在长期运行中，水流将可能淘刷坝脚，引起塌坡，危及土石坝的安全。对于不同的建筑物，适用的连接形式可能不完全相同，现分述如下：

a. 土石坝与混凝土的连接常采用侧墙式(重力墩式或翼墙式)、插入式，以增加接触面渗径。但最好的是侧墙式连接方式，其结构形式简单，便于机械化施工，对保证结合面填土质量有利，有条件时，应尽量采用这种连接形式。

b. 土石坝与船闸、溢洪道等混凝土建筑物的连接多采用侧墙式。

c. 软基上的坝下埋管历来是土石坝较忌讳的问题。坝下埋设涵管时一般要求：土质防渗体下与涵管连接处应扩大防渗体断面，涵管本身设置永久的伸缩缝和沉降缝时，必须做好止水，并在接缝处设反滤层，在防渗体下游面与坝下游管接触处，应做好反滤层，将涵管包围起来。

③防渗体下游的反滤保护。影响连接面质量的因素较多，任何一个环节的疏忽都可能出现问题，因此加强防渗体下游的反滤保护是必要的。

五、《碾压式土石坝施工技术规范》(SDJ213—83)的规定

(1)施工单位对勘测设计单位所提供的各料场勘察报告和调查试验资料应进行认真核查。对批准的设计文件中选定的每个料场的储量与质量,应辅以适量的坑探和钻孔取样复核。如发现勘察项目和精度与规定不符,应及时提出意见,并会同勘测设计单位进行复查。

(2)土石坝施工试验的项目,一般有土料、砂砾料及石料的碾压试验,石料场的爆破试验,坝料加工试验,黏性土料含水量调整试验,以及混凝土防渗墙、基础灌浆、震动水冲和砂井加固坝基、减压排水井及其他施工试验。

(3)1、2 级坝和高土石坝工程必须在开工前完成有关施工试验项目,如坝料通过碾压试验方能确定控制标准和施工参数。

(4)对坝体填筑作业的要求:坝体填筑必须在坝基处理及隐蔽工程验收合格后才能进行。

(5)对坝体压实作业的要求:必须严格控制参数;压实机具的类型、规格等应符合施工规定;压实合格后始准铺筑上层新料。

坝壳堆石料难以逐层检查,必须严格控制填筑压实参数。

(6)对坝体斜墙、心墙的填筑作业的要求:心墙应同上下游反滤料及部分坝壳平起填筑,按顺序铺填各种坝料。优先采用先填反滤料后填土料的平起填筑法。

斜墙也应同下游反滤料及堤壳平起填筑。斜墙也可滞后于堤体填筑,但需预留斜墙施工场地,且紧靠斜墙的坝体必须削坡至全合格面,方允许填筑。

(7)填筑层面进行处理的质量要求:填筑面进料运输线路上散落的松土、杂物以及车辆行驶、人工践踏形成的干硬光面,特别是汽车经常进入防渗体的道路,应于铺土前清除或彻底处理。

(8)反滤层、排水设备施工的质量要求:①反滤层厚度、铺筑位置及反滤料的粒径、级配、不均匀系数、含泥量等,均应符合设计要求;②对已铺好的反滤层应作必要的保护,禁止车辆、行人通行,禁止抛掷石料以及其他物件,防止土料混杂污水侵入。

在反滤层上堆砌石料时,不得损坏反滤层,与反滤层接触的第一层堆石应仔细铺筑,其块径应符合设计要求,且防止大块石集中。

(9)排水设施所用的石料必须质地坚硬,其抗水性、抗冻性、抗压强度、几何尺寸均应满足设计要求。

第三节　混凝土面板堆石坝的强制性条文规定

一、筑填材料及填筑标准的要求

(一)硬性堆石料

一般将岩石的饱和无侧限抗压强度大于等于 30 MPa 的堆石料称为硬岩堆石料。其要求是压实后应能自由排水,有较高的压实密度和变形模量的定性要求,以及最大粒经不超过压实层厚,小于 5 mm 的颗粒含量不宜超过 20%,小于 0.075 mm 的颗粒含量不宜超过 5% 的要求。就堆石材料本身的特性,是级配良好,有适当的细颗粒含量,压实的密度必然较大。

当小于 5 mm 的颗粒含量在 25% 左右时,可以压实到较高的密实度。若堆石的不均匀系数小于 5,属不良级配;当堆石的不均匀系数大于 15 时,属于良好级配的堆石料。但小于 5 mm 的颗粒含量超过 30% 时,堆石的抗剪强度明显降低。由于堆石呈棱角状,接触点的应力很大,在碾压过程中,堆石颗粒会进一步破碎,小于 5 mm 的颗粒含量控制不超过 20% 比较合适。

堆石料的压实性质还与其最大粒径有关。级配相似的堆石料,其压实的密度随最大粒径的增大而提高。故强制性条文规定:堆石料的最大粒径应不超过压实层的厚度,就是尽量采用较大的粒径。

堆石料的变形模量随其压实密度的提高而增大,因此只要能将堆石压实到较高的密实度,就可以得到相对较高的变形模量。

小于 0.075 mm 的颗粒含量,对堆石的渗透性和抗剪强度有影响,故强制性条文规定:在堆石料中控制小于 0.075 mm 的颗粒含量不超过 5% 是必要的。

(二)软岩堆石料

将岩石饱和无侧限抗压强度小于 30 MPa 的堆石料称为软岩堆石料。对软岩堆石料,强制性条文规定:软岩堆石料压实后应具有较低的压缩性和一定的抗剪强度,可用于下游堆石区下游水位以上的干燥区,如用于堆石区时需经专门论证和设计,渗透性不能满足要求时可设置坝内排水。坝坡及周边缝止水结构,应适应软岩堆石料的特性等原则规定。

与硬岩堆石料相比,软岩堆石料的特点是抗剪强度较低、压缩性较大,特别是浸水后沉降变形更为明显。但混凝土面板堆石坝的原型观测表明,蓄水后面板的变形主要发生在上游坝体 1/3 范围,下游坝体很少受蓄水影响,其压缩性对面板可能产生的变形影响很小。因此,要求软岩堆石料填筑在下游堆石区下游水位以上的干燥区是必要的和可行的。由于软岩堆石料的上述特点,当填筑部位靠近上游时,面板及周边缝结构应能适应其变形特性。

软岩堆石料的渗透性一般低于硬岩堆石料,软岩堆石料的渗透系数 $K = 10^{-5}$ cm/s,小于硬岩堆石料。因此,有时需要设置坝体排水。

(三)砂砾石料

强制性条文规定:砂砾石料压实后具有较高的抗剪强度和较低的压缩性,宜用于填筑主堆石区。

由于砂砾石料的颗粒形状和级配特点,一般都容易压实到较高的密实度。当 5 mm 以上的颗粒含量约为 70% 时,可以达到最优压实。

砂砾石的压实干密度可达到 2.2 g/cm^3 左右,孔隙比 0.2 左右。

与堆石料相比,砂砾石料的压缩性相对较小。如湖北省西北口坝砂砾石料与堆石土料压缩试验结果比较表明,无论是饱和还是潮湿的情况下,总是砂砾石料的单位沉降量小,并且饱和与潮湿条件下的沉降差也较小。由于压缩变形模量与压缩变形量成反比,在相同垂直压力的条件下,砂砾石料的压缩模量大于堆石料。如西北口坝的试验,在垂直压力的条件下,按 0 ~ 2 MPa 计算时,砂砾石料在饱和、潮湿状态下的压缩模量 E_c 分别为 95.2 MPa 和 105.2 MPa,而相应的堆石料的 E_c 分别为 55.6 MPa 和 62.5 MPa。前者几乎为后者的 2 倍。

由于砂砾石有以上良好的特性,且比堆石料更便于开采和造价低廉,所以砂砾石料的应用日益广泛。

砂砾石料的特殊性可概括为以下三点:

(1)级配的离散性。这是砂砾石料的最显著的特点,在同一河段或料场,其级配一般不尽相同,有时相差很大。级配的差异使得其物理力学特性存在差异。如有的砂砾石料可能是自由透水料,有的可能属于半透水料。针对砂砾石料的这一特性,往往需采用不同的坝体分区。

(2)级配的间断性。这也是天然砂砾石料不容忽视的特点。间断级配的砂砾石料的渗透稳定性往往成为坝料设计甚至整个砂砾石面板坝设计的突击问题。

(3)施工中的分离。砂砾石料颗粒的磨圆度好,颗粒间的咬合力较小,因此施工时极易产生分离,导致填筑坝料的不均匀性。

与堆石料相比,砂砾石料有其不足之处,如:

(1)硬岸堆石料是非冲蚀性材料,可自由排水,不存在渗透稳定问题,而砂砾石料的细颗粒可以冲蚀,在渗流作用下存在渗透破坏的可能性,需要可靠的渗流控制措施。

(2)堆石料是有棱角的颗粒料,咬合力大,而砂砾石料颗粒磨圆度好,颗粒间的咬合力较小,容易滚动,在低应力下的抗剪强度低于堆石料,需要的坝坡往往稍缓。

(3)含泥量(小于0.1 mm 的颗粒含量)大且含水量高的砂砾石料,可能因其承载力不足而使重载车辆和振动碾不能正常工作。

砂砾石面板坝的渗流控制应采取以下措施:

(1)当坝体主要用砂砾石料填筑,对于不能自由透水的砂砾石料,往往需要设置坝体排水设施,可设置竖向或水平向排水,竖向排水体的顶宜高于水库正常蓄水位。排水料与坝体材料之间应满足反滤的层间关系,必要时设反滤层。排水体的排水能力应满足全部渗水自由排出坝外的要求。

(2)砂砾石料坝体用垫层料挡水度汛时,应进行渗流计算,校核坝体的渗透稳定性。

(3)砂石坝的垫层料渗流控制,主要是级配和渗透系数的要求。

(4)对高坝垫层料的要求:应具有连续级配,最大粒径为 80 ~ 100 mm,粒径小于 5 mm 的颗粒含量为30% ~50%,小于0.075 mm 的颗粒含量宜少于8%。压实后应具有内部渗透稳定性,低压缩性、高抗剪强度,并应具有良好的施工特性。

①级配的连续性要求:

a. 细料能起到填充粗料孔隙的作用,容易得到较高的密度和变形模量,能对混凝土面板有良好的支撑作用。

b. 透水性小于早期的均匀垫层,具有半透水性时,面板一旦开裂,能对面板上游设置的防渗铺盖和抛投的土料起到反滤保护作用,达到堵塞渗漏通道而自愈。

c. 级配连续的垫层料便于整平坡面,使面板厚度更加均匀,不仅节省超填混凝土,更重要的是改变了混凝土面板的支撑条件。

d. 施工期可直接利用垫层料挡水度汛,可以限制进入坝体的渗流量,保证堆石体的稳定。

e. 最大粒径:对于垫层料最大粒径的选择,总的变化趋势是由粗到细,逐渐稳定在一个粒径范围内。近年来国外混凝土面板坝垫层料的最大粒径大多在 100 ~ 150 mm 之间,国内为 80 ~ 100 mm 之间。

②粒径小于 5 mm 的颗粒含量:当粒径小于 5 mm 的颗粒含量小于 40% 时,施工中需采取一定的措施,防止粗细颗粒分离。

③粒径小于 0.075 mm 的颗粒含量:粒径小于 0.075 mm 的含量即通常所讲的含泥量要

求，强制性条文规定，粒径小于0.075 mm的颗粒含量宜少于8%。

故规定设计垫层料的级配为压实后应具有内部渗透稳定性，低压缩性、高抗剪强度，并应具有良好的施工特性等。

④特殊垫层区（小区料区）的要求：对周边缝下游特殊垫层区（小区料区）的要求是，宜采用最大粒径小于40 mm且内部稳定的细反滤料，薄层碾压密实，以尽量减少周边缝的位移，同时对缝顶粉细砂、粉煤灰等能起反滤作用。因此，特殊垫层区反滤料的最大粒径一般小于40 mm，最好是$D_{90} \leqslant 20$ mm，粒径小于5 mm的含量大于45%，能满足内部稳定的要求。

特殊垫层区填筑时，铺填厚度一般在0.1 m以上，如使用反铲安装平板振动器击实，填筑厚度可加大到0.2 m左右。

（四）坝料填筑标准的要求

（1）初步拟定的填筑标准：各区坝料填筑标准可根据经验初步确定，其值可在表1-1范围内选用。

表1-1　坝料填筑标准

料物或分区	孔隙率（%）	相对密度
垫层料	15～20	
过渡层细堆石料	18～22	
主堆石区堆石料	20～25	
下游区堆石料	23～28	
砂砾石料		0.75～0.85

（2）孔隙率（或相对密度）、坝料级配、碾压参数和干密度。条文规定，设计干密度用于孔隙率和岩石密度换算，且要求平均干密度不小于用设计孔隙率（或相对密度）换算的干密度值，其标准差应不大于0.1 g/cm^3。

在实际应用中，可整理出级配—干密度—孔隙率（或相对密度）关系，以便于现场挖坑取样检查时，能根据测出的级配和干密度，查出相对密度是否满足要求，这样便于控制施工质量。

（3）特殊垫层区和软岩堆石料，要求应适当提高标准。

二、坝体对混凝土面板砂砾坝的规定

混凝土面板砂砾石坝的垫层料应是连续级配且内部渗透稳定，压实后渗透系数为$1 \times 10^{-3} \sim 1 \times 10^{-4}$ cm/s。

三、趾板的岩石地基灌浆要求

趾板的岩石地基应进行固结和帷幕灌浆处理，趾板下的岩石地基表层，一般裂隙、夹泥层等较发育，又不能进行高压灌浆，且承受的水力梯度又较大，是防渗的薄弱环节。因此，提出固结灌浆的要求。趾板的固结灌浆均采用铺盖式布置，多为2～4排孔，孔深约5 m，风化破碎的岩层有时还应根据需要加深。

帷幕灌浆一般布置在趾板的中部，并与固结灌浆相结合。趾板地基下存在相对不透水层，但埋藏深度不大时，帷幕应深入该层至少5 m。也可以根据地质条件按坝高的1/3～1/2选定。在复杂的水文地质条件下或相对不透水层埋深较深或分布无规律时，防渗帷幕的布置深度和两岸延伸长度，则应根据渗流分析、防渗要求，并结合类似工程经验研究确定。

相对不透水层：3 级以下的中、低坝透水率宜为 5 ~ 10 Lu，蓄水和抽水蓄能水库的上库可用低值，泄洪水库等可用高值。对于 1、2 级坝和高坝，单位吸水率为 3 ~ 5 Lu。

四、混凝土面板的厚度要求

强制性条文规定有三项要求：

(1)应能便于在其内部布置钢筋和止水，其相应最小厚度为 0.30 m。

(2)控制渗透水力梯度不超过 200。

(3)在达到上述要求的前提下应选用较薄的面板厚度，以降低造价。

第四节　浆砌石坝的强制性条文规定

一、坝基处理的质量控制要求

强制性条文根据《浆砌石坝施工技术规定》(SD120—88)(试行)，规定坝基清理后，必须按“水利基本建设工程验收办法”进行验收。因此，应重视和掌握以下几点：

(1)岩基开挖邻近建基面处必须根据基岩特性采取预留保护层的开挖措施。

(2)建基面的几何尺寸、高程应符合设计要求，无松动岩块和爆破影响裂隙。

(3)坝基处理范围内的断层、裂隙密集带、软弱夹层、缓倾角夹泥裂隙等地质缺陷处理，应符合设计要求。

(4)坝基开挖处理完成后，地质勘测单位及时提供坝基竣工地质图，施工单位应及时提供坝基竣工地形图。缺少该项资料，后续工序不得施工。

二、坝体砌石的质量控制要求

(1)坝体砌筑应采用铺浆法。

(2)在胶结材料初凝前，允许一次连续砌筑两层石块，应严格执行上下错缝，铺浆及填浆饱满密实的规定。

(3)浆砌石坝结构尺寸和位置砌筑允许偏差应符合表 1-2。

表 1-2　浆砌石坝结构尺寸和位置砌筑允许偏差

类　别	部　位		允许偏差(cm)
平面控制	坝面分层	中心线	±0.5 ~ 1
		轮廓线	±2 ~ 4
	坝内管道	中心线	±0.5 ~ 1
		轮廓线	±1 ~ 2
竖向控制	重力坝		±2 ~ 3
	拱坝、支墩坝		±1 ~ 2
	坝内管道		±0.5 ~ 1

(4)溢流坝面的头部曲线及反弧段，宜用异形石及高标号砂浆砌筑，廊道顶拱宜用拱石砌筑，如用粗料石，可调整砌缝宽度砌成拱形。

(5)拱坝、连拱坝内外弧面石，可以采用粗料石，调整砌缝宽度砌成弧形，但同一缝两端的高度差，拱坝不宜超过 1 cm，连拱坝不宜超过 2 cm。

(6)当最低温度在 0 ~5 ℃时，砌筑作业应注意表面保护，最低温度在 0 ℃以下时，应停止砌筑。

(7)无防雨篷的仓面，在施工中遇大雨、暴雨时，应立即停止施工，妥善保护表面。雨后应先排除积水，并及时处理受雨水冲刷的断面部位。如表层混凝土或砂浆尚未初凝，应加铺水泥砂浆继续浇筑或砌筑，否则应按工作缝处理。

(8)坝体面石与腹石砌筑，一般应同步上升，如不能同步砌筑，其相对高差不宜大于 1 m，结合面应作竖向工作缝处理，不得在面石底面垫塞片石。

(9)当坝体外面为竖直平面时，其面石宜用粗料石，按丁顺交错排列。当为顺坡斜面时，宜用异形石砌筑，如倾斜面允许呈台阶状，可以采用粗料石水平砌筑。

(10)连拱坝砌筑应遵守下列规定：

①拱筒与支墩使用混凝土连接时，接触面按工作缝处理。

②诸拱筒砌筑应均衡上升。当不能均衡上升时，相邻两拱筒的允许高差必须按支墩稳定要求核算。

③倾斜拱筒采用斜向砌筑时，宜先在岩基上浇筑具有倾斜面(与拱筒倾斜面垂直)的混凝土拱座，而在其上砌石，石块的砌筑面应保持与斜拱的倾斜面垂直。

(11)坝面倒悬施工应遵守下列规定：

①采用异形石水平砌筑时，应按不同倒悬度逐块加工、编号，对号砌筑。

②采用倒阶梯砌筑时，每层挑出方向的宽度不得超过该石块宽度的1/5。

③粗料石垂直倒悬面砌筑时，应及时砌筑腹石或浇筑混凝土。

(12)砂浆砌石体砌筑的要求：

①毛石砌体应分层坐浆卧砌，与基面、施工缝面接触的第一皮石块应大头面朝下，上皮石块应利用略经敲打的自然形状毛石与先砌石块通过砂浆搁置基本吻合，搭砌紧密，相互拉结，应有利于提高砌体的整体性和抗压强度。

②粗料石、块石的砌筑，同一层或上下层的石块应错缝砌筑，粗斜石错距不得小于 10 cm，块石错距不得小于 8 cm。错缝及错距的规定，对提高坝体的整体性有利，施工中应严格执行。

③坝体面石的砌筑先于腹石的规定，是砌石工艺的要求，既方便施工，又兼有模板的作用，有利于提高砌体的施工质量。面石底座不得填塞片石的规定，是考虑荷载加上以后，支垫的小片石有可能被挤压破碎，使所砌石料不稳，影响砌石结构的安全。强调面石的规格符合设计要求，另一方面是为了面石有一定的承压面积，另一方面是为了有利于面石砌筑能丁顺相同。与腹石形成拉结作用，可避免面石与腹石间产生有害的竖向通缝。

(13)混凝土砌石体砌筑质量控制：

在浆砌石坝中，混凝土砌石宜用于坝体腹石部位。多年的实践证明，用混凝土砌筑腹石不仅经济且技术可行，砌缝的胶结材料可以采用振捣器振捣，对提高砌体的密实度和施工质量有重要的意义。其质量控制主要有以下几点：

①坝体腹石用混凝土砌筑时，面石应用砂浆砌筑。用砂浆砌筑面石，除有利于控制坝体外形尺寸、外观质量和坝面勾缝防渗外，同时对腹石砌缝、混凝土振捣能起模板作用，有助于砌体施工质量的提高。

②腹石用混凝土砌筑时，有利于砌体的整体性和密实性，并应按下列规定：

a. 粗料石砌筑，同层和上下层应整齐有序错缝排列。

b. 毛石、块石砌筑，同层和上下层应错缝，砌缝宽度应符合规定，石块间不得出现线面接触。

c. 竖缝混凝土振捣应有序进行，不得漏振。

(14)坝体特殊部位内的砌筑要求：

①拱坝、连拱坝内外弧的面石，可选用粗料石调整其径向宽度砌成弧形。径向竖缝两端面的宽度差，拱坝不宜大于 1 cm，连拱坝不宜大于 2 cm。以矩形粗料石代替加工费用较高的扇形石，用控制竖缝两端的宽度差，对扇形灰缝进行径向调整达到砌筑弧面的目的。

②连拱坝拱筒砌筑应掌握以下要求：

连拱坝拱筒砌筑应均衡上升，当不能均衡上升时，相邻两拱筒的允许砌筑高差，必须按支墩稳定要求进行核算，以确保砌筑中的拱筒能保持自身的安全与稳定。

倾斜拱筒斜向砌筑时，宜在基岩面上浇筑与拱筒倾斜面垂直的混凝土拱座，再于拱座面上坐浆砌石，保持砌石底面始终与倾斜拱筒的倾斜面垂直。这一规定不仅方便斜拱砌筑，也有利于砌体结构的安全。

③拱石砌筑：必须两端对称进行。各排拱石互相错缝，错缝距离不小于 10 cm。

当拱跨在 5 m 以下时，一般可采用块石砌拱，用砌缝宽度调整拱度，要求下缝宽度不得超过 1 cm，水泥砂浆强度不低于 M7.5。拱跨在 10 m 以下时，可按拱的全宽和全高，自拱脚同时对称连续地向拱顶砌筑。拱跨在 10 m 以上时，应作施工设计，明确拱圈加荷次序，并按此次序施工。

另外，尚应注意砌石拱圈的拱座面应为径向，同时应根据设计要求及拱圈跨径、矢高、厚度及支撑拱架情况，确定拱圈的砌筑程序。砌筑时应随时观测拱架变形，防止拱架失稳。

④坝体倒悬面砌石应注意以下问题：

a. 采用异形石水平砌筑坝体倒悬面时，应事先按不同倒悬度逐块加工异形石，并编号和对号进行砌筑。

b. 采用矩形粗石料倒阶梯水平砌筑时，每层粗石料挑出的悬长不得超过该石料长度的 1/5。

c. 采用粗石料垂直坝体倒悬面砌筑时，应有可靠措施确保倒悬面砌石体的稳定和安全。

(15)坝体砌筑的质量检验要求。强制性条文根据 SD120—84 的规定，对坝体砌筑过程中的质量控制检查提出如下要求：

①胶结材料的强度一定要符合设计与试验的要求。

②砌体强度的检查结果必须符合设计要求。

③砌体容重及空隙率：在坝高 1/3 以下，每砌筑 5 ~ 10 m 高至少挖试坑一组，堤高 1/3 以上砌体，试坑数量由设计、施工单位、监理共同商定，所测得的容重、空隙率必须符合设计要求。

④砌体密实性：每新砌一层次均要进行简易试验，如插钎灌水试验和翻撬检查等，检查

数量、部位由设计、施工单位和监理共同研究确定，检查结果应符合设计要求。

⑤浆砌石坝结构尺寸和位置砌筑允许偏差，如表 1-3 规定。

表 1-3　坝体结构尺寸、位置砌筑及坝面平整度允许偏差

<table>
<tr><th>类　别</th><th colspan="2">部　位</th><th>允许偏差(cm)</th></tr>
<tr><td rowspan="4">平面位置</td><td rowspan="2">坝面分层</td><td>坝轴线</td><td>±1.0</td></tr>
<tr><td>轮廓线</td><td>±4.0</td></tr>
<tr><td rowspan="2">坝内管道</td><td>中心线</td><td>±1.0</td></tr>
<tr><td>轮廓线</td><td>±2.0</td></tr>
<tr><td rowspan="3">高　程</td><td colspan="2">重力坝</td><td>±3.0</td></tr>
<tr><td colspan="2">拱坝、支墩坝</td><td>±2.0</td></tr>
<tr><td colspan="2">坝内管道</td><td>±1.0</td></tr>
<tr><td rowspan="2">大面平整度
(2m 直尺检查)</td><td colspan="2">粗料石</td><td>2</td></tr>
<tr><td colspan="2">块石</td><td>3</td></tr>
</table>

(16)面石勾缝的质量控制要求：

①砌体的外露面和挡土墙等的临土面均应勾缝，并以平缝为宜。

②勾缝砂浆标号应高于砌体砂浆标号，宜用中细砂料拌制，灰砂比宜为 1∶2。

③砌体勾缝前，应清理缝槽，并用水冲洗湿润，砂浆应嵌入缝内约 2 cm。

④砂浆应分次向缝内填塞密实，严禁勾假缝、凸缝，砌筑完毕应保持砌体表面湿润，做好养护工作。

(17)冬雨季施工的质量控制要求：

①当气温最低在 0 ~ 5 ℃时，砌筑作业应注意表面保护，最低气温在 0 ℃以下时，应停止砌筑。

②无防雨篷的仓面，在施工中遇大雨、暴雨时，应立即停止施工，妥善保护表面，雨后应先排除积水，并及时处理受雨水冲刷的部位，如表面混凝土或砂浆尚未初凝，应加铺水泥砂浆继续浇筑或砌筑，否则应按工作缝处理。

③砌筑过程中如遇中雨或大雨应停止砌筑，并将砌石块中的空隙用砂浆或细石混凝土填实，然后加以遮盖。雨后应立即清除积水再继续砌筑。

第二章　坝址地形的选择与枢纽布置

土石坝也是坝的一种类型，其坝址的选择和枢纽布置与其他类型的坝有共同之处，主要是要有合适的坝址、充裕的容量和不致漏水的地质条件，故一般要根据当地的地形、地质、水文、气象、建筑材料等因素，经过多方案的技术经济比较后择优选择枢纽布置方案。

第一节　坝址地形的选择要求

土石坝对坝址的地形、地质、气候、建材等条件的要求是不高的，而且其适应性较强，甚至在难度很高的条件下也能成功地修建起来。选择时，掌握如下几个原则：

(1)地形要肚大口小。肚大是库址内的地形宽广平坦，可以多蓄水量，口小是坝短，修建时工程经济。

(2)水源要充足。就是谷口以上集雨面积要比较大，能够聚集所需要的水量。

(3)谷地和山坡要不漏水。若有漏水，也必须容易修补。一般如有不能堵塞的岩层裂缝洞口，则不宜选做坝址。

(4)坝的地基要稳固，不会有下陷危险，岩石层也不应有向下滑落的现象。

(5)若为灌溉用水的水库大坝，则水库大坝的地点要靠近农田灌溉的地方，因为水库离灌溉区太远，则筑的渠道就长，渠道建筑物就多，且沿途渗漏蒸发损失水量也很大，均不经济。

(6)坝址附近要有足够的适宜筑坝用的土料或石料，能做到就地取材。

(7)最好选用水库四周或土石坝的两头山边，或适当的低凹垭口，或平缓岸坡、高程适当的台地、河道弯道处的单薄分水岭等来作溢洪道的位置。

(8)水库集雨面积的范围内，最好是草木茂盛的山区，如果必须在光山地区筑坝，最好同时着手造林及水土保持工作。

(9)淹没损失要少，包括水库淹没区的房屋、城镇、人口、田亩数量，交通线路，工业原料，基地等。

第二节　集雨面积勘测

集雨面积就是水库四周环绕这个山谷的山岭分水界线所包围的面积，如图 2-1 所示，虚线就是该水库的集雨面积。在这面积内的雨水，除蒸发、渗漏损失外，都能集中流到水库里面来。优良水库的首要条件，应该是集雨面积所蓄积的雨水，能够满足综合用水的需要，同时为水库大坝施工的水文资料提供依据。水文资料是水库工程的一项关键性资料，主要是降雨量、蒸发量、巡流量、洪水调查等资料。

(1)雨量。一般雨量资料是指年雨量、月雨量、一日暴雨量、短期暴雨量等。记录时间愈长愈好，作成频率曲线图供水库大坝施工用。年雨量和月雨量是为计算水库的来水量。

暴雨量是为了计算洪峰与洪水量,提供设计与施工导流、修筑围堰及施工控制工期等用。

(2)洪水调查资料。在山溪河流不可能获得实测的流量资料,只有依靠洪水痕迹的调查,了解历史上所有的洪水痕迹,并了解各次洪水生成的暴雨、山洪到达坝址的时间、洪水上涨与退落的时间等;根据山坡坡度、长度,主流坡坡度、长度,河岸坡率,土壤特性,河床糙率等要素,可以估算最大洪水流量,并结合多方询问当地群众,以资为证,供施工时参考。

(3)水旱灾害情况。历年水灾的情况、范围、程度、原因等,平均几年遇到一次水灾;历年旱灾情况、延续时间,平均几年一遇等,以利施工安排。

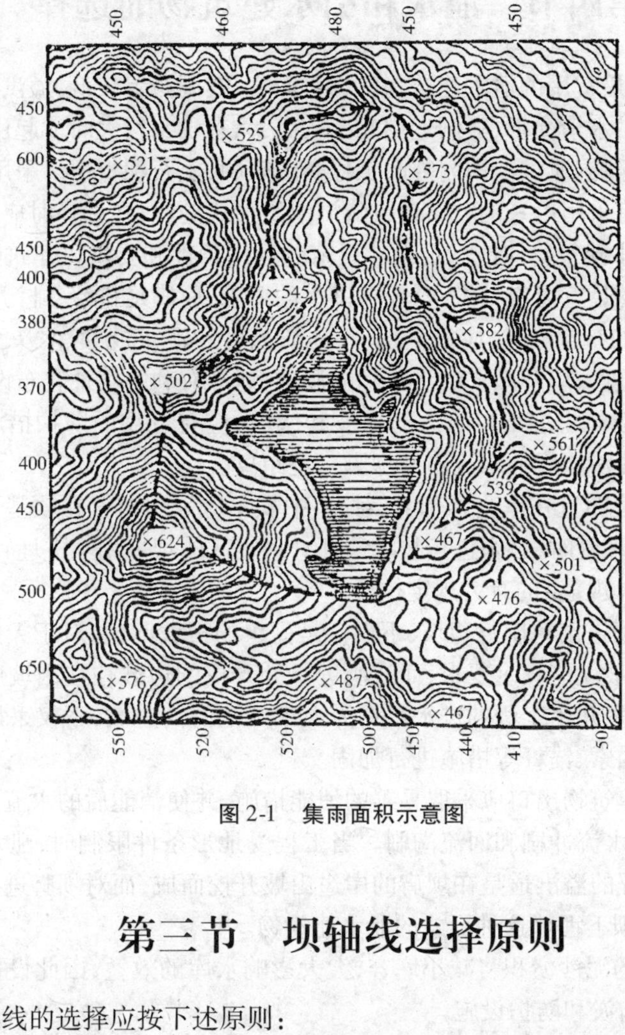

图 2-1　集雨面积示意图

第三节　坝轴线选择原则

土石坝坝轴线的选择应按下述原则:

(1)坝轴线应根据坝址区的地形条件、坝型、坝基处理方式、枢纽中各建筑物(特别是泄洪建筑物)的布置和施工条件等,经过多方案的技术经济比较来确定。

(2)坝轴线应因地制宜选定,宜采用直线。当采用折线时,在转折处应布置曲线段。

在设计地震烈度为8度及9度的地区,不宜采用折线。

(3)当坝址处存在有喀斯特、大断层或软黏土等不良地质条件时,应研究避开的可能性。

(4)坝轴线的曲(向上游拱起)直问题曾有人进行过研究和讨论,国外有些土石坝采用过这种向上游拱起的曲线形式坝轴线，特别是峡谷高坝，认为这样有利于防止裂缝和与岸坡连接。但实践表明，防渗体是否产生裂缝主要取决于工程措施和压实质量，近年来已不大采用这种形式。如我国的大型水库南湾、板桥、薄山、鸭河口、陆浑及国外的努列克、奇科森买加、契伏等水库及200 m以上的高坝都是采用直线，其运行情况正常。但当不得已向上游起拱时，土质防渗体分区坝一般加厚防渗体和反滤层，有的沥青混凝土面板坝采用聚酯网格等加强。

第四节　泄水和引水建筑物的选择

溢洪道和隧洞是最常用的泄水建筑物。相对而言，隧洞布置较低，溢洪道位置较高。在工程运行中，在一般洪水情况下，隧洞运用几率较高，只有洪水较大时才起用溢洪道。因此，对于中高坝大都采用隧洞泄洪。国内外的工程实践表明，土石坝枢纽多采用溢洪道、隧洞相结合的泄洪形式，也有采用单一的溢洪道或隧洞泄洪形式的，故在选择时应注意下述要求：

(1)枢纽中的泄水建筑物应能满足设计规定的运用条件和要求。建筑物应运用灵活可靠，其泄洪能力必须满足宣泄设计洪水、校核洪水的要求，应满足排沙、排污和排冰的要求。

(2)泄水建筑物的布置形式，应根据地形、地质条件和泄洪规模、水头大小及防沙要求等综合比较后选定。可采用开敞式溢洪道和隧洞，在地形有利的坝址宜布设开敞式溢洪道。

(3)泄水和引水建筑物进出口附近的坝坡和岸坡，应有可靠的防护措施。出口应采取妥善的消能措施，并使消能后的水流离开坝脚一定距离。

(4)泄水建筑物宜布置在岸边岩基上，对高、中坝不应采用布置在软基上的坝下埋管形式。低坝采用软基上埋管时，必须进行技术论证。地震区的坝采用坝下埋管应按SL203—07《水工建筑物抗震设计规范》的有关规定执行。

(5)对泄水建筑物进出口附近边坡，不仅仅是简单的护坡问题，对于天然边坡有时可能仅进行坡面清理和护坡就能满足要求，而隧洞进口处开挖的边坡往往因坡度过陡而需要进行加固。比如小浪底等几个工程的进水口均为人工开挖的高边坡，不仅采用了边坡坡面保护，还采取了预应力锚索、锚杆等措施进行加固。

要求泄水、引水建筑物出口应采取妥善的消能措施，并使消能后的水流离开坝脚一定的距离。其目的是避免水流冲刷和回流淘刷。当工程受地形条件限制时，泄水出口布置在距坝脚较近处，有些工程的溢洪道是在坝肩的岸边山坡开挖而成，而对坝脚进行适当的保护。

(6)一般不采用坝下埋管这种形式的泄水建筑物。

(7)多泥沙河流的泥沙淤积将减小库容，大大影响水库的效益，因此设排沙建筑物是必要的，并在进水口设防淤和防护设施。

第五节　坝型及选择的原则

土石坝的种类很多，以筑坝材料来说，可分为土坝、砌石坝、土石混合坝及混凝土坝、堆石坝、浆砌石坝、面板堆石坝等。筑坝的材料，以就地取材为经济。一般取土方便的地方以采用土坝为宜。按照施工方法的不同，土坝可分为分层碾压式、水力冲填式及半水力冲填式三种。按建筑材料及结构的不同，土坝又可分为以下几种类型：

(1)均质坝。是低中坝常用的坝型,但这种坝型有其明显的不足之处。如相对于堆石等材料,土料的抗剪强度低,对坝坡稳定不利,坝坡较缓,体积庞大,使用土料多,铺土厚度薄,填筑速度慢,施工时容易受降雨和冰冻的影响,不利于加快进度缩短工期。均质坝其断面一般为梯形,坝身基本上是性质相同而又透水性小的黏质土料所组成,如图 2-2 所示。

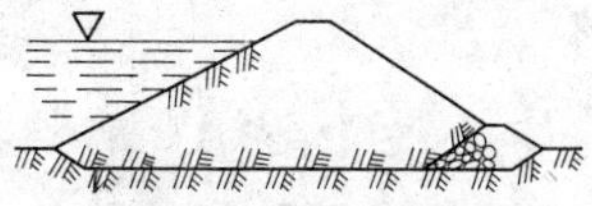

图 2-2 均匀土质坝

(2)组合土质坝。坝体由许多不同性质的土料组成,如图 2-3 所示。

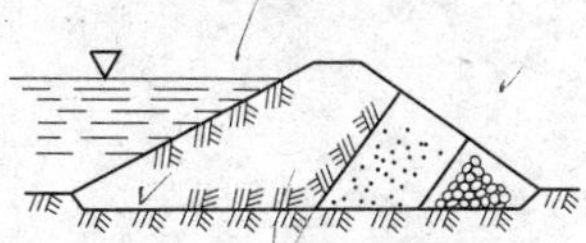

图 2-3 组合土质坝

(3)塑性心墙坝。用透水性较小而又密实的土料(如黏土)在坝心作心墙,坝身其他部分用透水性的土料如沙土、沙和卵石等做成如图 2-4 所示。

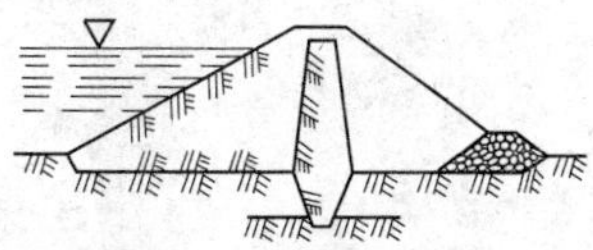

图 2-4 塑性心墙坝

(4)塑性斜墙坝。用透水性较小的土料(如黏土)在迎水面做防止渗漏的斜墙,如图 2-5 所示。此外,还有刚性心墙坝和刚性斜墙坝两种,是用混凝土来做土坝的心墙和斜墙,甚至有用金属或木板来做心墙的,但因其技术很复杂、材料昂贵,很少使用。

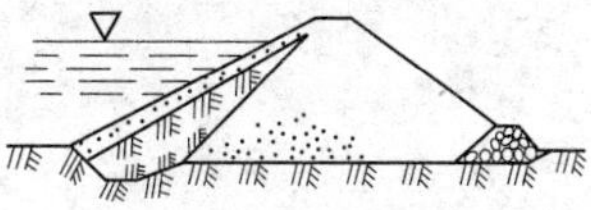

图 2-5 塑性斜墙坝

(5)非土质材料防渗体坝。即混凝土面板堆石坝、沥青混凝土面板和心墙坝、土工膜斜墙和心墙坝。

①混凝土面板堆石坝,具有坝体断面小,便于施工,填筑施工进度快等优点。这种坝大多修建在岩基上,近年来也开始在不太深厚的覆盖层上修建。

②沥青混凝土面板和心墙坝,该种坝型已应用多年,一般在一些抽水蓄能电站上,为尽量减少渗漏而采用此种坝型,如天荒坪电站。

③土工膜防渗体坝,这种坝型多用于病险坝除险加固,单独用土工膜或复合土工膜的新建坝相对较少。但在浙江小岭头坝高 36 m、云南李家箐坝高 30 m 等使用。这类坝仍处于初期发展阶段,没有形成成熟的设计施工技术体系。

所以,在选择坝型时,主要是根据当地筑坝土料情况及其地基的地质等条件决定。

(1)坝底为不透水的土质地基或岩石地基时:

①筑坝土料为透水性极微的(黏土或含黏土很多的壤土),可用均匀土质坝,如图 2-6 所示。

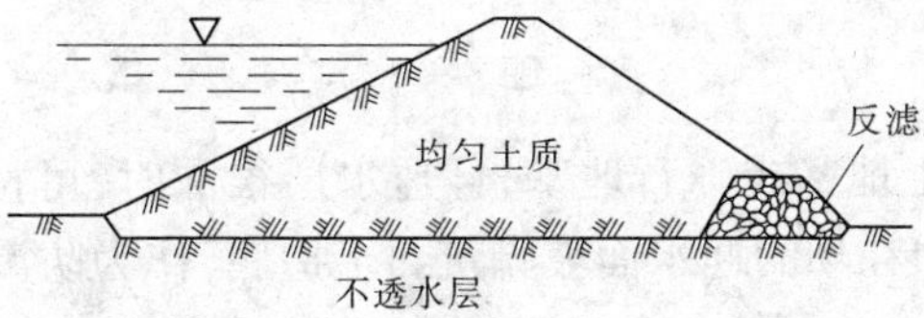

图 2-6

②筑坝土料有透水的有不透水的,可依实际情况采用组合土坝、塑性斜墙坝或塑性心墙坝,如图 2-7 所示。

(2)坝底为透水的砂土地基或砾石地基,但透水层不很深时:

①筑坝土料为透水性极微的,用均匀土质坝,但需加做隔水墙,如图 2-8 所示。

②筑坝土料有透水的有透水极微的,采用组合土质坝、塑性斜墙坝或塑性心墙坝,如图 2-9 所示。

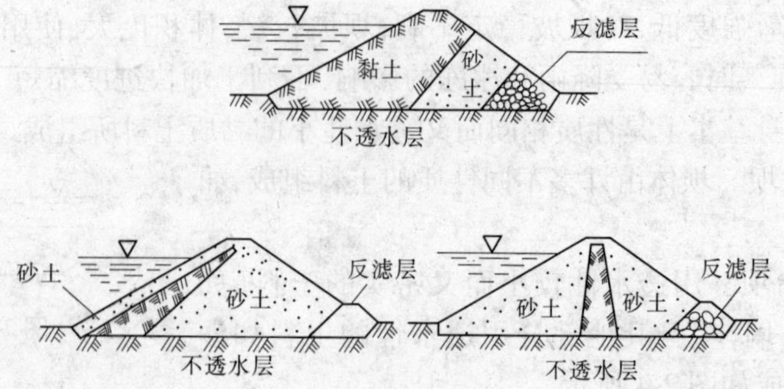

图 2-7

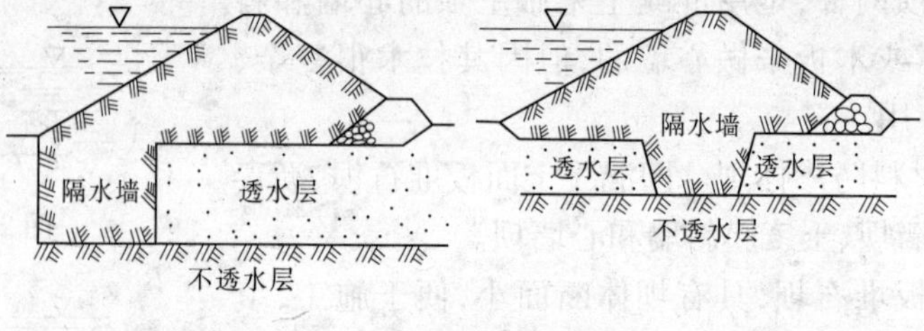

图 2-8

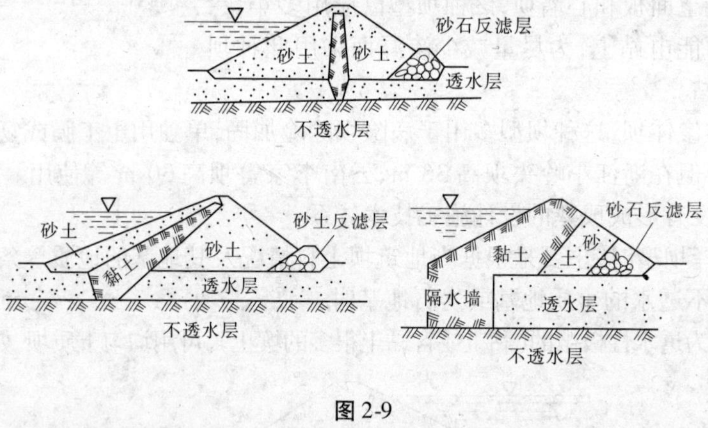

图 2-9

(3)坝底为透水的砂土地基或砾石地基,且透水层很深时,可按照筑坝土料情况,分别采用各种类型的坝,但必须在坝的迎水面坡脚筑黏土护底,作为防漏墙(即上游铺盖),如鸭河口水库大坝(见图 2-10)。

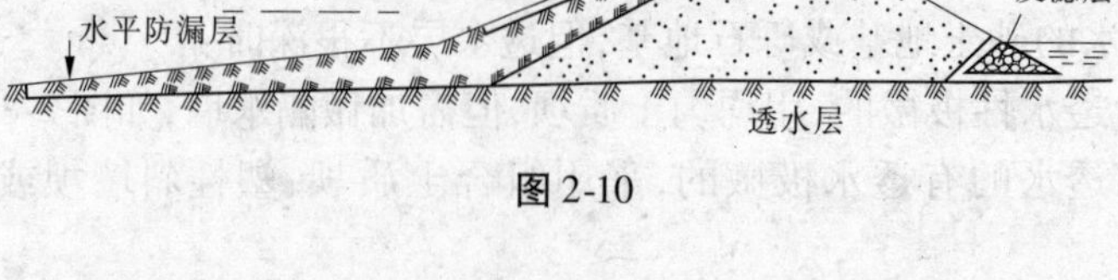

图 2-10

第三章　施工导流与截流

在水利水电枢纽的设计中,施工导流及度汛是施工方案的重要组成部分,是选定枢纽布置、永久建筑物型式,并直接影响到工程的施工总布置、施工程序、施工总进度及总投资等的重要因素。

施工导流贯穿于工程施工的全过程,导流设计要妥善解决从初期导流到后期导流(包括围堰挡水、坝体挡水、封堵导流泄水建筑物和水库蓄水),施工全过程中的挡、泄水问题,以保证在干地施工和施工期不影响或尽可能少影响水资源的合理利用,如防汛、灌溉、供水、发电、航运、渔业等。因此,必须在整个施工过程中,对河道的水流进行控制。周密地分析研究水文、地形、地质、水文地质、枢纽布置及施工条件等基本资料,也就是将河道上游的来水量按预定的施工技术措施进行调整,解决工程施工和水流蓄泄间的矛盾,创造干地施工的条件,避免水流对水工建筑物的施工造成不利影响,选定导流建筑物的布置、构造及尺寸,拟定导流建筑物的修建、拆除、堵塞的施工方法及截断河床水流,拦洪度汛及基坑排水的措施等,并保证水资源的综合利用不受影响或尽可能地少受影响。

第一节　施工导流的特点

水利水电工程施工均是在大小江河或湖滨海地区进行,其中相当一部分建筑物位于河床中,而这些建筑物必须要创造干地施工的条件。为了解决好这个矛盾,就需要在河床中修筑围护基坑,并将河道中各时期的上游来水量引向预定的泄水建筑物向下游泄水,这就是施工导流。

施工导流首先要修建导流泄水建筑物,然后修筑围堰进行河道截流,迫使河道水流改由导流泄水建筑物下泄,此后还要进行施工过程中的基坑排水,并保证汛期在建筑物和基坑安全度汛,当主体建筑物修建到一定高程后,再对导流泄水建筑物进行封堵。因此,施工导流虽属临时工程,但在整个水利水电工程施工中又是一项很重要的单位工程,它不仅关系到全部工程施工进度及工程完成时间,而且对施工方法的选择、场地的布置以及工程的造价有很大的影响,如果某项水利工程在施工时采用的施工导流标准过低,而上游实际来水量大于设计所采用的施工导流流量时,就将导致围堰工程失事,基坑被淹,尤其是在工程度汛时,将直接影响到工程施工的成败和下游人民生命财产的安全;反之,施工导流标准选择过高,将无形中增加导流泄水建筑物及围堰工程的修筑工程量,使工程的造价增加而造成不必要的浪费。

为了解决好施工导流问题,作到安全、合理、经济、高效,故在做工程的施工组织计划时,要认真分析研究当地的自然条件、工程特征、水文气象、水文地质和其他对水资源的需求来选择导流方案,做好施工导流设计。其主要任务是:选定导流标准,划分导流时段和导流设计流量,确定导流建筑物的型式、布置构造和尺寸,拟定导流建筑物的修建、拆除、封堵的施工方案,拟定河道截流、拦洪度汛和基坑排水的技术措施,并通过技术经济比较选择一个最经济合理的导流方案。

第二节　施工导流的基本方法和要求

施工导流的基本方法可分为两类:一类是全段围堰法导流(即河床外导流);另一类是分段围堰法导流(即河床内导流)。

一、全段围堰法导流

全段围堰法导流是指在河床外距主体工程轴线(如大坝、水闸等)上下游一定的距离各修建一道拦河坝体,使河道中的水流经河床外修建的临时建筑物或永久泄水建筑物的情况下泄,待主体工程建成或接近建成时,再将临时泄水建筑物进行封堵,或将永久泄水建筑物的闸门关闭。

全段围堰法按泄水建筑物的类型不同可分为明渠导流、隧洞导流、涵管导流等,其一般适用于枯水期流量不大、河道狭窄的中小河流。

(一)明渠导流

如图 3-1 所示,明渠导流是在河流的河岸或河滩上开挖渠道,上、下游围堰一次拦断河床形成基坑,保护主体建筑物干地施工,天然河道水流经河岸或滩地所挖导流明渠流向下游。

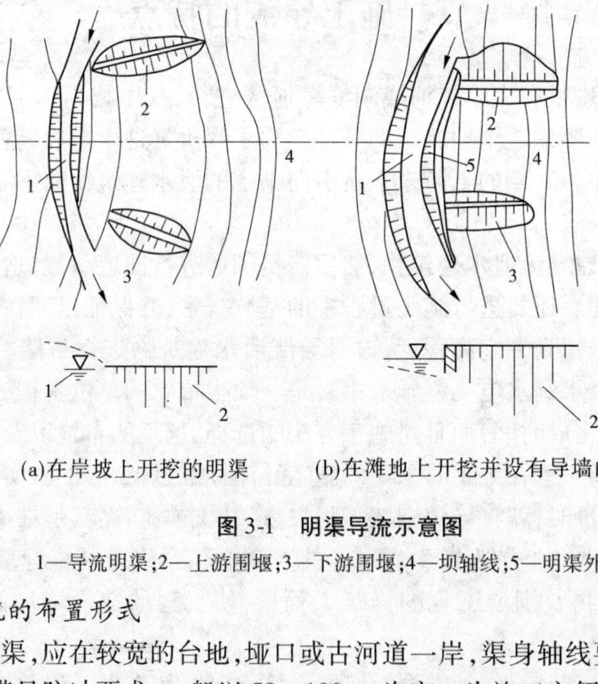

(a)在岸坡上开挖的明渠　　(b)在滩地上开挖并设有导墙的明渠

图 3-1　明渠导流示意图

1—导流明渠;2—上游围堰;3—下游围堰;4—坝轴线;5—明渠外导墙

1. 明渠导流的布置形式

布置导流明渠,应在较宽的台地,垭口或古河道一岸,渠身轴线要伸出上下游围堰外坡脚,水平距离要满足防冲要求,一般以 50 ~ 100 m 为宜。为施工方便,渠线要短,一定要保证明渠中的水流顺畅。为此,明渠进出口处的水流与河道主流的交角宜小于 30°,明渠转弯半径不宜小于 3 ~5 倍的渠底宽度。为了延长渗径,减少明渠中的水流渗入基坑,明渠与基坑之间要求足够的距离。导流明渠最好是单岸布置,以利工程施工和避免深挖方。

明渠进出口位置和高程的确定:明渠进出口力求不冲、不淤和不产生回流,可通过水利模型调整试验来确定进出口形状和位置,以达到理想的目的;进口高程按截流设计选择,出口高程一般由下游消能控制,在通航的河道进出口高程和渠道水流流态应满足施工时通航、过木和排水的要求,在满足上述条件下,尽可能抬高进出口高程,以减少水下开挖工程量。

2. 导流明渠的断面设计

1)明渠断面尺寸的确定

明渠的断面尺寸由设计导流流量控制,并受地形、地质和允许抗冲流速影响,应按不同的明渠断面尺寸与围堰组合,通过计算和综合分析确定。

渠道的过水断面面积可按下式计算:

$$A = \frac{Q}{[v]} \tag{3-1}$$

式中 A——明渠过水面积,m^2;

Q——导流设计流量,m^3/s;

$[v]$——渠道中的允许流速,m/s。

2)明渠断面形式的选择

明渠的断面一般选择为梯形,渠底为坚硬岩石时,可设计成矩形。有时为满足截流和通航的不同目的,也可设计为复式梯形断面。

3)明渠糙率的确定

明渠糙率的大小直接影响到明渠的泄水能力,而影响糙率大小的主要因素与衬砌材料、开挖方法、渠底渠坡的平整度等有关,可根据具体情况查阅有关手册确定。对重要的大型明渠工程,应通过模型试验选取糙率。

4)明渠封堵工作

导流明渠结构布置应考虑后期封堵要求。当施工期有通航、过木和排冰任务,明渠较宽时,可在明渠内预设闸门墩,以利于后期封堵。施工期无通航、过木和排冰任务时,应于明渠通水前,将明渠坝段施工到适当高程,并设置导流底孔和坝面口,使二者联合泄流,以便于为封堵工作做好准备。

导流明渠一般适用于岸坡平缓或有一岸具有较宽的台地、垭口或直河道的地形。

(二)隧洞导流

隧洞导流是在河岸边开挖隧洞,使上下游围堰一次拦断河床形成基坑,保护主体建筑物干地施工,天然河道的水流全部由导流隧洞宣泄的导流方式。

这种导流方法,主要适用于河谷狭窄、两岸地形陡竣、地质条件良好,分期导流和明渠导流均难以采用的山区河流。特别是在深山狭谷修建各类挡水建筑物,更是常用的导流方式。但是,由于隧洞的泄水能力有限,汛期有时往往不能满足泄洪的要求,而在度汛期间时常需另外采取其他泄洪度汛措施。如采用过水围堰允许淹没基坑,或采用隧洞与其他导流泄水建筑物联合泄洪。因隧洞是一种造价较高、工期长且施工过程又较为复杂的建筑物,往往影响施工进度,应该提前完工,保证导流时投入使用。在施工设计时,应尽可能将施工导流洞与永久性水工隧洞相结合,如将施工导流洞与灌溉发电洞相结合,或导流洞与泄洪洞相结合。如河南省盘石头水库工程,就利用2号泄洪洞采用龙抬头的形式与导流洞相结合,即2号洞初期为低洞,用于施工导流,后期为龙抬头式的永久无压泄洪洞。施工期一期原河床导流,二期非汛期用导流洞导流,宣泄非汛期20年一遇洪水,两洞共同承担汛期100年一遇洪水下泄任务，后期导流洞进行封堵，改成龙抬头式永久泄洪洞。

1. 导流洞的适用条件

导流流量不大，坝址河床狭窄，两岸地形陡峻，如一岸或两岸地形、地质条件良好的地方，可采用隧洞导流。

2. 导流洞的布置

导流洞的布置如图 3-2 所示。一般应满足以下要求：

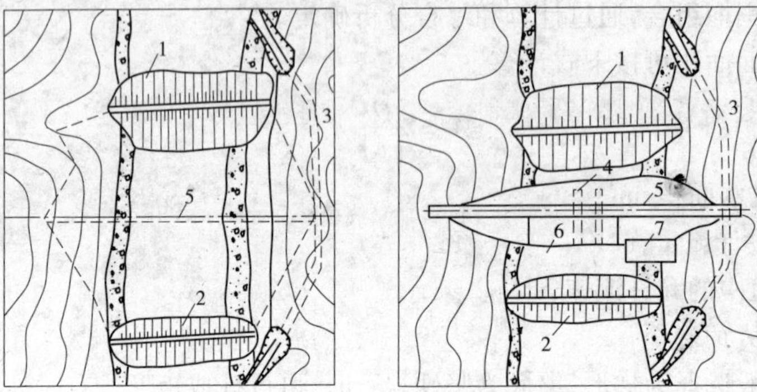

(a)隧洞系统　　(b)隧洞导流并配合底孔宣泄汛期洪水

图 3-2　隧洞导流示意图

1—上游围堰；2—下游围堰；3—导流隧洞；4—底孔；5—坝轴线；6—溢流坝段；7—水电站厂房

(1)导流隧洞轴线应充分考虑地形、地质、枢纽布置、水流条件等，既要减少工程量，节省工程费用，又要方便施工管理。

(2)隧洞轴线宜按直线布置，如有转弯时，转弯半径不小于 5 倍洞径(或洞宽)，转角不宜大于60°。弯道首尾应设直线段，长度不应小于 3 ~ 5 倍洞径(或洞宽)；进出口引线轴线与河流主流方向的夹角小于 30°。

(3)隧洞应布置在岩石坚固，没有断层或断层较少，且裂隙不发育以及地下水不多的山体内。

(4)为使隧洞围岩结构稳定，隧洞的埋深通常不小于 3 倍的洞宽(或洞径)。

(5)隧洞间净距、隧洞与永久建筑物间距、洞脸与洞顶围岩厚度均应满足结构和应力要求。

(6)隧洞进出口位置应保证水力学条件良好，并伸出堰外坡脚一定距离，一般要求应大于 50 m，以满足围堰防冲要求。进口高程多由截流控制，出口高程由下游消能控制，洞底按需要设计成缓坡或急坡，避免成反坡。

3. 导流隧洞的断面形式的要求

隧洞的断面尺寸大小取决于地质条件、施工条件和设计流量、洞内水流流态，洞径应控制在施工技术和结构安全的允许范围内。

隧洞断面形式取决于地质条件、隧洞工作状况(有压或无压)及施工条件。常用的断面形式有圆形、马蹄形、方圆形，如图 3-3 所示。其中以方圆形断面施工较方便，且底部矩形部分过水面积大，和圆形断面相比，可在同一高程、同一洞径的条件下增大过水面积，减小截流落差，有利于截流施工。但在地质条件差或地下水位高的情况下，方圆形断面衬砌的边墙及

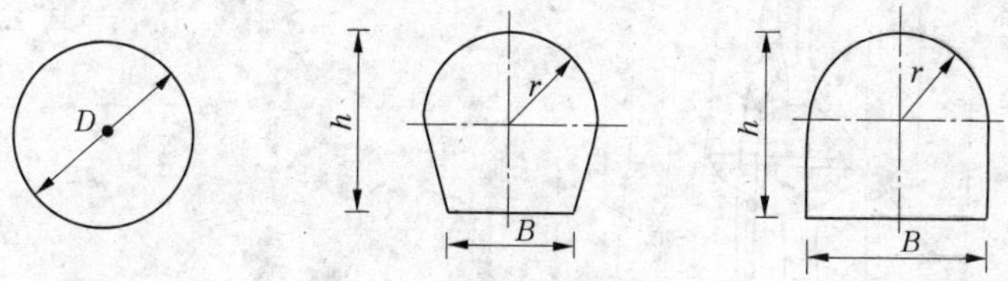

(a)圆形　(b)马蹄形　(c)方圆形

图 3-3　隧洞断面形式

底板将要承受较大的应力,这时宜采用圆形或马蹄形断面。

具体要求如下:

(1)一般临时导流隧洞,可以根据地质条件全部衬砌或部分砌衬及不衬砌。

(2)当洞内流速高于 20 m/s 时,应采用混凝土衬砌,并按高速水流考虑其衬砌强度。

(3)当洞内流速在 10 m/s 以内时,可以根据地质条件决定衬砌或喷锚。

(4)对于地质条件较好、流速不大的隧洞,可不作衬砌,但应在开挖时采用光面爆破技术来减小糙率,提高隧洞的泄水能力。

(5)在隧洞设计中,糙率 n 值的选择是十分重要的问题。糙率的大小直接影响到断面的大小,而衬砌与否、衬砌的材料和施工质量、开挖的方法和质量则是影响糙率大小的因素。一般混凝土衬砌的糙率值为 0.014 ~ 0.017;不衬砌隧洞的糙率变化较大,光面爆破时为 0.025 ~ 0.032,一般炮眼爆破时为 0.035 ~ 0.044。

(6)导流隧洞设计应考虑后期封堵要求,布置封堵闸门槽及启闭机平台设施。有条件者导流泄洪应与永久隧洞相结合,以节省投资(如小浪底工程三条导流洞后期改建为三条孔板消能泄洪洞)。一般高水头枢纽导流洞只可能与永久隧洞部分相结合,中低水头则有可能全部相结合。

(三)涵管导流

涵管导流一般布置在靠河岸边的河床台地或岩基上,进水口底板高程常设在枯水期最低的水位以上,这样可以不修围堰或先修一小围堰而先将涵管埋筑好,然后再修筑上下游全段围堰,将河水引经涵管下泄,如图 3-4 所示。涵管导流一般在修筑土坝、堆石坝等工程中采用。

涵管一般为钢筋混凝土结构,当有永久涵管可以利用或修建隧洞有困难时,采用涵管导流是合理的。在某些情况下,可在建筑物基槽中开挖沟,进行衬砌,然后封上混凝土或钢筋混凝土顶盖,形成涵管,利用这种涵管导流往往可以获得可靠的经济效果。由于涵管的泄水能力较小,因此一般用于导流流量较小的河流或用来担负枯水期的导流。当河岸为台地时,可在台地上开挖出梯形沟槽,然后封上钢筋混凝土涵管。为了防止涵管外壁和坝内防渗体之间发生渗流,必须严格控制涵管外壁处坝体防渗体回填土料的分层压(夯)实质量。同时,要在涵管的外壁每隔一定距离设置一道截水环,截水环与涵管连成一体同时浇筑,其作用是为了延长渗透水流的路径,降低渗流的水力坡度,减小渗流的破坏作用。同时应注意涵管本身的温度缝或沉陷缝的处理,防止管身漏水。

二、分段围堰法导流

分段围堰法也称分期围堰法或河床内导流,即用围堰将河床分期分段地围护起来修建

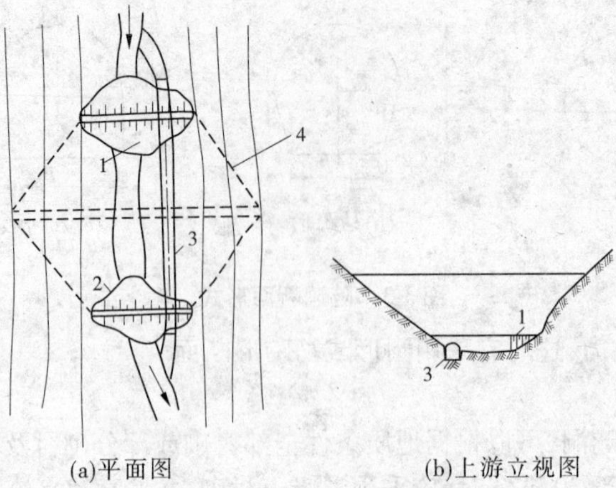

图 3-4　涵管导流示意图

1—上游围堰;2—下游围堰;3—涵管;4—坝体

水工建筑物的方法,如图 3-5、图 3-6 所示。所谓分段,就是从空间上将河床围护成若干个干地施工的基坑段进行施工。所谓分期,就是从时间上将导流过程划分成阶段。如图 3-5 所示,为导流分期和围堰分段的几种情况,从中可以看出导流的分期数和围堰的分段数并不一定相同,因为在同一导流分期中,建筑物可以在一段围堰内施工,同时也可以在不同时段内施工。如图 3-6 所示为二期二段导流施工的实例:该工程先在靠左岸一侧的河床处用围堰形成基坑,进行第一期工程的施工,河道的水流由左岸被束窄的河床下泄。一般情况下,修建第一期工程时,为了使水电站、船闸早日投入运行,满足初期发电和施工通行的要求,首先修建水电站、船闸等建筑物,并在一期工程修建的挡水建筑物中预留底孔或缺口,进入二期施工时,如图 3-7 所示,河水则由这些底孔或缺口等下泄。对于临时设置的底孔,在工程接近完工准备蓄水时加以封堵。

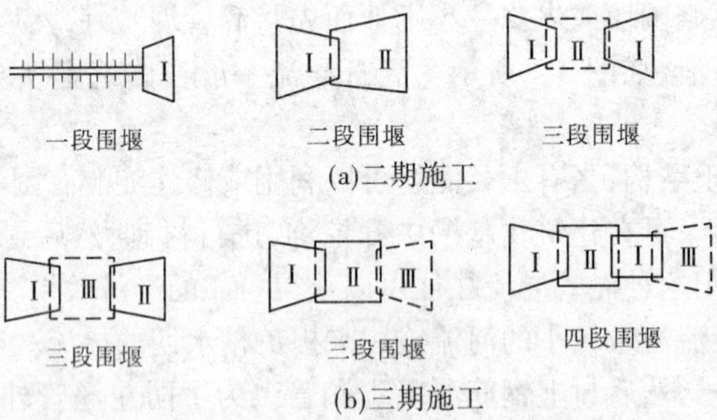

图 3-5　导流分期与围堰分段示意图

Ⅰ、Ⅱ、Ⅲ—施工分期

分期分段进行施工导流,一般适用于河床宽阔、流量大、施工期较长的工程,尤其在通航的河流和冰凌严重的河流上,是在大江大河上修建水利水电工程常用的施工方法。

分段围堰法导流实质上是把施工导流分成前期导流和后期导流,前期由束窄的河道导流,后期利用修建在坝体中的泄水道导流。

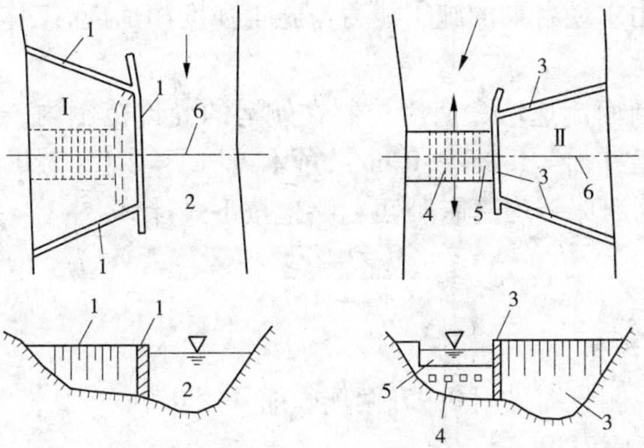

(a)一期导流(束窄河床导流)　(b)二期导流(底孔与缺口导流)

图 3-6　分期导流布置示意图

1—一期围堰;2—束窄河床;3—二期围堰;4—导流底孔;5—坝体缺口;6—坝轴线

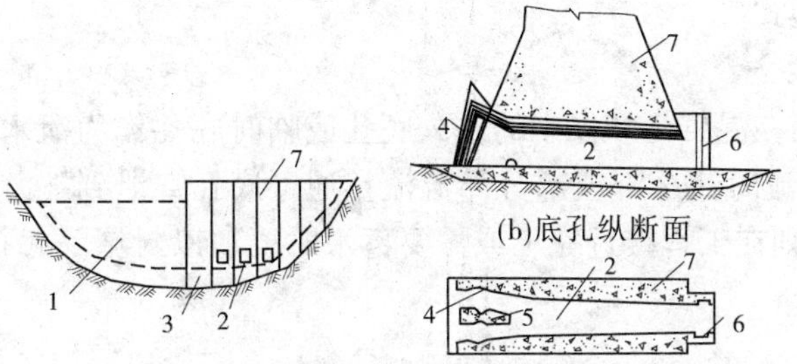

(a)二期施工时下游立视图　(b)底孔纵断面　(c)底孔水平剖面

图 3-7　底孔导流

1—二期修建坝体;2—底孔;3—二期纵向围堰;4—封闭闸门门槽;

5—中间墩;6—出口封闭门槽;7—已浇筑的混凝土坝体

(一)前期导流的特点与计算公式

在确定分段围堰导流的施工方案时,必须首先确定一期围堰的位置。一期围堰的位置,应根据该水利水电工程枢纽的布置来确定。纵向围堰根据所处的河床地形、地质、水力条件,施工现场,以及进入基坑的交通道路等种种因素来确定。一般是将发电、通航及后期导流用的永久建筑物放在第一期施工,尽量使各期工程量大体平衡,这样就基本确定了纵向围堰的位置。一期围堰将原河床束窄的宽度通常用河床束窄程度系数 K 来表示,即一期围堰所占据原河床的过水面积 A_1 与原河床过水面积 A_0 的百分比,即 $K=\frac{A_1}{A_0}\times 100\%$。

K 值在确定了纵向围堰的结构和位置后才能计算,一般采用 40% ~60%。K 值的确定应考虑以下几个方面:

(1)导流的过水能力一定要满足一、二期导流的要求。

(2)河床的地形、地质条件要充分利用滩地、河心洲或礁岛作纵向围堰或其中的一部分,即基础和接头,以满足河床防冲、防淤的要求。

(3)尽量能利用丁坝、丁闸、闸坝等建筑物之间的分水导墙作纵向围堰或作纵向围堰的一部分。

(4)围堰所围的范围,力求使各期的施工能力与施工强度相适应,工作面的大小应有利于所需施工机械设备的布置。

(5)河床束窄后,过流断面流速增大值应控制在航运的允许范围内。通常采用的允许流速[v]为:过木船及小驳船,[v] = 1.8 ~ 2.0 m/s,过木筏[v] = 2.0 ~ 3.0 m/s,过客轮和拖船[v] ≤ 2.6 m/s。束窄后的河床平均流速 v_c 可粗略地按下式计算:

$$v_c = \frac{Q}{\varepsilon(A_0 - A_1)} \tag{3-2}$$

式中 Q——一期导流设计流量,m^3/s;

ε——侧收缩系数,一侧收缩采用 0.95,两侧收缩采用 0.9;

A_0——原河床过水断面面积,m^2;

A_1——一期围堰所占据原河床的过水断面面积,m^2。

(二)后期导流的导流型式

在分期导流的施工中,后期导流的方式,按其导流建筑物的类型,可分为底孔导流与坝体缺口导流等不同型式。

1. 底孔导流的要点

底孔导流是利用在混凝土坝体中的永久底孔或临时底孔作为泄水建筑物,是二期导流经常采用的方法,导流时让全部或部分导流流量通过底孔宣泄到下游,保证后期工程的施工。如是临时底孔,则在工程接近完工或需要蓄水时要加以封堵。底孔导流的布置形式见图 3-8。

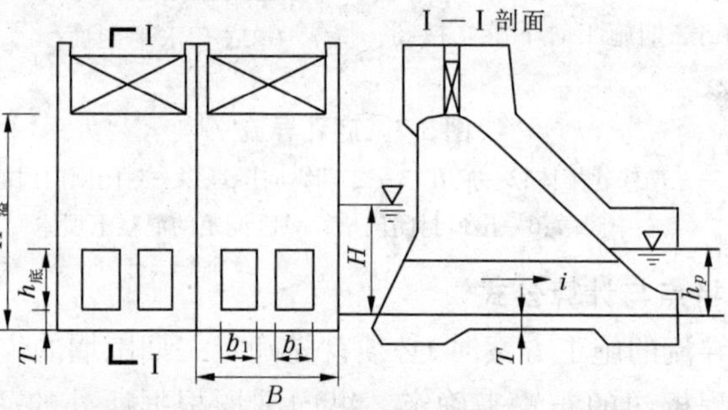

(a)底孔布置立视图 (b) I — I 剖面图

图 3-8 底孔布置图

采用底孔导流时,其底孔尺寸、数量和高程布置要经过相应的水力计算决定。其中底孔的尺寸取决于导流泄水的能力和坝体结构的特点及封堵时采用封堵闸门的类型。底孔的布置应满足截流、围堰工程及底孔封堵等方面的要求。一般底孔的高程布置在枯水位以下,以满足枯水期泄水。当底孔数在两个以上时,可把底孔布置在不同的高程,既可满足导流泄水的要求,又可以在底孔封堵时从最低高程向上封堵底孔,这样就可以减小封堵的难度。

临时底孔的断面多采用矩形,为了改善底孔的应力状态,也可采用带内圆角的矩形,按水工结构的要求,孔口尺寸应尽量小,底孔的底部距离不得小于 2 m,在每一段内底孔净宽不得大于建筑物段长度的 1/3 ~ 1/2;底孔的高度不得大于溢流坝段高度的 1/5 ~ 1/3。但某些工程由于导流流量较大,只好采用较大的底孔,如表 3-1 所示。

表 3-1　部分水利水电工程导流底孔尺寸　　（单位:m）

工程名称	底孔尺寸(宽×高)	工程名称	底孔尺寸(宽×高)
新安江(浙江)	10×13	石泉(陕西)	7.5×10.41
黄龙滩(湖北)	8×11	白山(吉林)	9×14.2

底孔导流的优点是:挡水建筑物上部的施工可以不受水流干扰,有利于建筑物分段均衡连接施工,这种导流的方式对修建高坝特别有利,若建筑物体内设有永久性底孔与其相结合更为理想。缺点是:由于建筑物体内设置临时底孔,钢材用量增加;如果封堵质量不好,会削弱建筑物的整体性,还可能漏水;在导流过程中底孔有漂流物堵塞的危险;封堵时由于水头较高,安放闸门及止水等均较困难。

2. 坝体缺口导流的特征

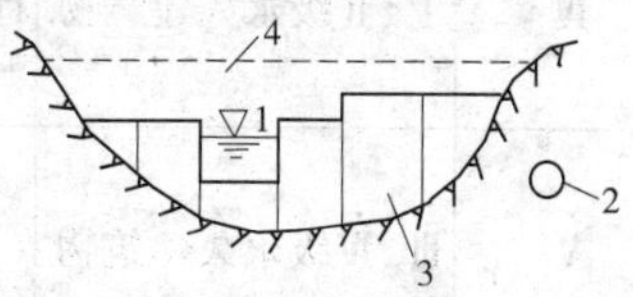

图 3-9　坝体缺口导流示意图

1—过水缺口;2—导流隧洞;3—坝体;4—坝顶

混凝土坝的施工期较长,往往要跨越枯水期和洪水期,当在洪水期,江河水位涨落幅度较大,而其他导流建筑物还不足以宣泄上游的来水量时,为了不影响坝体的施工进度,使大坝在洪水期仍能继续施工,则可在未建成的坝体上预留缺口,以便使缺口和其他导流建筑物如底孔等共同宣泄洪水期的来流量,如图 3-9 所示。待洪水期过后,坝体上游的水位回落到露出缺口,再继续浇筑缺口处坝段的混凝土。缺口的尺寸大小取决于该工程施工期度汛的设计流量及其他导流泄水建筑物的泄水能力、坝体的结构特点和施工条件等。采用底坎高程不同的缺口时,为避免高低缺口单宽流量相差过大,产生高缺口向低缺口的侧向泄流,引起压力分布不均匀,需要适当控制高低缺口高程差。根据湖南省柘溪工程的经验,其高差以不超过 4～6 m 为宜,如图 3-9 所示。缺口导流主要是在修建混凝土坝,特别是大体积混凝土坝时,由于这种导流方法比较简单,故常被采用。

总之,施工导流方案应根据具体情况具体采用,如修建土石坝或非重力式混凝土坝,采用分段围堰法导流常与隧洞导流、明渠导流等河床外导流方式相结合。但在修建混凝土坝,特别是大体积混凝土坝时常采用底孔与缺口导流方式,因为这两种导流方式比较简单。

第三节　施工导流的水力计算

一、导流标准的选择

导流标准也就是选择导流设计流量的标准。导流设计流量是选择施工导流方式和确定建筑物型式的主要依据。在进行施工方案比较时,要根据不同的施工导流时段选用与某个设计标准相对应的导流流量值,从而确定导流方案和进行导流建筑物的设计。而实际是在经济性和风险性之间加以抉择,若选择标准过高,必然使施工导流建筑物的工程规模增大,投资增多,甚至延长工期及工程进行受益的时间;若选择标准过低,在施工期如来水量比设计流量大,从而导致导流建筑物失事而引起主体工程的严重破坏并延误工期。

（1）根据现行规范 SDJ338—89《水利水电工程施工组织设计规范》（试行），在确定导流设计标准时，首先根据导流建筑物所保护对象失事后果、使用年限和工程规模等因素划分为Ⅲ级、Ⅳ级和Ⅴ级，具体按表 3-2 确定。

表 3-2　导流建筑物级别划分

级别	保护对象	失事后果	使用年限（年）	围堰工程规模	
				堰高（m）	库容（亿 m^3）
Ⅲ	有特殊要求的Ⅰ级永久建筑物	淹没重要城镇、工矿企业、交通干线或推迟工程总工期及第一台（批）机组发电，造成重大灾害和损失	>3	>50	>1.0
Ⅳ	Ⅰ、Ⅱ级永久建筑物	淹没一般城镇、工矿企业或推迟工程总工期及第一台（批）机组发电而造成较大灾害和损失	1.5～3	15～50	0.1～1.0
Ⅴ	Ⅲ、Ⅳ级永久建筑物	淹没基坑，但对总工期及第一台（批）机组发电影响不大，经济损失较小	<1.5	<15	<0.1

注：1. 导流建筑物包括挡水建筑物和泄水建筑物，两者级别相同。
2. 表中所列指标均按施工阶段划分。
3. 有无特殊要求的永久建筑物是针对施工期而言的，有特殊要求的Ⅰ级永久建筑物是指施工期不允许过水的土坝及其他有特殊要求的建筑物。
4. 使用年限是指导流建筑物每一施工阶段的工作年限，两个或两个以上的施工阶段共用的导流建筑物如分期导流，一、二期共用的纵向围堰其使用年限不能叠加计算。
5. 围堰工程规模一栏中，堰高是指挡水建筑物最大高度，库容是指堰前设计水位所拦蓄的水量，两者必须同时满足。

（2）导流建筑物设计洪水的标准划分。目前施工期河流来水量的计算，仍是采用传统的数理统计的方法，即将上游来水量作为随机事件，以频率的方式预估某一洪水量现期可能出现的水情，然后根据主体工程的等级确定施工导流建筑物的级别，并结合施工期间流域的气象、水文特征，以及导流工程失事后对工程自身和下游两岸可能造成的损失，选定某一洪水重现期作为导流设计标准。根据国家防洪标准（GB50201—94），水库工程的临时性导流建筑物的设计标准划分见表 3-3。

表 3-3　水库导流建筑物设计洪水标准划分

永久建筑物等级	Ⅰ、Ⅱ	Ⅲ、Ⅳ
导流建筑物等级	3	4
山区、丘陵区	50～30	30～20
平原区、滨海区	20～10	10

（3）在确定导流建筑物的级别时，根据表 3-2 指标分属不同级别时，应以其中最高级别为准。但列为Ⅲ级导流建筑物时，至少应有两项指标符合要求。不同级别的导流建筑物或同级导流建筑物应根据不同的施工阶段按表 3-2 划分，同一施工阶段中的各导流建筑物的级别应根据其不同作用划分，各导流建筑物的洪水标准必须相同，一般以主要挡水建筑物的

洪水标准为准,利用围堰挡水发电时,围堰级别可提高一级,但必须经过技术经济论证;导流建筑物与永久建筑物结合时,结合部结构设计应采用永久建筑物级别标准,但导流设计级别与洪水标准按表 3-2 及表 3-4 规定执行。

表 3-4 导流建筑物洪水标准划分

导流建筑物类型	导流建筑物级别		
	Ⅲ	Ⅳ	Ⅴ
	洪水重现期(年)		
土石	50 ~ 20	20 ~ 10	10 ~ 5
混凝土	20 ~ 10	10 ~ 5	5 ~ 3

导流建筑物的设计洪水标准应根据建筑物类型和级别在表 3-4 中规定范围内选择,并结合风险度综合分析,使所有选择标准合理经济。对失事后果严重的工程要考虑对超标准洪水的总应急措施。导流建筑物洪水标准,在下述情况下可用表 3-4 中的上限值:

①河流水文实测资料系列较短(小于 20 年)或工程处于暴雨中心区。

②采用新型围堰结构型式。

③处于关键施工阶段,失事后可能导致严重后果。

④工程规模、投资和技术难度用上限值与下限值相差不大。

枢纽河段上游建有水库时,导流设计所采用的洪水标准,应考虑上级梯级水库的影响及调蓄作用。

二、导流时段的划分要求

导流时段是指按照导流程序划分的各施工阶段的延续时间。划分导流时段的基本要求:首先要保证施工安全,又要获得最佳的工程技术经济效益。按其水文特征可分为枯水期、中水期和洪水期,如图 3-10 所示。在不影响主体工程施工的条件下,若导流建筑物只负担枯水期的拦水泄水任务,显然可以大大减少导流建筑物的工程量,改善其工作条件,做到既安全又经济的基本要求。

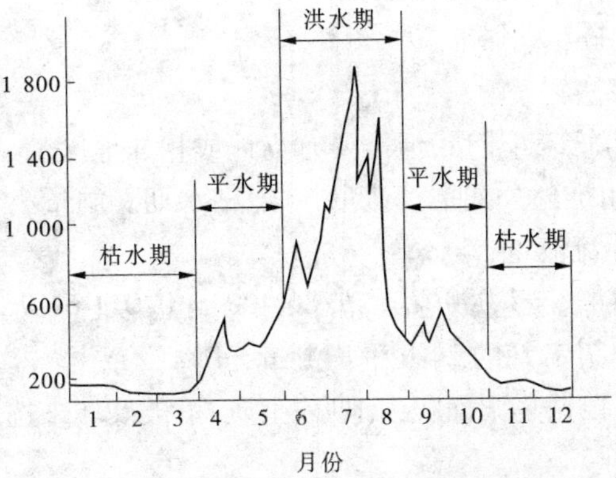

图 3-10 具有一定频率的分月全年流量过程线

导流时段的划分与河床的水文特征、水工建筑物的型式、导流方案、施工进度有关。土坝、堆石坝和支墩坝一般不允许过水，当这类建筑物的施工期较长，需跨越洪水时期时，其导流时段就要以全年施工为时段，导流流量采用标准中设计频率所对应的全年最大洪水流量。若在编排施工进度中，考虑在汛期洪水到来前将土坝、堆石坝抢筑到施工度汛断面，起到拦洪蓄水作用，则导流时段可取汛期洪水来到前的时段。导流设计流量即是频率所对应的最大流量。这样既可缩短围堰的使用期，降低围堰的挡水高度，减少工程总造价，又使主体工程安全度汛。

混凝土坝具有坝体允许过水的特点，因此可以考虑汛期来临时允许基坑淹没，主体工程预留缺口过水，待汛后再继续施工。尤其是在山区河道洪水期流量大且历时短，洪枯时段流量的变化幅度较大的情况下，可优先考虑采用这种方式。但是要经方案比较和分析，对于不同的导流设计流量，就有不同的年淹没次数和年有效施工次数，每淹没一次，一般都要进行基坑排水和清淤等，故必须分析和论证后才能确定出导流的总费用和最低的导流设计流量。

三、施工导流流量的确定

在导流标准和导流时段确定以后，可以根据当地水文气象资料，参照以下方法确定施工导流的流量。

（一）实测流量条件

如当地有15~20年以上的实测流量资料，可以根据实测资料进行全年或分期的流量频率分析，也可按月取样作流量频率分析，再根据选定的导流标准和导流建筑物类型，确定与拟定的导流时段相应的导流设计流量，并在一年中取一个已定导流标准的最大流量作为施工度汛的洪水。

（二）流量模数计算法

从当地水文图集中可查得不同季节、不同频率（或重现期）的流量模数，然后可以根据流量模数计算导流的流量，其计算公式为：

$$Q_{P导} = q_P F \quad (m^3/s) \tag{3-3}$$

式中 $Q_{P导}$——相应频率 P 时的导流流量（如重现期为 N 年，则相应频率 $P=\frac{1}{N}\times 100\%$）；

q_P——相应频率 P 时的流量模数，$m^3/(a \cdot km^2)$；

F——集雨面积，km^2。

（三）雨量资料推算法

根据雨量资料推算施工期流量，但需要有当地或相邻地区15~20年以上的短期历时或短历时暴雨频率分析，用推理公式推算流量，一般枯水期总雨量小，短历时暴雨强度也较小，可用24 h按下式计算导流流量：

$$Q_{P\cdot cp} = 1\,000CH_{24\cdot P}F/86\,400 = 0.011\,6CH_{24\cdot P}F \tag{3-4}$$

式中 $Q_{P\cdot cp}$——相当于频率 P 的24 h平均流量，m^3/s；

C——径流系数，根据集雨面积内地形、土质、植被好坏来选用，$C=0.6\sim0.9$；

F——集雨面积，km^2；

$H_{24\cdot P}$——相当于频率 P 的24 h降雨量，mm。

也可按下式估算流量：

$$Q_{P \cdot cp} = 1\,000 H_{24 \cdot P-24} F / 86\,400 = 0.011\,6 (H_{24 \cdot P-24}) F \tag{3-5}$$

式中 $H_{24 \cdot p-24}$——相应于频率 P 的 24 h 雨量(不计初渗)再减去 24 h 稳定入渗水量 c(mm/h),也可参照当地资料选用。

丰水期最大洪峰流量可用下式计算:

$$Q_{\max \cdot P} = 1\,000 (i_{T \cdot P} - 1) F / 3\,600 = 0.278 (i_{T \cdot P} - 1) F \tag{3-6}$$

式中 $Q_{\max \cdot P}$——频率 P 时的最大流量,m^3/s;

$i_{T \cdot P}$——集流时间 T(T 为洪峰到达时间,单位 h)相应频率 P 的暴雨强度,mm/h;

F——坝轴线以上流域的集雨面积,km^2。

四、导流建筑物的水力计算

导流建筑物的水力计算,主要是计算各种导流泄水建筑物的泄水能力,以便确定泄水建筑物的尺寸和围堰高程。下面介绍束窄河床水位壅高计算的方法。

导流分期围堰束窄河床后,使天然水流发生改变,在围堰上游产生水位壅高,如图 3-11 所示。其值可采用近似公式计算,即先假设上游水位 H_0 算出 Z 值,以 $Z + t_{cp}$ 与所设 H_0 比较,逐步修改 H_0 直至接近 $Z + t_{cp}$ 值,一般 2 ~ 3 次即可。

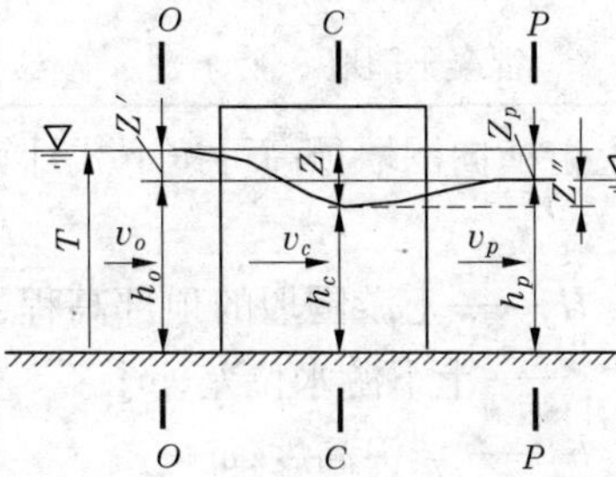

图 3-11 束窄河床水力计算简图

$$Z = \frac{1}{\varphi^2} \cdot \frac{v_c^2}{2g} - \frac{v_0^2}{2g} \tag{3-7}$$

$$v_c = \frac{Q}{w_c} \tag{3-8}$$

$$w_c = \varepsilon b_c t_{cp} \tag{3-9}$$

式中 Z——水位壅高值,m;

v_0——行近流速,m/s;

φ——流速系数,如表 3-5 所示;

v_c——束窄河床平均流速,m/s;

Q——计算流量,m^3/s;

w_c——束窄河段过水宽度,m;

t_{cp}——河道下游平均水深,m;

ε——过水断面侧收缩系数(单侧为 0.95,双侧为 0.90)。

表 3-5 不同围堰布置的 φ 值

布置形式	矩形	梯形	梯形且有导水墙	梯形且有上导水坝	梯形且有顺流丁坝
布置简图	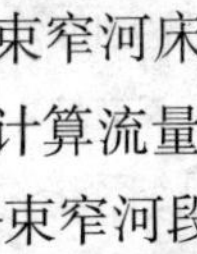	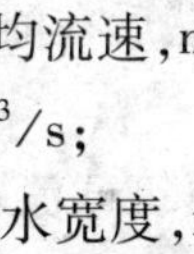			
φ	0.70 ~ 0.80	0.80 ~ 0.85	0.85 ~ 0.90	0.70 ~ 0.80	0.80 ~ 0.85

五、堰顶高程的确定

堰顶高程的确定，取决于导流设计流量及围堰的工作条件。下游横向围堰顶高可按下式计算：

$$H_d = h_d + \delta \tag{3-10}$$

式中 H_d——下游围堰的顶部高程，m；

h_d——下游水位，m；

δ——围堰安全超高，如表 3-6 所示。

表 3-6 不过水围堰顶安全超高下限值 （单位：m）

围堰型式	围堰级别	
	Ⅲ	Ⅳ、Ⅴ
土石围堰	0.7	0.5
混凝土围堰	0.4	0.3

上游横向围堰顶高可按下式计算：

$$H_d = h_d + z + h_a + \delta \tag{3-11}$$

式中 H_d——上游围堰的顶部高程，m；

z——上下游水位差，m；

h_a——波浪高度，m。

纵向围堰的顶高程应与侧水面曲线相适应，通常纵向围堰顶面往往做成阶梯形或倾斜状，其上、下游高程分别与相应的横向围堰同高。

第四节 截流工程的特点

在施工导流的过程中，当导流建筑物建成，导流标准和时段确定后，应推论有利时机，迅速截断原河床水流，迫使河水往完成的导流建筑物下泄，然后在河床中全面开展主体建筑物的施工，这就是截流工程。

截流过程一般为：先在河床的一侧或两侧向河床中填筑截流戗堤，逐步缩窄河床，称为进占，戗堤进占到一定程度，河床束窄，形成流速较大的泄水缺口，叫龙口。为了保证龙口两侧堤端和底部的抗冲稳定，通常采取工程防渗措施，这项工程称为护底及裹头。然后掌握时机封堵龙口，使戗堤对接，谓之合龙。合龙后，龙口段及戗堤本身仍然漏水，必须在戗堤全线设置防渗设施，这一工作叫闭气。所以，整个截流过程包括戗堤进占、龙口加固、合龙和闭气四项工作。截流后再在此基础上对戗堤加高培厚筑成围堰。截流的布置如图 3-12 所示。

截流工程在施工水流的控制中占有重要的位置，在工期内若不能完成或不能如期完成，河槽部位的主体工程就无法保证完成，整个枢纽工程无法全面开展，这将使工程失去以水文年度划分的良好截流时机，而使得总工期延续。故在施工期的控制中，常把截流工作作为一项关键性的控制项目，所以必须做好周密的计划，技术落实，措施得力，物质准备充足，人力机械设备都要齐全，以保证在截流时，能在非常狭小的工作面上以相当快的施工进度，在较短的时间内完成截流任务。

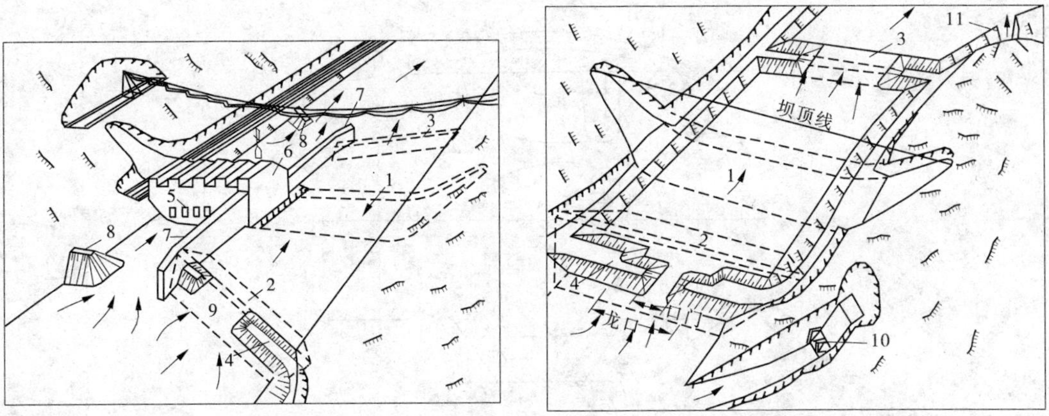

(a)分段围堰底孔导流　　(b)全段围堰隧洞导流

图 3-12　截流布置示意图

1—大坝基坑;2—上游围堰;3—下游围堰;4—戗堤;5—底孔;6—已浇混凝土坝体;7—二期纵向围堰;8——期围堰的残留部分;9—龙口;10—导流隧洞进口;11—导流隧洞出口

一、截流时间的选择

截流时间应根据枢纽工程施工控制性进度计划或总进度计划确定,一般应选择在枯水期进行,因为枯水期上游的来水量小,截流就越易取得成功。但是在整个枢纽的施工过程中,为了争取有较长的基坑围护时间来完成河槽处主体工程施工,截流并不一定非要选择在枯水期,因此在确定截流时间时,应经过全面分析比较而定,一般应考虑以下原则:

(1)导流建筑物必须建成。

(2)必须全面考虑河道水文特性和截流应完成的各项控制工程量,合理使用枯水期,做到尽可能在流量较小时截流。

(3)截流后的许多工作必须在汛前完成(如围堰或永久建筑物抢筑到拦洪高程等)。

(4)对于具有通航、灌溉、供水、过水等特殊要求的河道,应全面兼顾这些要求,尽量使截流对河道综合利用的影响最小。

(5)有冰冻河流,一般不在流冰期截流,避免截流和闭气工作复杂化。如遇特殊情况,必须在流冰期截流时应有充分论证,并有周密的安全措施。

根据以上原则,截流时间应根据当地的河流水文特征、气候条件、围堰施工及通航、过水等因素综合分析确定,一般多选在枯水期,流量已有显著下降的时候,严寒地区应尽量避开河道流冰及封冻期。具体日期可根据实际工作中当时的水文、气象预报及实际水情进行分析修正,最后确定截流日期。

二、截流的方法

截流的基本方法有立堵法和平堵法两种。

(一)立堵法截流

立堵法截流如图 3-13 所示,是将截流材料从龙口一端或两端向中间抛投进占,逐渐束窄河床，直至全部拦断。

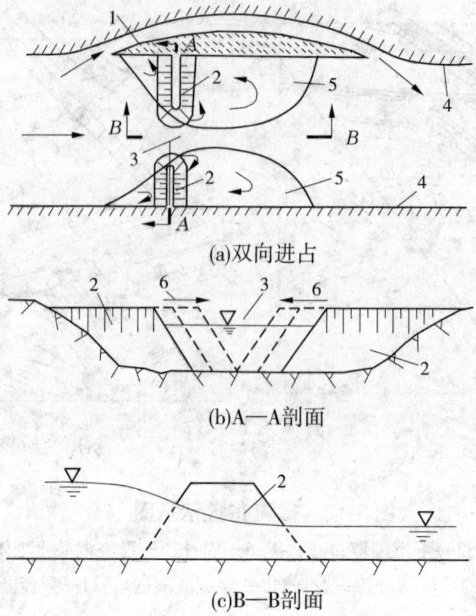

图 3-13　立堵法截流

1—分流建筑物；2—截流戗堤；3—龙口；4—河岸；5—回流区；6—进占方向

立堵法的特点是，不需架设浮桥，准备工作比较简单，且造价低，但截流时水流条件较为平利，龙口逐渐束窄，过水断面减小，上游水位不断壅高，龙口的单宽流量增大，龙口的流速也相应增大，而且流速分布不均匀，需抛投单个质量较大的截流材料。截流时由于工作面前视线狭窄，抛投强度受到限制。由于自卸汽车回车的需要，戗堤顶部宽度较大，需要抛投更多的截流材料，截流的进度受到一定的影响。

立堵法截流又分单戗立堵截流和双戗立堵截流，单戗法适用于截流落差不超过 3 m 的情况。

立堵法截流适用于大流量、岩基或覆盖层较薄的岩基河床，对于软基河床，在采取护底措施后才能进行。

（二）平堵法截流

如图 3-14 所示，平堵法截流是沿整个龙口宽度全线抛投截流材料，堆筑体从河床底部开始逐层上升，直到筑体露出水面后再进行加高培厚。为此，合龙前必须在龙口处架设浮桥。由于平堵法截流是沿龙口全线均匀逐层地抛投，所以龙口的宽度在抛投截流材料的过程中不变，水力条件好，一般用自卸汽车在架好的浮桥上或施工栈桥上卸料。

（三）综合方式

在截流时，可根据具体情况采用立堵法与平堵法相结合的方法，例如先用立堵法进占形成龙口，然后在龙口范围内用平堵法截流。

三、截流戗堤轴线及龙口位置的选择

截流戗堤轴线及龙口位置的选择，与截流工作进行顺利与否有着密切的关系。由于截

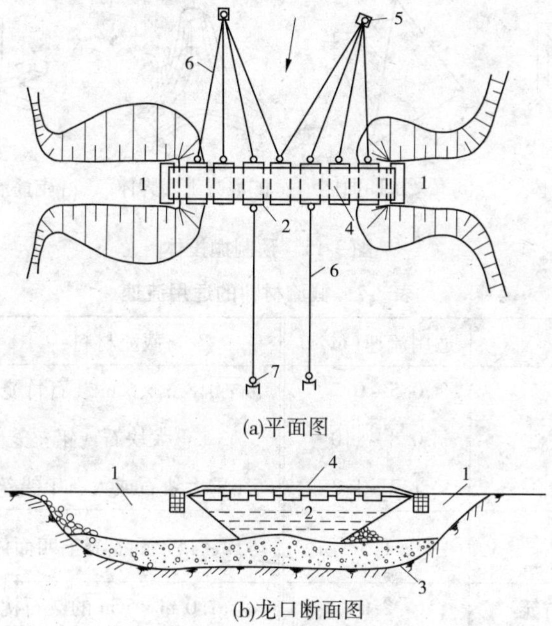

图 3-14　平堵法截流

1—截流戗堤;2—龙口;3—覆盖层;4—浮桥;5—锚墩;6—钢缆;7—铁锚

流戗堤是土石围堰体的一部分,所以戗堤的轴线应根据横向土石围堰的布置来考虑。一般截流戗堤的轴线应布置在略偏于围堰轴线靠迎水面的一侧,这样有利于基坑开挖的土石料对堰体的加高培厚。

龙口位于截流断面戗堤的轴线上,一旦截流戗堤轴线确定后,即可根据以下要求确定龙口的位置:

(1)从地形方面考虑,龙口周围应较宽阔,距临时堆放截流材料的场地较近,且有足够的回车场地,以保证截流运输材料的强度。

(2)从地质方面考虑,应力求将龙口设置在覆盖层较薄及基岩裸露的河床段,或有天然岛礁作裹头的部位,以抗水流冲刷。

(3)从水流条件考虑,龙口应设在正对主流的河床主槽处,以利水流下泄。

(4)龙口的宽度一般来说应尽可能窄一些,以减少抛投材料用量并缩短截流的时间。其宽度主要取决于戗堤束窄河床后形成的水力条件,但必须以不引起水流对龙口底部和两侧裹头部位的冲刷为限制,并考虑截流前通航河流对通航安全的要求。

四、截流抛投材料的要求

截流时,最好采用当地材料,主要有块石、装石竹笼或铁丝笼、埽捆、草袋、麻袋装土等。此外,当截流水力条件较差,即流量大流速急时,还须采用人工块体,如混凝土四面体、六面体、四脚体及钢筋混凝土构件等,如图 3-15 所示。

截流材料的选择主要取决于截流时的水力条件,以及工地上的施工技术水平及机械运输能力等。现将一些常用的截流材料的适宜流速的经验数据列于表 3-7。

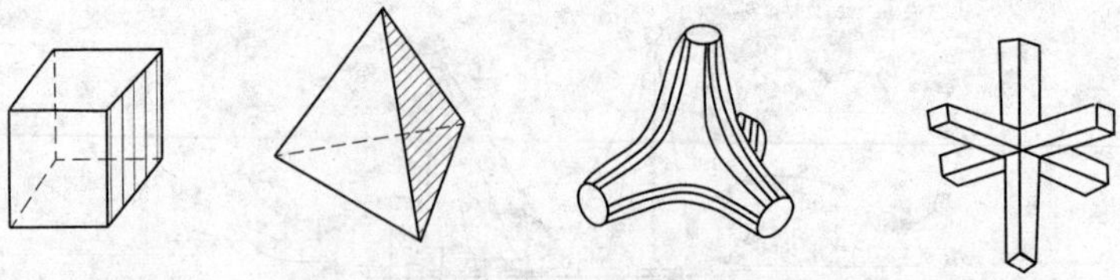

(a)混凝土六面体　(b)混凝土四面体　(c)混凝土四脚体　(d)钢筋混凝土构架

图 3-15　预制抛投体

表 3-7　截流材料的适用流速

截流材料	适用流速(m/s)	截流材料	适用流速(m/s)
土料	0.5～0.7	ϕ0.8 m×6 m 装石竹笼	3.5～4.0
20～30 kg 重石块	0.8～1.0	3 t 重大块石或铅丝笼	3.5
50～70 kg 重石块	1.2～1.3	5 t 重大块石或大石串铅丝笼	4.5～5.5
麻袋装土 0.7 m×0.4 m×0.2 m	1.5	12～15 t 重混凝土四面体	7.2
ϕ0.5 m×2 m 装石竹笼	2.0	ϕ1.0 m×5 m 的柴石枕	7～8
ϕ0.6 m×2 m 装石竹笼	2.5～3.0		

五、截流时设计流量的确定

在截流过程中，上游来水量一部分经导流泄水建筑物向下游宣泄，一部分水流经束窄的龙口下泄和经截流戗堤渗漏下泄，还有一部分水量被拦蓄在库中，在短时段 Δt 内其蓄泄流量设为常数，则由此可得水量平衡方程式：

$$Q\Delta t = (Q_1 + Q_2 + Q_3)\Delta t + \bar{S}\Delta H \tag{3-12}$$

式中　Δt——短时段；

Q——河流来水量，m^3/s；

Q_1——龙口泄流量，m^3/s，按宽顶堰公式计算；

Q_2——导流建筑物及其他分流泄水建筑物的泄流量，m^3/s；

Q_3——通过戗堤的渗漏量，m^3/s；

$\bar{S}$——相应高程的水库水面平均面积，km^2；

ΔH——在 Δt 时段内水库水位升高值。

戗堤渗漏量 Q_3 可用下式计算：

$$Q_3 = KF\sqrt{J} \tag{3-13}$$

式中　K——戗堤渗漏系数；

F——戗堤渗漏过水断面面积，m^2；

J——渗漏坡降。

在进行截流施工设计时，需把龙口分成若干个区段，根据各区段施工时应完成的戗堤进占量、龙口过水断面、导流建筑物泄水情况，按水量平衡原理计算出各区段施工时的上游水位、龙口流量和龙口流速，从而确定各区段抛投的截流材料类别，作为施工时的指导依据。

六、截流材料数量的确定

（一）不同粒径材料数量的确定

无论是平堵截流还是立堵截流，原则上都可以按合龙过程中的水力参数的变化来计算相应的材料粒径和数量。常用的方法是将合龙过程按高程（平堵）或宽度（立堵）划分若干区段，然后按分区最大流速计算所需材料的粒径和数量。实际上每个区段也不是只用一种材料，所以设计中均参照国内外已有工程经验来决定不同粒径材料的比例。例如平堵截流时，最大粒径材料数量可按实际使用区段（$Z=0.42Z_{max}\sim0.6Z_{max}$）考虑。也可按最大流速出现时起，直到戗堤出水时所用材料总量的70%～80%考虑。立堵截流时，最大粒径材料数量，常按困难区段抛投总量的1/3考虑。根据国内外十几个工程的截流资料统计，特殊材料数量占合龙段总工程量的10%～30%，一般为15%～20%，如仅按最终合龙段统计，特殊材料所占比例约为60%。

（二）备料量

备料量的计算，可以设计戗堤体积为准，另外还要考虑各类损失。平堵截流的设计戗堤体积计算比较复杂，需按戗堤不同阶段的轮廓计算。立堵截流戗堤断面为梯形，设计戗堤体积计算比较简单，戗堤顶宽度视截流施工需要而定，通常取10～18 m，可保证2～3辆汽车同时卸料。

备料多少取决于对流失量的估计。实际工程的备料量与设计用量之比多在1.3～1.5，个别工程达到2.0，如铁门工程达到1.35，青铜峡工程采用1.5，实际合龙后还剩下很多材料。因此初步设计时备料系数不必取得过大，实际截流前夕，可根据水情变化适当调整。

第五节　围堰工程

围堰是导流工程中临时的挡水建筑物，是一种维护修建水工建筑物的基坑，保证施工能在平地上施工，在完成施工导流任务后，如果对永久性建筑物的运行有妨碍的还需拆除。

在水利水电工程中经常采用围堰，按其所使用的材料，可分为土石围堰、草土围堰、混凝土围堰、钢板桩格型围堰等。

按导流期间基坑的淹没条件，可分为过水围堰和不过水围堰。过水围堰除需要满足一般围堰的要求外，还要满足围堰顶过水的专门要求。

按围堰与水流方向的相对位置，可分为横向围堰和纵向围堰。

所以，在选择围堰型式时，必须根据当时当地的具体条件，在满足下述基本要求的原则下，通过技术经济比较加以确定：

（1）造价便宜，构造简单，修建、维护和拆除方便。

（2）围堰的布置应力求使水流平顺，不发生严重的冲刷。

（3）具有足够的稳定性、防渗性、抗冲性和一定的强度。

（4）有必要时应设置抵抗冰凌、船筏冲击和破坏的设施。

（5）围堰的接头和岸边连接都要安全可靠，不致因集中渗漏等破坏作用而引起围堰的失事。

一、围堰的构造和型式

(一)土石围堰

土石围堰是水利工程中最广泛采用的一种围堰型式,如图 3-16 所示。它是用当地材料填筑而成的,不仅就地取材和充分利用开挖弃料作围堰填料,而且构造简单,施工方便,便于拆除,造价低廉,经济实惠。可以在流水中、深水中、岩基或有覆盖层的河床上修建。但其工程量较大,堰身沉陷变形也较大。如湖南省柘溪水电站的土石围堰一年中累计沉降量最大达 40.1cm,为堰高的 1.75%。而一般为 0.8% ~1.5%。

土石围堰的设计与石坝基本相同,但其结构型式在满足导流期正常运行的情况下应力求简单,便于施工。因土石围堰断面较大,一般用于横向围堰。但在宽阔的河床中分期导流时,由于围堰束窄,河床增加的流速不大,也可作为纵向围堰,但需要注意防冲,以确定围堰的安全。

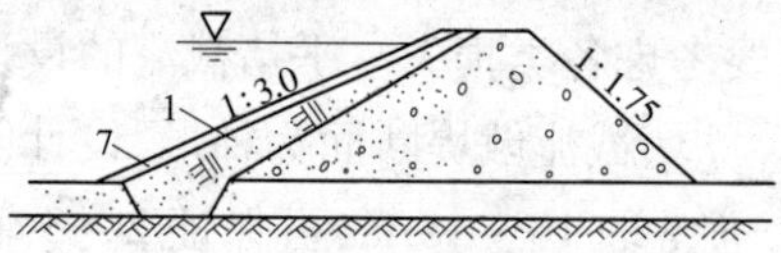

(a)黏土斜墙围堰

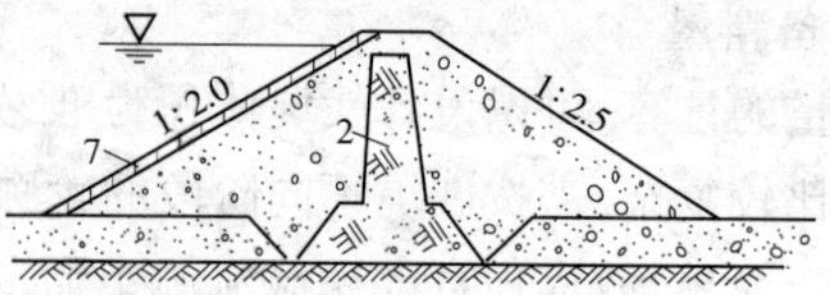

(b)黏土心墙围堰

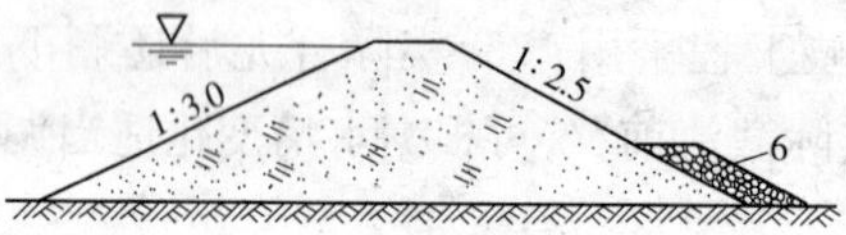

(c)均质壤土围堰

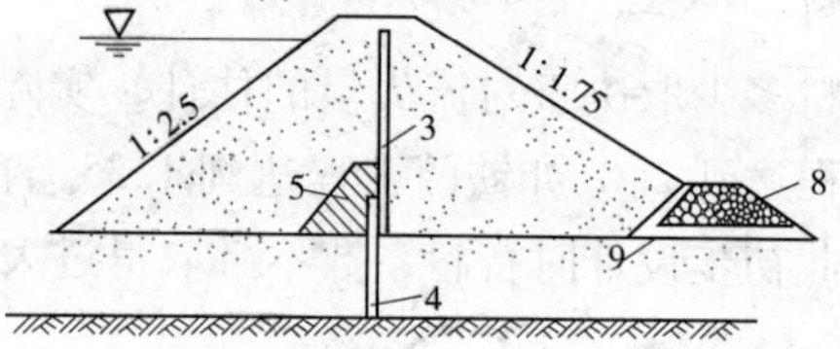

(d)木板心墙围堰

图 3-16　土石围堰

1—斜墙;2—心墙;3—木板心墙;4—钢板桩防渗墙;5—黏土;
6—压重;7—护面;8—滤水棱体;9—反滤层

(二)草土围堰

草土围堰是一种草土结构,如图 3-17 所示,是我国劳动人民自古以来进行河堤堵口的常用型式。如草料为麦秸、稻草、芦柴、柳枝等。其优点是结构简易,施工简单,如草袋围堰、捆草围堰、捆厢埽围堰等,其进度快,取材易,造价低,拆除方便,有一定的抗冲、抗渗能力。

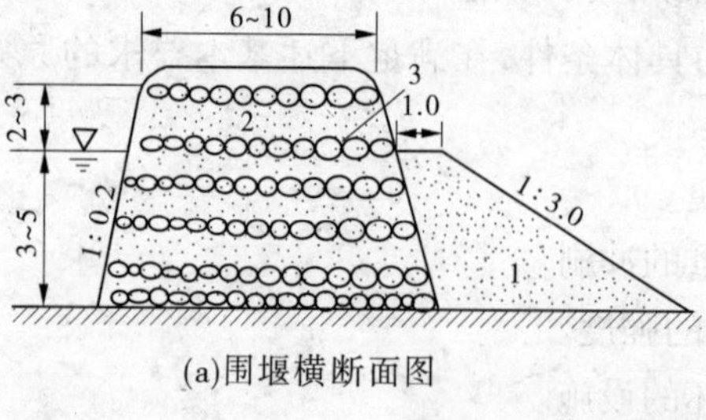

(a)围堰横断面图

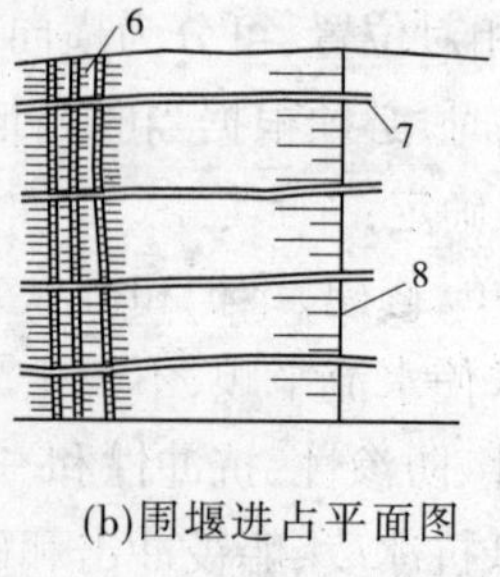

(b)围堰进占平面图

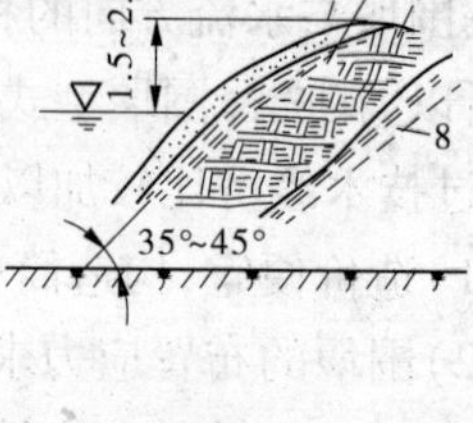

(c)围堰进占纵断面图

图 3-17　草土围堰断面及施工示意图　(单位:m)

1—戗土;2—土料;3、6—草捆;4—黏土;5—散草;7—草绳;8—河岸线或堰体

但堰体容重小，适用于软土地基，且因柴草易腐烂，一般用于短期的或辅助性围堰。

草袋围堰的断面型式如图 3-18 所示，围堰的双面或单面叠放盛装土料的草袋或编织袋，中间夹填黏性土或在迎水面叠放装土草袋、背水面回填土石。这种围堰适用于施工期较短的中小型水利水电工程。

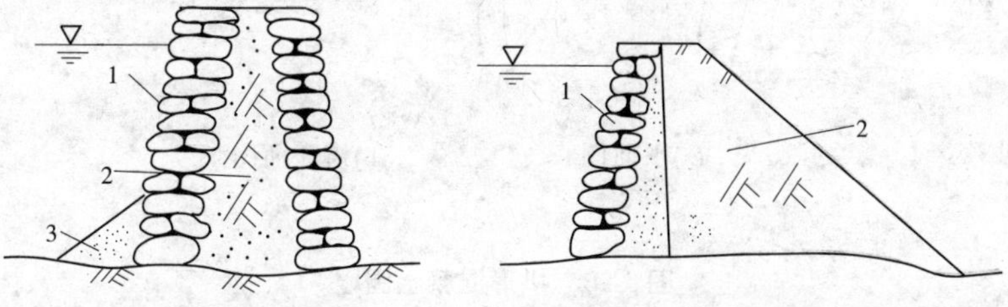

(a)双面草袋围堰　　(b)单面草袋土石混合围堰

图 3-18　草袋围堰断面示意图

1—草袋盛土;2—回填黏性土;3—抛填土方压脚

(三)混凝土围堰

混凝土围堰常用于在岩基上修建的水利枢纽工程。这种围堰的特点是挡水水头高、底宽小、抗冲能力大、堰顶可溢流，尤其是在分段围堰法导流施工中，用混凝土浇筑的纵向围堰可以两面挡水，而且可以与永久建筑物相结合，作为坝体或闸室的一部分(见图 3-19)，为混凝土围堰结构型式，其又可分为重力式混凝土围堰和拱形混凝土围堰(见图 3-20)。

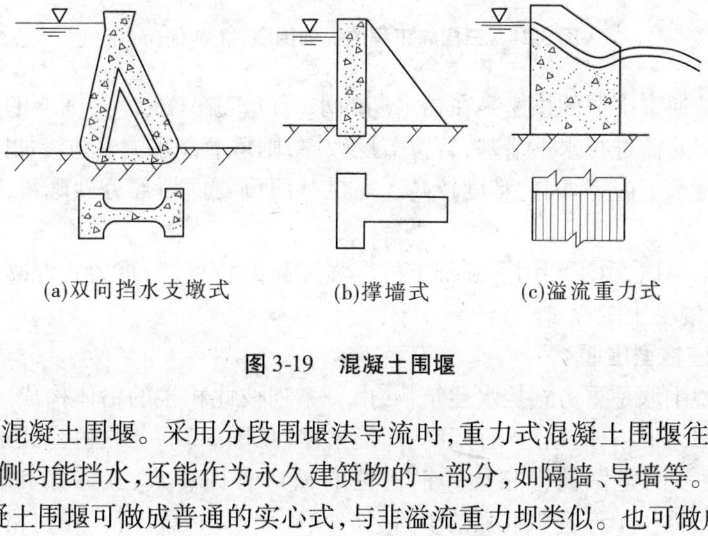

(a)双向挡水支墩式　　(b)撑墙式　　(c)溢流重力式

图 3-19　混凝土围堰

(1)重力式混凝土围堰。采用分段围堰法导流时，重力式混凝土围堰往往可兼作第一期纵向围堰，两侧均能挡水，还能作为永久建筑物的一部分，如隔墙、导墙等。

重力式混凝土围堰可做成普通的实心式，与非溢流重力坝类似。也可做成空心式，如河南省三门峡水利工程的纵向围堰(见图 3- 21)。纵向围堰需抗御高速水流的冲刷，所以一般修建在岩基上，为保证混凝土的施工质量，一般可将围堰布置在枯水期出露的岩滩上。如果这样不能保证干地施工，则通常需另修土石低水围堰加以围护。

重力式混凝土围堰现在有普遍采用碾压混凝土的趋势，如三峡工程三期上游横向围堰及纵向围堰均采用碾压混凝土。

(2)拱形混凝土围堰。一般两岸陡峻、岩石坚实的山区河流，常采用隧洞及允许基坑淹

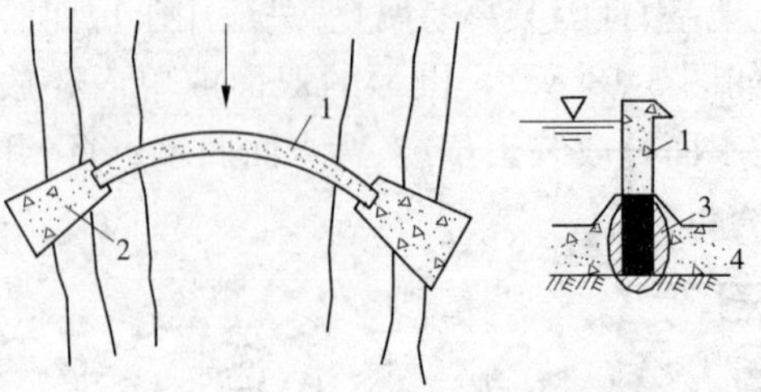

(a)平面图　　(b)横断面图

图 3-20　拱形混凝土围堰

1—拱身;2—拱座;3—灌浆帷幕;4—覆盖层

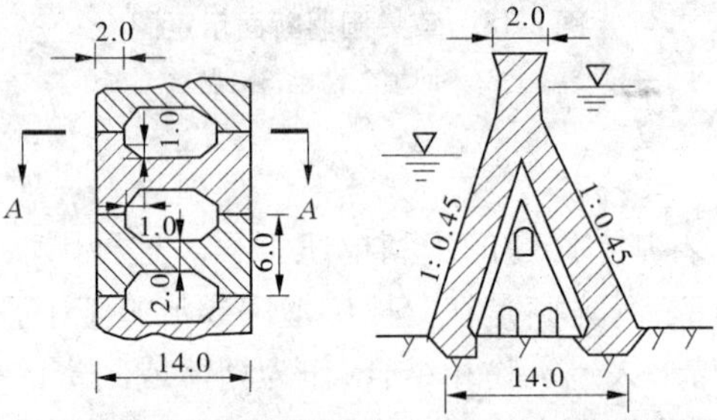

(a)平面图　　(b)A—A剖面

图 3-21　三门峡工程的纵向围堰　(单位:m)

没的异流方式。通常围堰的拱座是在枯水期的水面以上施工的。对围堰的基础处理:当河床的覆盖层较薄时需进行水下清基;若覆盖层较厚,则可灌注水泥浆防渗加固。堰身的混凝土浇筑则要进行水下施工,因此难度较高。在拱基两侧要回填部分砂砾料,以利灌浆,形成阻水帷幕。

拱形混凝土围堰,由于利用了混凝土抗压强度高的特点,与重力式混凝土围堰相比,断面较小,可节省混凝土工程量。

(四)钢板桩格型围堰

钢板桩格型围堰是重力式挡水建筑物,由一系列彼此相接的格体构成。按照格体的平面形状可分为圆筒形格体、扇形格体和花瓣形格体(见图 3-22)。这些型式适用于不同的挡水高度,应用较多的是圆筒形格体。钢板桩的锁口有握裹式、互握式和倒钩式三种,如图 3-23所示。格体内填充透水性强的填料,如沙、砂卵石或石渣等。在向格体内填料时,必须保护各格体内的填料表面大致均衡上升,因高差太大会使格体变形。钢板桩格型围堰的优点是坚固、抗冲、抗渗,围堰断面小,便于机械化施工,钢板桩的回收率高,可达 70% 以上,尤其适用于束窄度大的河床段作为纵向围堰。但由于需要大量的钢材,且施工技术要求高,我国仅用于大型工程中。

圆筒形格体钢板桩围堰一般适用的挡水高度小于 18 m,可建在岩基上或非岩基上,也可作为过水围堰用。其修建由定位、打设模架支柱,模架就位,安插钢板桩,打设钢板桩,

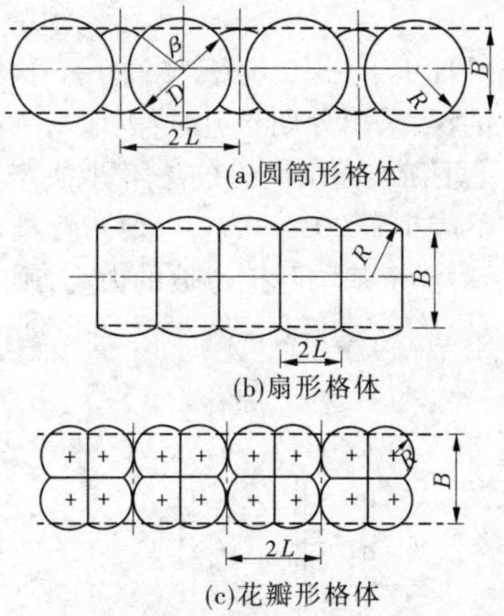

图 3-22　钢板桩格型围堰平面型式

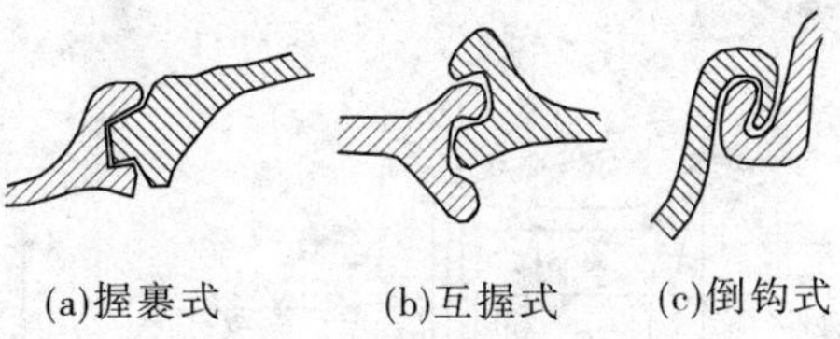

图 3-23　钢板桩锁口示意图

填充料渣，取出模架及其支柱和填充料渣到设计高程等工序组成（见图 3-24）。圆筒形格体钢板桩围堰一般需在流水中修筑，受水位变化和水面波动的影响较大，故施工难度较大。

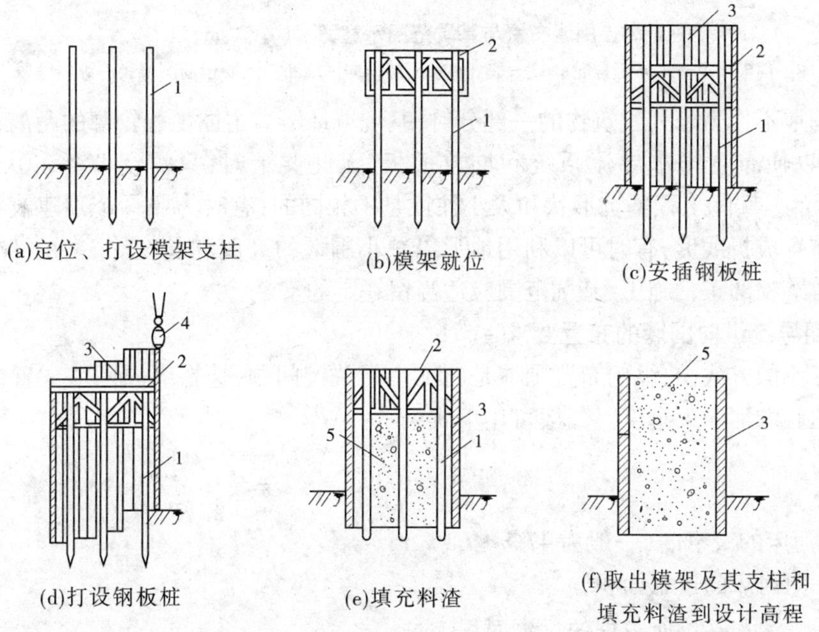

图 3-24　圆筒形格体钢板桩围堰施工工序

1—支柱；2—模架；3—钢板桩；4—打桩机；5—填料

二、围堰的平面布置要求

围堰的平面布置主要包括围堰内基坑范围确定和分期导流纵向围堰布置两个问题。

（一）围堰内基坑范围确定

围堰内基坑范围大小主要取决于主体工程的轮廓和相应的施工方法。当采用一次拦断法导流时，围堰基坑是由上下游围堰和河床两岸围成的；当采用分期导流时，围堰基坑由纵向围堰与上下游横向围堰围成。在上述两种情况下，上下游横向围堰的布置，都取决于主体工程的轮廓。通常基坑坡址距主体工程轮廓的距离不应小于 20～30 m，以便布置排水设施、交通运输道路，堆放材料和模板等，如图 3-25 所示。至于基坑开挖边坡的大小，则与地质无关。

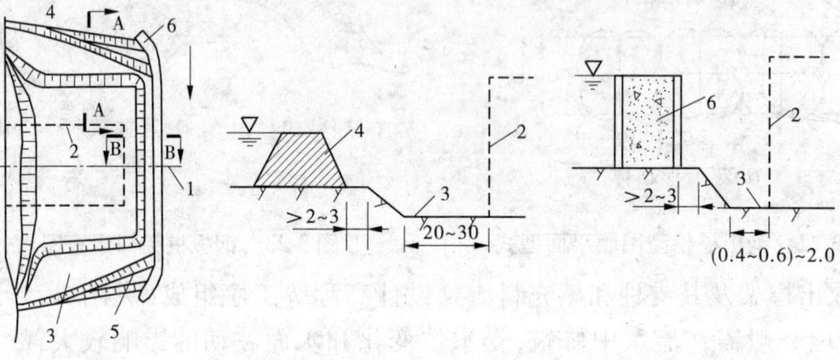

(a)平面图　　(b)A—A剖面　　(c)B—B剖面

图 3-25　围堰布置与基坑范围示意图　（单位：m）

1—主体工程轴线；2—主体工程轮廓；3—基坑；4—上游横向围堰；5—下游横向围堰；6—纵向围堰

当纵向围堰不作为永久建筑物的一部分时，基坑坡址距离主体工程轮廓的距离，一般不小于 2. 0 m，以便布置排水导流系统和堆放模板，无此要求时，只需留 0. 4～0. 6 m，如图 3-25（b）所示。实际工程基坑形状和大小往往是不相同的，有时为照顾个别建筑物施工，需要将轴线布置成折线形，有时可以利用地形以减小围堰的高度和长度等。为了保证基坑开挖和主体建筑物的正常施工，基坑范围应适当留一定的富余。

（二）分期导流纵向围堰的布置要求

在分期导流的方式中，纵向布置围堰是施工中的关键问题，选择纵向围堰位置，实际上就是要确定适宜的河床束窄度。一般可用下式表示：

$$K = \frac{A_2}{A_1} \times 100\% \tag{3-14}$$

式中　K——河床的束窄度（一般为 47%～68%）；

A_1——原河床的过水面积，m^2；

A_2——围堰和基坑所占据的过水面积，m^2。

纵向围堰布置的原则如下。

1. 地形条件

河心洲、浅滩、小岛、基岩露头等都是可以布置纵向围堰的有利条件，这些部位便于施工，并有利于防冲保护。例如三门峡工程曾巧妙地利用河心的几个礁岛来布置纵横围堰，如图 3-26 所示。葛洲坝工程施工初期，也曾利用江心洲作为天然的纵向围堰。三峡工程也是利用江心洲三斗墙作为纵向围堰的一部分。

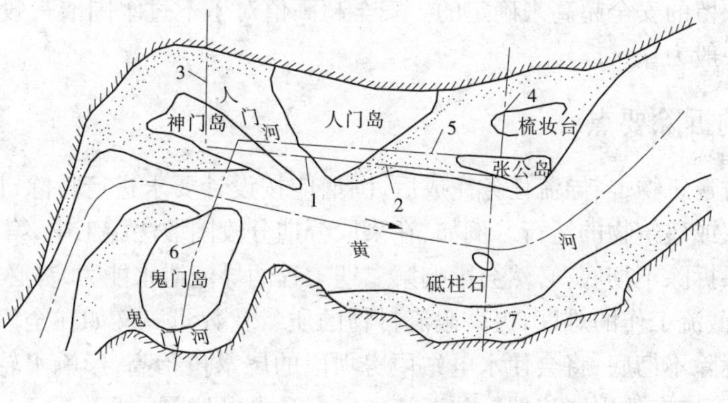

图 3-26　三门峡工程的围堰布置

1、2——一期纵向低水围堰；3——一期上游横向高水围堰；4——一期下游横向高水围堰；5—纵向混凝土围堰；6—二期上游横向围堰；7—二期下游横向围堰

2. 水工布置

尽可能利用厂闸、厂坝及闸坝等建筑物之间的隔水导墙，作为纵向围堰的一部分。例如葛洲坝工程就是利用厂闸导墙，丹江口工程则是利用厂坝导墙作为二期纵向围堰的一部分。

3. 河床允许束窄度的要求

河床允许束窄度主要与河床的地质条件有关。对于非通航河道，河床易冲刷，一般允许河床产生一定程度的变形，只要能保证河岸、围堰堰体和基础免受淘刷即可。束窄流速可允许达到 3 m/s 左右，岩石河床允许束窄度主要视岩石的抗冲流速而定。

4. 导流过水要求

(1)进行一期导流布置时，不但要考虑束窄河道的过水条件，而且还要考虑二期截流与导流的要求。

(2)一期基坑中能否布置下宣泄二期导流流量的泄水建筑物。

(3)由一期转入二期施工时的截流落差是否过大。

(4)对于一般性河流和小型船舶，当流速小于 2.0 m/s 时，机动木船可以自航；当流速小于 3.0 ~3.5 m/s，且局部水面集中落差不大于 0.5 m 时，拖轮可自航；木材流放最大流速可考虑为 3.5 ~4.0 m/s。

5. 施工布局的合理性原则

(1)各期基坑中的施工强度应尽量均衡。

(2)一期工程强度可比二期低些，但不宜相差太悬殊。

(3)如有可能，分期分段数应尽量少一些。

(4)导流布置应满足总工期的要求。

分期导流时，上下游围堰一般不与河床中心线垂直，围堰的平面布置常呈梯形，既可使水流顺畅，同时也便于运输道路的布置和衔接。当采用一次拦断法导流时，上下游围堰不存在突出的绕流问题。为减少工程量，围堰多与主河道垂直。纵向围堰的平面布置形式常采用流线型和挑流式布置。

三、围堰高度的确定

围堰高度是根据不同的导流泄水建筑物在达到设计规定的过水能力时，上下游河床的水面高程另加预留的安全超高来确定的。安全超高值对于不过水围堰一般为0.7~1.0 m，对于过水围堰一般为0.5 m。

四、围堰的拆除要点

围堰是临时建筑物，当导流任务完成后，围堰应按设计要求进行拆除，以免影响永久建筑物的后期施工或建筑物的运行。例如，在采取分期分段围堰法施工中，第一期围堰的上下游横向围堰如果拆除不彻底，必然会影响第二期工程的导流泄水能力，势必会增加上下游水位差，从而增加截流工作的难度，提高截流料物的质量及数量。又如在全段围堰法施工中，下游横向围堰拆除不彻底，将会使水电站厂房坝段的尾水位抬高，影响水轮机的工作水头，降低出力，造成不应有的水能浪费。如浙江省富春江水电站曾受此影响。

土石堰的拆除时间一般是选在运行期限的最后一个汛期过后，随着上游水位的下降，逐层拆除围堰的背水坡和水上部分，如图3-27所示。拆除期间必须保证残留的围堰断面能继续保持挡水和安全稳定，以免发生溃堰事故，使基坑过早淹没，影响施工。土石围堰拆除的方法，可采用正、反铲挖掘机开挖配套机械运输进行，也可采用爆破法或人工法挖除。例如，葛洲坝一期土石围堰的拆除程序如图3-28所示。

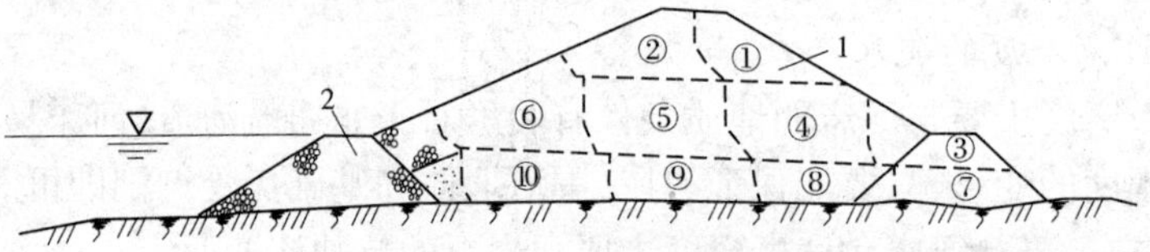

图3-27　土石围堰的拆除

1—正向铲挖除；2—索式挖掘机挖除；①~⑩—拆除顺序

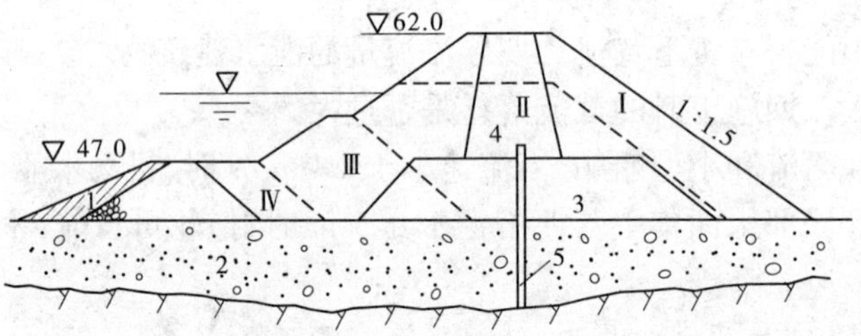

图3-28　葛洲坝一期土石围堰的拆除程序

1—黏土斜墙；2—覆盖层；3—堆渣；4—心墙；5—防渗墙

钢板格桩围堰的拆除，首先要用抓斗或吸石器将填料清除，然后用拔桩机拔起钢板桩。混凝土围堰的拆除，一般只能用爆破法炸除，但必须注意使主体建筑物或其他设备不受影响和危害。

第六节　拦洪度汛

当坝体高程填筑到不需围堰保护时，其临时度汛洪水标准应根据坝型及坝前拦洪库容的规定执行，如表3-8的规定。

一、拦洪高程的确定

当洪水来临时的泄洪过程如图3-29所示，$t_1 \sim t_2$时段，进入施工河段的洪水流量大于泄水建筑物的泄量，使部分洪水暂时存蓄在水库中，抬高上游水位，形成一定容积的水库，此时泄水建筑物的泄量随着上游水位的升高而增大。达到入库的洪峰流量Q_m之后（即$t_2 \sim t_3$时段），入库流量逐渐减小，但入库流量仍大于泄量，蓄水量继续增大，库水位继续上升，泄量q也随之增大，直到时刻t_3入流量和泄量相等时，蓄水容积达到最大值V_m，相应的上游水位达最高值H_m，即坝体拦水或拦洪水位，泄水建筑物的泄量也达最大值q_m，即泄水建筑物的设计流量。t_3时刻以后Q继续减小，库水位逐渐下降，q也开始减小，但此时库水位较高，泄量q仍较大，且大于入库流量Q，使水库存蓄的水量逐渐排出，直到t_4时刻，蓄水全部排完，恢复到原来状态。如图3-28中，由Q_m削减为q_m，但却抬高了坝体上游的水位。为此，在确定坝体的挡水或拦洪高程时，需要通过调洪计算，以求得相应的最大泄量q_m与上游最高水位H_m，上游最高水位加安全超高，便是坝体的挡水或拦洪高程，用公式表示为：

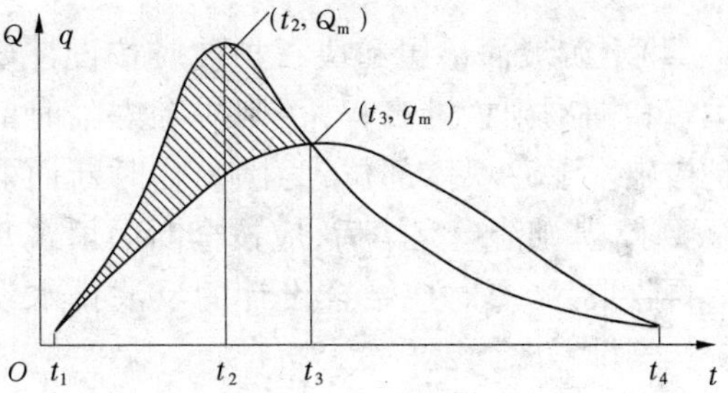

图3-29 入流和泄流过程示意图

表3-8 坝体施工期临时度汛洪水标准

坝型	拦洪库容（亿m^3）		
	>1.0	1.0~0.1	<0.1
	洪水重现期（年）		
土石	>100	100~50	50~20
混凝土	>50	50~20	20~10

$$H_i = H_m + \delta$$

式中 H_i——拦洪水位，m；

H_m——上游最高水位，m；

δ——安全超高，m（依坝的级别而定：Ⅰ级$\delta>1.5$，Ⅱ级$\delta \geq 1.0$，Ⅲ级$\delta \geq 0.75$，Ⅳ级$\delta \geq 0.5$）。

二、拦洪度汛措施

各种建筑物应根据施工进度安排，在汛期到来之前，必须考虑拦洪度汛措施。

（一）土石坝拦洪度汛措施应注意的要点

土石坝一般不允许过水，若坝身在汛期不可能填筑到拦洪高程时，一般可以考虑采取降低溢洪道高程、设置临时溢洪道并用临时断面挡水，或经过论证采用临时坝面保护过水等措施。

采用临时断面挡水如图3-30所示。应注意的要点如下：

（1）临时断面顶部应有足够的宽度，以便在紧急情况下仍有余地抢筑子埝，确保安全。

(2)临时断面的边坡应保持稳定,其安全系数一般不低于正常设计标准。为防止施工期间由于暴雨冲刷或其他原因坍坡,必须要及时采取措施保护和排水。

(3)心墙坝的防渗体一般不允许采用临时断面。

(4)上游坡面垫层和块石护坡应按设计要求填筑和铺砌到拦洪高程,否则应考虑临时的防护措施。下游坝体部位,为满足临时断面的安全要求,基础清理完毕后,应按全断面填筑几米后再收坡,必要时应结合设计的反滤排水设施统一安排考虑。

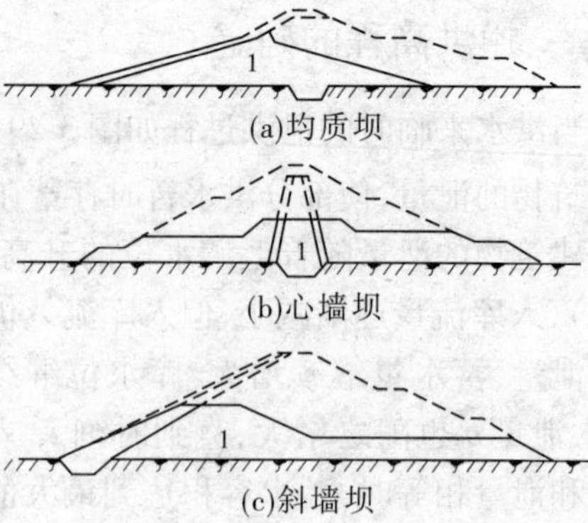

图 3-30 土坝拦洪的临时断面示例

1—临时断面

(5)采用临时坝面过水时应注意以下几点:

①为保证过水坝面下游边坡的稳定,应加强保护或做专门的溢流堰。例如利用反滤体加固后作为过水坝面溢流堰体等,并应注意堰体下游的防冲保护。

②靠近岸边的溢流堰体顶部高程应适当抬高,以减小坝面单宽流量,减轻水流对岸坡的冲刷。

③坝顶高程一般应低于溢流堰体顶 0.5 ~ 2.0 m,或做成反坡式坝面,以避免过水坝面的冲淤。

④根据坝面过流条件合理选择坝面保护形式,防止淤积物渗入坝体,特别注意防渗体、反滤层等的保护。必要时上游设置拦污设施,防止漂木、杂物淤积坝面,撞击下游边坡。

(二)混凝土坝的拦洪度汛

混凝土坝一般是允许过水的,若坝身在汛期前不可能浇筑到拦洪高程,为了避免坝身过水时造成停工,可在坝面上预留缺口以度汛,待洪水过后再封堵缺口,全面上升。此外,如果根据混凝土浇筑进度安排,虽然在汛前坝身可浇筑到拦洪高程,但一些纵向施工缝尚未灌浆封闭时,可考虑用临时断面挡水,在这种情况下,必须提出充分论证,并采取相应的措施,以消除应力恶化的影响。如柘溪工程的大头坝为提前挡水就采取了调整纵缝位置、提高初期灌浆高程和改变纵缝形式等措施,以改善坝体应力状态。

第七节 封堵技术

施工后期,当坝体已修到拦洪高程以上,能发挥挡水作用时,其他工程项目如混凝土坝已完成了基础灌浆和坝体纵缝灌浆,库区清理、水库坍岸和渗漏处理工作也已经完成,建筑物质量和闸门设施等均经检查合格,这时整个工程就进入了完建期,应根据施工的总进度计划、主体工程或控制性建筑物的施工进度、天然河流的水文特征、下游的用水要求、受益时间以及是否具备封堵条件等,有计划地进行导流临时泄水建筑物的封堵。

一、封堵的技术要求

导流用临时泄水建筑物封堵时的设计流量,应根据河流水文特征及封堵条件进行选择,一般可选用封堵期 10 ~ 20 年一遇月或旬的平均流量,也可根据实测水文资料分析确定。封孔日期与初期蓄水计划有关,一般在枯水期进行,但在特殊情况下也可在汛前进行,但必须经过科学论证决定。最常用的封堵方式是首先下闸封孔,然后浇混凝土封堵。

(一)下闸封孔

常用的封孔闸门有钢闸门、钢筋混凝土叠梁闸门、钢筋混凝土整体闸门等,我国新安江工程和柘溪工程的导流底孔封堵,成功利用了多台 5 ~ 10 t 的手摇绞车,顺利沉放了重达 32 t 和 540 t 的钢筋混凝土闸门。如图 3-31 所示。如盘石头水库工程的导流洞孔封堵,成功利用绞车顺利沉放了 10 t 的钢闸门。这种方式断流快,水封好,只要起吊下放时掌握平衡,下沉比较方便,不需重型运输起吊设备,特别在库水位上升较快的工程中,最后封孔时被广泛采用。闸门安施以后为了加强闸门的水封防渗效果,在闸门槽两侧填以细粒矿渣并灌注水泥砂浆,在底部填筑黏土麻包,并在底孔内把闸门与闸(坝)面之间的金属承压板互相焊接。

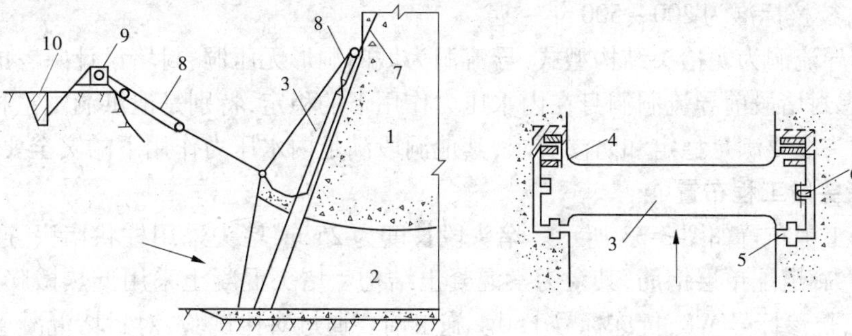

(a)底孔纵断面　　(b)闸门横断面

图 3-31　新安江水电站导流底孔封堵示意图

1—坝体;2—底孔;3—闸门;4—坝体承压板;5—止水槽;6—侧向导轮;
7—预埋铁吊环;8—滑车组;9—手摇绞车;10—锚锭

(二)浇筑混凝土塞

导流用底孔一般为坝体的一部分,因此封堵时需要全孔堵死,或对于留做永久泄洪洞及导流洞的结合洞,需要把前导流部分封堵,故常浇筑一定长度的混凝土塞,就足以起永久挡水作用。混凝土塞的最小长度可根据极限平衡条件确定。

当导流隧洞的断面较大时,混凝土塞的浇筑必须考虑降温措施,不然产生温度裂缝,会影响其止水质量。也可加一些微膨胀剂,使用微膨胀混凝土,使新老混凝土更好地结合。例如美国新伯拉斯巴坝的导流隧洞封堵,在混凝土塞中央部位设立有冷却和灌浆用坑道,底部埋有冷却水后,待混凝土塞的平均温度降至 12.8 ℃时进行接触灌浆,以保证混凝土塞与围岩的连接,如图 3-32 所示。

二、我国盘石头水库导流洞的封堵

(一)导流洞汛期封堵的设计原则

盘石头水库导流洞封堵体按 2 级永久建筑物设计,即按 100 年一遇洪水设计、200 年一遇洪水校核。汛期封堵方案下闸封堵封堵期洪水标准为汛期 20 年一遇,根据 SDJ—89《水利水电工程施工组织设计规范》的要求,导流泄水建筑物封堵后坝体度汛设计标准为 100 ~

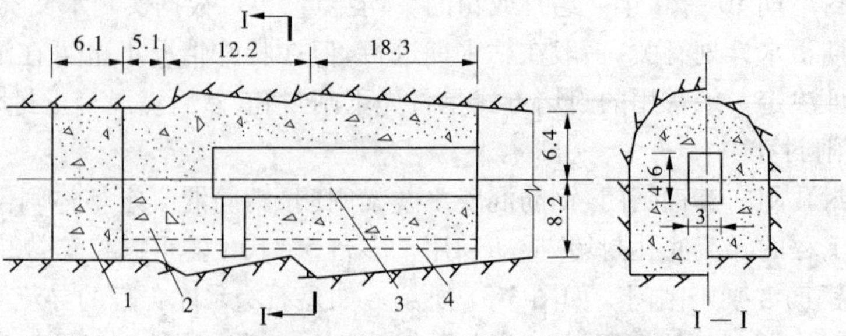

(a)纵断面　　(b) Ⅰ—Ⅰ断面

图 3-32　导流隧洞的堵头　（单位：m）

1—混凝土墙；2—混凝土塞；3—冷却和灌浆用坑道；4—冷却水管

200 年一遇，校核标准为 200 ~ 500 年一遇。

由于该导流洞为龙抬头结构型式，导流洞为城门洞形无压洞，封堵设计除考虑堵头设计外，还要考虑封堵段前导流洞洞身在内水压力作用下的稳定，特别是泄洪洞闸室相对应洞段的稳定。堵头段要满足稳定和防渗要求，其他洞段满足内水压力作用下的安全要求。

（二）堵头段工程布置

堵头段工程布置如图 3-33 所示。堵头段长度为 25 m，堵头采用柱状堵头，迎水面表层配有构造筋，廊道配单层钢筋，其余为素混凝土结构。堵头混凝土采用低热微膨胀混凝土，强度为 C20，抗渗标号 W8，抗冻标号 F50。施工前要通过对比试验，对封堵混凝土配合比进行优选，要求微膨胀混凝土的膨胀时机与混凝土收缩同步，这样堵头与洞壁能够结合紧密，甚至产生一定的压应力。首段 8 m 长为实心堵头段，在中堵头中间设有 2.5 m 宽、3 m 高的灌浆廊道，便于进行水循环冷却和接缝灌浆。

堵头段混凝土浇筑前，对老衬砌混凝土进行凿毛处理，同时洞壁布设 3 m 长的锚杆，间排距 1.5 m×1.5 m，以使新老混凝土能良好结合。浇筑前还必须对该洞段边墙和底板进行固结灌浆，顶拱由于距上洞太近，先不进行固结灌浆，待封堵段施工结束后，龙抬头段进行固结灌浆时把对应该段的龙抬头洞底部固结孔加深，至下洞衬砌 0.5 ~ 1 m。堵头段混凝土埋有冷却系统、接缝灌浆系统、监测仪器（包括温度计、测缝计、渗压计）等，均在浇筑前预埋。混凝土浇筑后要通冷水进行冷却，混凝土龄期超过一个月及混凝土内部温度降至小于 16 ℃后，进行接缝灌浆。

堵头混凝土的施工考虑了控制入仓温度不大于 25 ℃；采用低热微膨胀混凝土，筑浇仓中布置冷凝管进行两次冷却，使层间温度控制在 20 ℃以内；同时采取接缝灌浆温控等工程措施。

（三）导流洞汛期封堵的要点和技术要求

（1）封堵结构设计包括两部分：一是堵头段 25 m 设计，堵头要满足防渗与稳定要求；二是加固段设计，由于导流洞封堵后的承载方式与导流期不一样，需进行加固，以满足安全要求。加固段分全面加固段和前加固段及后加固段。堵头前部的导流洞段为门后全断面加强段及前加固段，导流洞与龙抬头相接的三角体为后加固段。

（2）堵头段是 25 m，前 8 m 为实心堵头，后 17 m 中间设 2.5 m×3 m 的灌浆廊道，堵头段分 12 m 和 13 m 两段浇筑，两段之间以及堵头段与加固段的接缝均为施工缝，按施工规范

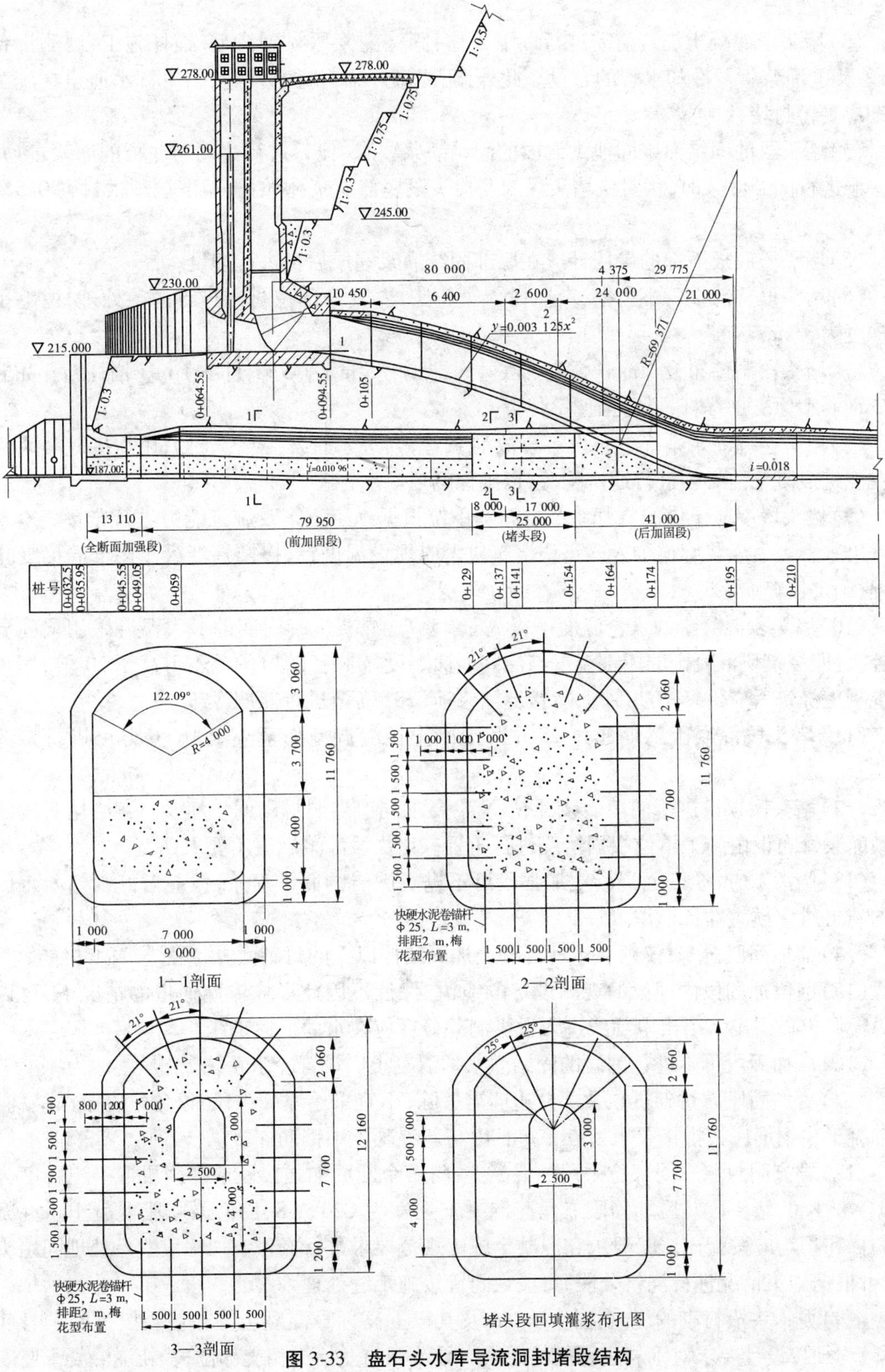

图 3-33　盘石头水库导流洞封堵段结构

要求进行处理。

(3)堵头段混凝土浇筑前需进行以下工作：固结灌浆原衬砌凿毛、锚杆施工、观测设备埋设、接缝灌浆管及冷却水管的布设。此外，还要做好临时排水设施，临时排水通道在施工后期应妥善封堵，以防渗漏。

(4)堵头段的固结灌浆同泄洪洞段的固结灌浆要求，但只进行边墙与底板的灌浆，待龙抬头洞进行固结灌浆时，相对应堵头段的龙抬头段底部灌浆孔加长，至下洞顶拱衬砌 0.5 ~ 1 m。

(5)堵头段底板下部的渗压计应在底部固结灌浆完成后再进行埋设。

(6)堵头段首部设一小齿槽，全段设 3 个止浆槽，其余部位衬砌进行凿毛处理，凿毛平均深度为 3 cm。

(7)堵头段洞壁布设 3 m 长 Φ 25 锚杆，间排距 1.5 m × 1.5 m，外露 1 m。锚杆钻孔如遇衬砌钢筋和原支护锚杆，可适当调整位置。

(8)堵头接缝灌浆系统中布设有事故灌浆管，当进浆管发生堵塞时启用。接缝灌浆管路在浇筑混凝土前必须进行通水检验，以确保畅通。

(9)堵头段混凝土内的冷却系统由施工单位根据施工方案及施工能力进行布置。冷水管进出水管可由灌浆廊道接入。每块浇筑块内应埋设温度计，以掌握混凝土内部温度变化情况，确定接缝灌浆时机。

(10)堵头段混凝土的入仓温度不得高于 25 ℃，混凝土凝固期的最大温升采用层间温差控制，即浇筑块混凝土的内部温度与层间表面温度（洞内气温）的差不得高于 20 ℃；堵头段混凝土浇筑后应进行一期冷却，待接缝灌浆前（28 d 后）进行二期冷却。

(11)堵头段混凝土龄期超过 28 d 和混凝土接缝温度降至小于 16 ℃方可进行接缝灌浆。

(12)堵头段顶拱进行回填灌浆，回填灌浆要求同泄洪洞衬砌回填灌浆。实心堵头段的回填灌浆管布设由施工单位根据情况进行布置。堵头段灌浆廊道不要求回填。

(13)门后 13 m 全断面混凝土加强段可不进行围岩的固结灌浆，但应做好闸门漏水影响的施工对应预案准备工作。

(14)前加固段洞身，仅须在 4 m 混凝土加固结构以上的衬砌面上打孔进行固结灌浆。

(15)前段加固段内埋设的观测设备电缆，在保证不因此形成渗漏通道的情况下，可以从导流洞出口引出。引出电缆线进入泄洪洞部分后应在水面上边走线。

(16)后加固段可不进行围岩的固结灌浆。混凝土内设置冷水系统。

(17)后加固段原衬砌拱顶及部分边墙需去除，不宜采用爆破手段，以免危害永久结构。老混凝土中钢筋应按搭接要求留有一定长度与新混凝土中钢筋连接。

(18)导流洞封堵不同部位采用的混凝土：门后全断面加强段及前加固段混凝土强度为 C20、W8、F50，堵头段及后加固段三角区混凝土强度为 C20、W8、F50，微膨胀混凝土。混凝土的拌和物均应按配比试验要求和混凝土施工规范要求进行操作。加固段凿毛处理同堵头段，可根据施工情况进行浇筑分段，每段之间皆按施工缝处理。

(19)龙抬头段衬砌的浇筑指标为 C40 及其以上高标号混凝土且除堵头段范围洞身底部外，均须按设计要求对围岩进行固结灌浆。导流洞与龙抬头相交部位，若新浇混凝土厚度小于 15 cm，改为同标号或高标号的改性环氧砂浆。

（20）原导流洞进口所设的两道通气孔，在施工时可用混凝土封堵，但应设一内径 100 mm 的进水孔，用来充水平压，孔顶高程同时设一内径 50 mm 的排气孔。进水孔、排气孔管路均应通至门后全断面混凝土加强段末端顶部，施工中，通气孔封堵混凝土浇筑应考虑使封堵后其不致成为渗漏通道。当临时建筑物封堵以后，在一段时间内，还有两个问题值得注意：一是下游工农业生产用水和居民生活用水如何解决；二是虽然封堵工程多选在洪水期后，或封堵期在汛前，但封堵后万一发生意外大水，而溢洪道工程又未完成，则将出现紧张被动局面，故在提出封堵措施的同时，应对下游洪水和预防意外大水作出相应的考虑和安排。

第八节　基坑排水

在河流上修建水工建筑物时，当围堰闭气后，就要排除基坑内的积水和渗水，随后在开挖基坑和进行建筑物的施工过程中，还要经常不断地排除渗入基坑的渗水，以保证干地施工条件。

基坑排水工作按排水时间及性质，一般可分为以下两种：

（1）基坑开挖前的初期排水，包括基坑集水、基坑集水排除过程中的围堰堰体与基础渗水、堰体及基坑覆盖层中的含水量以及可能出现的降水排除。

（2）基坑开挖及建筑物施工过程中的经常性排水，包括围堰和基坑渗水、降水以及施工弃水量的排除。

如按排水方法来分可分基坑初期排水、明沟排水和暗式排水（人工降低地下水位）三种。

一、基坑初期排水

基坑初期排水是指排除围堰闭气后基坑内的集水、围堰及基坑渗水、雨水等。这些水是用固定式抽水机站或浮动式抽水机站（见图 3-34），将水抽到下游河道中去，这种抽水方法属明式排水法之一。初期抽水阶段，基坑水位的允许下降速度需根据围堰型式、基坑地基特性及围堰填筑材料和坑内水深而定。水位下降速度过快，则围堰或基坑边坡中的动水压力变化越大，容易引起坍坡；水位下降太慢，则影响开挖的时间。一般限制在 0.5 ~ 1.0 m/d 以内，对土围堰应小于 0.5 m/d，对木笼及板桩围堰应小于 1.0 m/d。

抽水设备的选择与初期排水量有关，先要估算抽水量 $Q_{初}$：

$$Q_{初} = Q_{积} + Q_{渗} \tag{3-15}$$

式中　$Q_{积}$——基坑内集水量，m^3/s；

$Q_{渗}$——抽水过程中不断渗水的基坑流量，m^3/s。

根据实际工程经济统计分析，初期抽水量可按下式估算：

$$Q_{初} = (2 \sim 3)\frac{W}{T} \tag{3-16}$$

式中　$Q_{初}$——初期排水量，m^3/s；

W——基坑中集水体积，m^3；

T——抽水时间，s；

2 ~ 3——系数，认为初期抽水总量是围堰内积水量的 2 ~ 3 倍，当围堰和基础防渗不好时,可能超过 3 倍,而防渗良好时可能不到 2 倍。

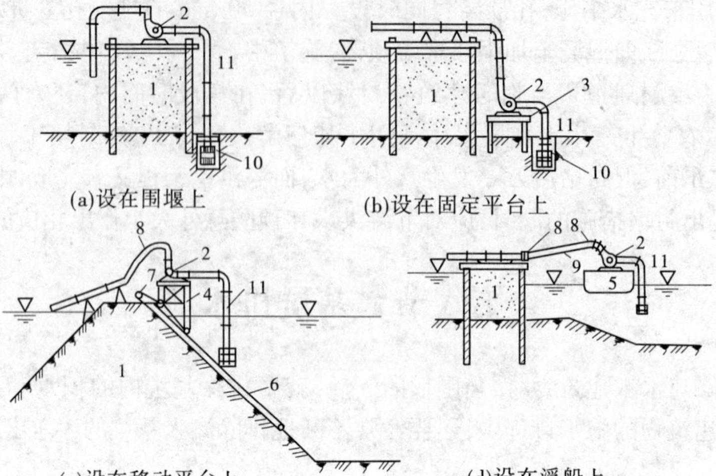

图 3-34　水泵站的布置

1—围堰;2—水泵;3—固定平台;4—移动平台;5—浮船;6—滑道;
7—绞车;8—橡皮接头;9—铰接桥;10—吸水井;11—吸水管

根据抽水量即可估算泵站抽水设备的配备功率,并考虑 20% 以上的备用功率,备用功率不应小于泵站中最大的一台水泵功率。水泵站由多台水泵组成,以便在不同抽水量和扬程的情况下灵活应用。

经常性排水量的确定,主要包括围堰和基坑的渗水、降雨、地基岩石冲洗及混凝土养护用水,设计中一般考虑两种不同的组合,从中选择最大者,以选择排水设备。一种组合是渗水加降雨,另一种组合是渗水加施工用水。降雨和施工用水不必组合在一起。

(一)降雨量的确定

在基坑的排水考虑中,大型工程可采用 20 年一遇 3 日暴雨中最大的连续 6 h 雨量,故基坑内的降雨量可根据降雨强度和基坑集雨面积求得。

(二)施工用水的确定

施工用水主要考虑混凝土养护用水,其用水量估算应根据气温条件和混凝土养护的要求而定。一般估算时可按每立方米混凝土每次用水 5 L,每天养护 8 次计算。

(三)渗流流量计算

通常基坑渗流总量包括围堰渗透量和基坑渗漏量两大部分,通常可参照基坑条件和所采用的计算方法,有以下几种计算情况:

(1)基坑远离河岸不必设围堰时渗入基坑的全部流量 Q 的计算。首先按基坑的宽长比(B/L)将基坑区分为窄长形基坑($B/L \leqslant 0.1$)和宽阔基坑($B/L > 0.1$)。前者按沟槽公式计算,后者则化为等效的圆井,按井的渗流公式计算。

(2)筑有围堰时基坑渗透量的简化计算。将基坑简化为等效圆井计算。

通常遇到两种情况:

①无压完整形基坑,如图 3-35 所示。首先分别计算出上、下游面基坑的渗流量 Q_1 和 Q_2,然后相加,则得基坑总渗流量:

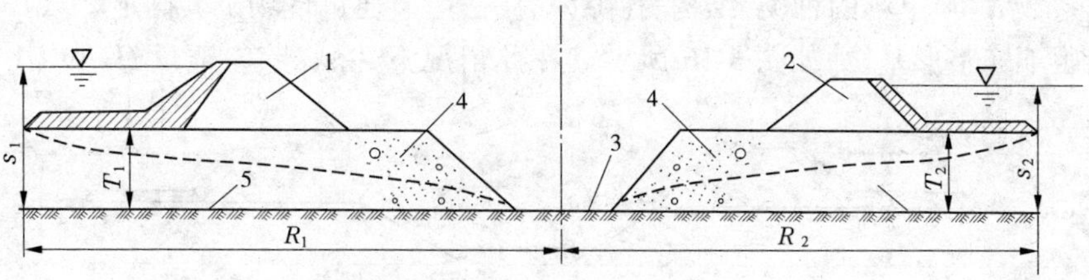

图 3-35　有围堰的无压完整形基坑

1—上游围堰;2—下游围堰;3—基坑;4—基坑覆盖层;5—隔水层

$$Q_s = Q_{1s} + Q_{2s} \tag{3-17}$$

$$Q_{1s} = \frac{1.365}{2} \cdot \frac{K_s(2s_1 - T_1)T_1}{\lg \frac{R_1}{r_0}} \tag{3-18}$$

$$Q_{2s} = \frac{1.365}{2} \cdot \frac{K_s(2s_2 - T_2)T_2}{\lg \frac{R_2}{r_0}} \tag{3-19}$$

式中　K_s——基础的渗透系数;

R_1、R_2——降水曲线的影响半径;

s_1、T_1、s_2、T_2 的含义见图 3-35。

式(3-18)及式(3-19)分别适用于 $R_1 > 2s_1\sqrt{s_1K_s}$ 和 $R_2 > 2s_2\sqrt{s_2K_s}$。R_1、R_2 取值主要与土质有关。根据经验,细砂 $R = 100 \sim 200$ m,中砂 $R = 250 \sim 500$ m,粗砂 $R = 700 \sim 1\ 000$ m。R 值也可按照各种经验公式估算,如按库萨金公式:

$$R = 575S\sqrt{HK_s} \tag{3-20}$$

式中　H——含水层厚度,m;

S——水面降落深度,m;

K_s——渗透系数,m/h;

r_0——将基坑简化为等效圆井时的化引半径。

对于不规则形状的基坑:

$$r_0 = \sqrt{\frac{F}{\eta}} \tag{3-21}$$

对于矩形基坑:

$$r_0 = \eta \cdot \frac{L + B}{4} \tag{3-22}$$

式中　F—— 基坑面积,m^2;

L、B——基坑长度与宽度,m;

η——基坑形状系数,与 B/L 值有关,见表 3-9。

表 3-9　基坑形状系数 η 值

B/L	0	0.2	0.4	0.6	0.8	1.0	备注
η	1.0	1.12	1.16	1.18	1.18	1.18	

渗透系数 K_s 与土壤的种类、结构、孔隙率有关，一般通过现场试验确定。

②无压不完整形基坑，如图 3-36 所示。在此情况下，除坑壁渗透量 Q_{1s}和 Q_{2s}仍按完整

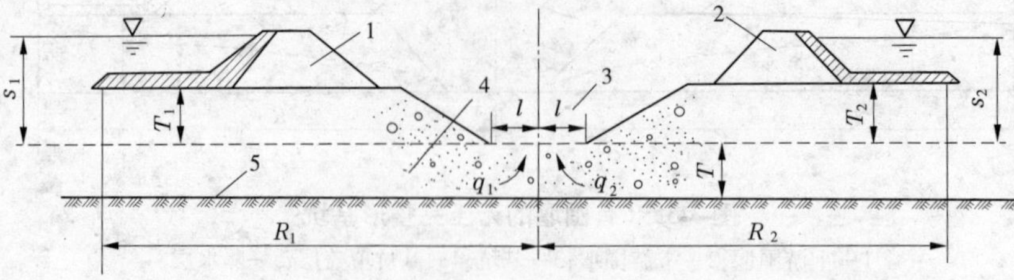

图 3-36　有围堰的无压不完整形基坑

1—上游围堰；2—下游围堰；3—基坑；4—基坑覆盖层；5—隔水层

井基坑公式计算外，尚需计入坑底渗透流量 q_1 和 q_2。基坑总渗透流量 Q_s 为：

$$Q_s = Q_{1s} + Q_{2s} + q_1 + q_2 \tag{3-23}$$

其中 Q_{1s}和 Q_{2s}仍分别按式(3-18)和式(3-19)计算，q_1 和 q_2 则按以下两式计算：

$$q_1 = \frac{K_s T_{s1}}{\dfrac{R_1 - l}{T} - 1.47\lg\left(\mathrm{sh}\dfrac{\pi l}{2T}\right)} \tag{3-24}$$

$$q_2 = \frac{K_s T_{s2}}{\dfrac{R_2 - l}{T} - 1.47\lg\left(\mathrm{sh}\dfrac{\pi l}{2T}\right)} \tag{3-25}$$

式(3-24)和式(3-25)分别适用于 $R_1 > l + T$ 和 $R_2 > l + T$ 的情况，式中 l 为基坑顺水流向长度之半，T 为坑底以下覆盖层厚度，如图 3-36 所示。

③考虑围堰结构特点的渗透计算。以上两种简化方法是把宽阔基坑，甚至连同围堰在内，化引为等效圆形直井计算，这显然是十分粗略的。当基坑为窄长形，且需考虑围堰结构特点时，渗水量的计算可分为围堰和基础两部分，分别计算后予以叠加。

当基坑在透水地基上时，可按表 3-10 所列的参数指标来估算基坑的渗透流量。

表 3-10　1 m 水头下 1 m² 基坑面积的渗透流量

土类	细砂	中砂	粗砂	砂砾石	有裂缝的岩石
渗透流量(m^3/h)	0.16	0.24	0.30	0.35	0.05 ~ 0.10

二、基坑明沟排水的要求

基坑明沟排水是指基坑开挖和水工建筑物施工过程中，经常性排除的渗水、雨水和施工用水。

在基坑开挖过程中，在坑内布置明式排水系统即排水沟、集水井和水泵站，应以不防碍开挖和运输为原则，可结合出土方便，在中间或一侧布置排水干沟，随着开挖工作的进行，逐层设置。而在修建过程中，排水沟应布置在建筑物轮廓线以外，如图 3-37 所示。图 3-38 所示排水沟一般以 2‰ ~ 5‰的底坡通向集水井，且距离基坑边坡坡脚不小于 0.3 ~ 0.5 m。集水井应布置在建筑物轮廓线以外的地方，它与建筑物外缘距离必须大于井深。井底低于排

水沟底 1 ~ 2 m,井的容积至少能贮存 10 ~ 15 min 的抽水量。

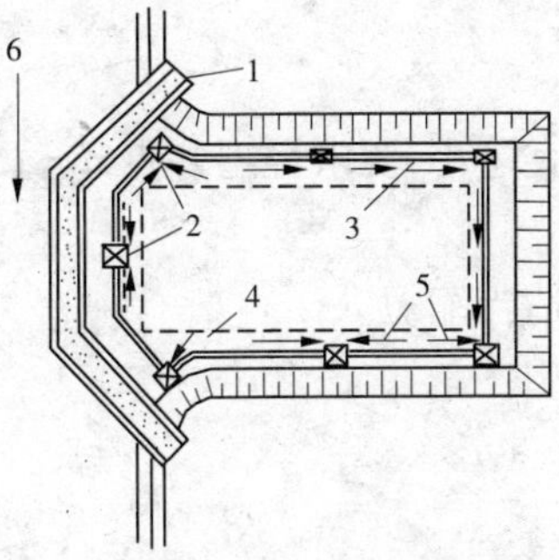

图 3-37　修建建筑物时基坑排水系统布置

1—围堰;2—集水井;3—排水沟;4—建筑物轮廓线;
5—排水方向;6—水流方向

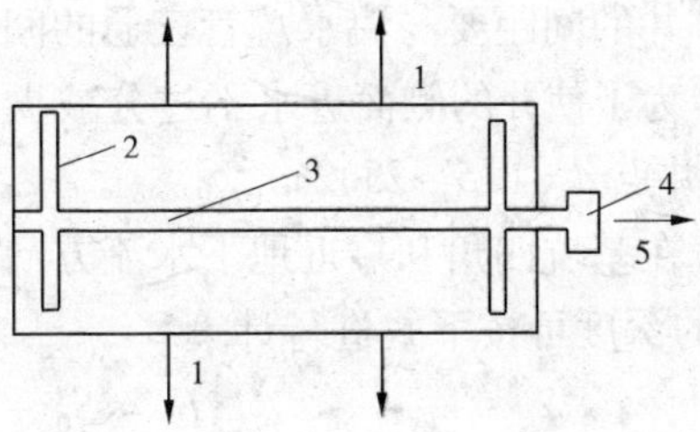

图 3-38　基坑开挖过程中排水系统布置

1—运土方向;2—支沟;3—干沟;
4—集水井;5—水泵抽水

三、基坑暗式排水的要求

当基坑为细砂土、砂壤土一类土地基时,随着基坑底面的下降,坑底与地下水位的高差越来越大,在地下水的动水压力作用下,容易产生滑坡、坑底管涌等事故,给开挖工作带来不良影响。

暗式排水即人工降低地下水位,可以避免上述缺点。基本做法是:在基坑周围设置一些井,地下渗水入井中即被抽排到基坑外,使基坑范围内的地下水降到基坑底面以下。人工降低地下水位的方法,又分为管井法和井点法两种。

(一) 人工降低地下水位的设计与计算

采用人工降低地下水位进行施工时,应根据要求的地下水位下降深度、水文地质条件、施工条件,以及设备条件等,确定排水总量(即渗流量),计算管井或井点的需要量,来选择抽水设备,进行抽水排水系统的布置。

总渗流量按式(3-23) ~ 式(3-25)计算。

管井和井点数 n 可根据总渗流量 Q 和单井集水能力 $q_{\max}$ 确定,即:

$$n = \frac{Q}{0.8q_{\max}} \tag{3-26}$$

单井的集水能力决定于滤水管面积和通过滤水管的允许流速,即:

$$q_{\max} = 2\pi r_0 L v_p \tag{3-27}$$

式中　r_0——滤水管的半径,m(当滤水管四周不设反滤层时用滤水管半径,设反滤层时半径应包括反滤层在内);

L——滤水管的长度,m;

v_p——允许流速,m/d,$v_p = 65\sqrt[3]{K_s}$,其中 K_s 为渗透系数(m/d)。

根据上面计算确定的 n 值,考虑到抽水过程中有些井可能被堵塞,因此尚应增加5% ~ 10%。管井或井点的间距 d 可根据排水系统的周线长度 l 来确定,即 $d = \frac{l}{n}$(m)。

在进行具体布置时,还应注意满足以下要求:

(1)在渗透系数小的土层中，若间距过大，则地下水位降低所需时间长，因此要以抽至低地下水位的时间来控制井的间距。

(2)井的间距要与集水总管三通的间距相适应。

(3)为了使井的侧面进水不过分减少，井的间距不宜过小，要求轻型井点 $d=(5\sim10)\cdot 2\pi r_0$，深井点 $d=(15\sim25)2\pi r_0$。

(4)在基坑四角和靠近地下水流方向一侧，间距宜适当缩短。

井的深度可按下式进行计算：

$$H = S_0 + \Delta S + \Delta h + h_0 + L \tag{3-28}$$

式中 H——管井的深度，m；

Δh——进入滤水管的水头损失，一般为 0.5 ~ 1.0 m；

S_0——原地下水位与基坑底的高差，m；

h_0——要求的滤水管沉没深度，m，视井点结构不同而异，多小于 2.0 m；

L——滤水管的长度，m；

ΔS——基坑底与滤水管处降落水位的高差，m，可用下式确定：

$$\Delta S = \frac{0.8q_{\max}}{2.73K_sL}\lg\frac{1.32L}{r_0} \tag{3-29}$$

(二)管井法的要点

管井法排水，是在基坑四周布置一些单独工作的管井，地下水在重力作用下流入井中，将水泵或水泵的吸水管放入井内抽水。抽水设备有离心泵、潜水泵和深井泵等。

当要求大幅度降低地下水位时，最好采用离心式深井泵，如图 3-39 所示。它属立轴多级离心泵。深井泵一般适用的深度不大于 20 m，其排水效果较好，需要管井数较少。管井由滤水管、沉淀管和不透水管组成，管井外部有时需要设立反滤层，地下水从滤水管中进入管内，水中泥沙则沉淀在管中。滤水管是管井的重要组成部分，其结构对井的出水量及可靠性影响很大。要求它过水能力大、进入泥沙少，并具有足够的强度和耐久性。如图 3-40 所示，是网式滤水管构造图。管井的埋设方法有射水法、振动射水法、冲击钻井法等。其步骤是先埋设套管，然后在套管中插入井管，井管下妥后，再一边下反滤层料，一边拔起套管。

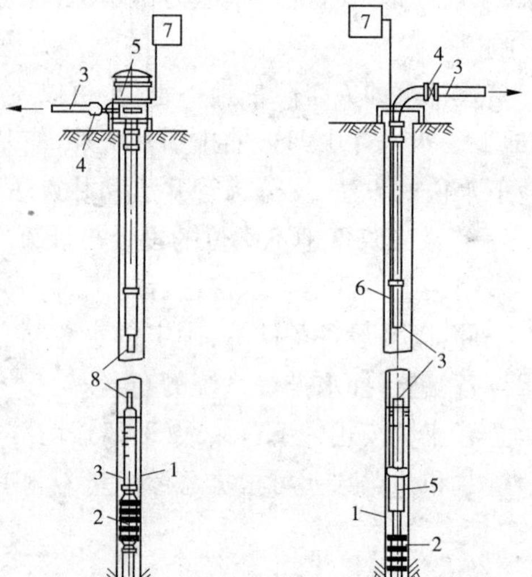

(a)电动机装在地面上　　(b)电动机装在深井中

图 3-39　装置深井水泵示意图

1—管井；2—水泵；3—压力管；4—阀门；
5—电动机；6—电缆；7—配电盘；8—传动轴

采用离心式抽水泵抽水时，一次吸水高程不超过 5 ~ 6 m，当需降低地下水位的深度较大时，可分层布置井管，如图 3-41 所示。

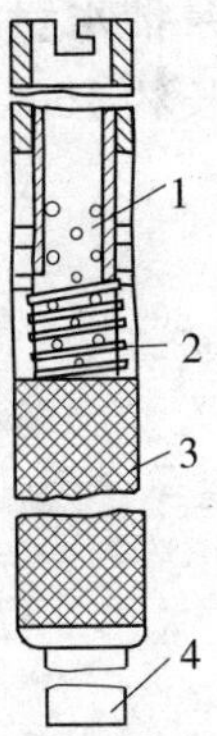

图 3-40　网式滤水管

1—多孔管;2—绕成螺旋状的铁丝;
3—铜丝网;4—沉淀管

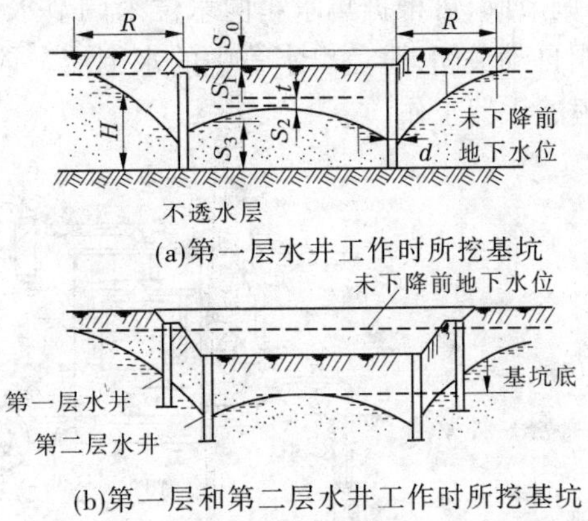

图 3-41　分层降低地下水位布置图

(三)井点法的施工要点

当土壤的渗透系数小于 1.0 m/d 时,宜采用井点法排水。井点法分为浅井点、深井点、喷射井点等,最常用的为浅井点。

浅井点法又称轻型井点法,其结构型式是由井管、连接弯管、集水总管、普通离心式水泵、真空泵和集水箱等组成的排水系统,如图 3-42 所示。井点法的井管直径为 35 ~ 55 mm,长 5 ~ 7 m,间距为 0.8 ~ 1.6 m,最大可达 3.0 m。集水管总管直径为 100 ~ 127 mm 的无缝钢管,管上装有与井点管连接的短接头。井管的埋设方法常采用射水下沉法下沉,在距孔口 1.0 m 范围内须堵塞黏土密封,井管与总管的连接也应注意密封,以防漏气。如国产ΠBY 型浅井点设备的工作装置如图 3-43 所示。工作时,先开动真空泵,造成井点系统的负压状态,从而把地下水及土中的空气一起从滤水管中经集水总管吸入集水箱,空气从集水箱上部经分水器进行水、气分离后被真空泵抽出。当集水箱集存很多水后,再开动水泵抽水。集水箱中装有浮筒,当水量到达某一水位时,浮筒上的斜阀顶住抽气管,避免水流进入真空泵。

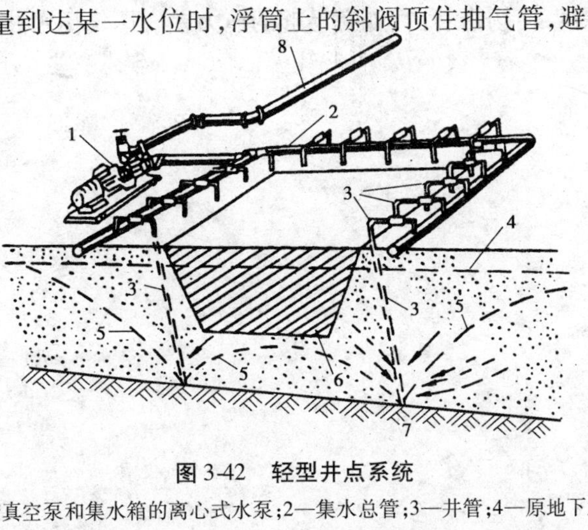

图 3-42　轻型井点系统

1—带真空泵和集水箱的离心式水泵;2—集水总管;3—井管;4—原地下水位;
5—排水后水面降落曲线;6—基坑;7—不透水层;8—排水管

在水泵出口装有调节阀,可根据集水箱内水位来调节水泵流量,当水泵抽水量不足,箱内压力减小时,调节阀自动关闭,避免出水管中的水倒流。该机型可负担长约 160 m 的总管,同时接通 60 ~ 90 根滤水器工作。

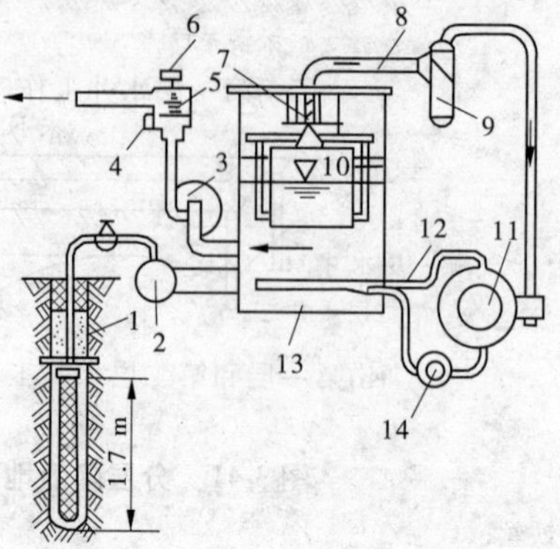

图 3-43 国产ΠBY 型浅井点设备示意图

1—滤层;2—集水总管;3—水泵;4—放水阀;5—弹簧;6—调节阀;7—阀门;8—抽气管;
9—分水器;10—浮筒;11—真空泵;12—冷却水管;13—水箱;14—冷却水泵

浅井点的降深能力为 4 ~ 5 m,当要求地下水位降深较大时,也可分层布置,每层控制深度 3 ~ 4 m,一般不超过 3 层。

深井点与轻井点不同,它的每一根井管上都装有扬水器(水力扬水器或压气扬水器),因此它不受吸水高度的限制,有较大的降深能力。深井点分为喷射井点和压气扬水井点两种。喷射井点由集水池、高压水泵、输水干管和喷射井管等组成。通常一台高压水泵能为 30 ~ 35 个井点服务,其最适宜的降水位范围为 5 ~ 18 m。喷射井点的排水效率不高,一般用于透渗系数为 3 ~ 50 m/d,渗流量不大的场合。压气扬水井点是用压气扬水器进行排水。排水时压缩空气由输气管送来,由喷气装置进入扬水管,于是管内容重较小的水气混合液在管外水压力作用下,沿水管上升到地面排走。为达到一定的扬水高度,就必须将扬水管沉入井口有足够的潜没深度,使扬水管内、外有足够的压力差。压气扬水井点降低地下水位最大可达 40 m。

第四章 坝基开挖及地基处理

土石坝的地基,一般分为岩石地基、土壤地基或砂砾石地基等,由于工程地质和水文地质作用的影响,天然地基往往存在一些不同程度不同形式的缺陷,经过人工处理,使地基具有足够的强度、整体性、抗渗性和耐久性,方能作为水工建筑物的坝基。

由于各种土石坝型及工程地质与水文地质的不同,对各类型坝的坝基处理的要求也不同。因此,对不同的地质条件、不同的建筑物型式,要求用不同的处理措施和方法,故仅从施工的角度,对坝基开挖、岩石地基、土壤地基、砂砾石地基的处理、清理、岩石灌浆等分别进行介绍。

第一节 坝基开挖的基本要求和注意的问题

坝基开挖应按照设计要求,将风化、破碎和有缺陷的岩层挖除,使大坝建筑在完整坚实的岩石面上。因此,选择合理的开挖方法和措施,保证开挖的质量,加快开挖的速度,保证施工安全,对于加快整个工程的建设具有重要的意义。

在坝基开挖前应做好以下准备工作:

(1)熟悉基本资料,详细分析坝址区的工程地质和水文地质资料,了解岩性,掌握各种地质缺陷的分布及发育情况。

(2)明确土石坝建筑物设计对地基的具体要求。

(3)熟知工程条件、施工技术水平及装备力量、人工配备、料物储备、交通、运输、水文气象等。

(4)与业主、地质、设计、监理等单位共同研究,确定适宜的地基开挖范围、深度和形态。

一、岩基开挖

岩基开挖应按照以下原则:

(1)做好基坑的排水工作,在围堰闭气后,立即排除基坑集水及围堰渗水,布置好排水系统,配备足够的设备,边开挖基坑边排水,降低和控制水位,确保开挖工作不受水的干扰,保证大坝干地施工。

(2)做好施工组织计划,合理安排开挖程序。由于受地形、时间和空间的限制,水工建筑物基坑开挖一般比较集中,工种多,安全问题比较突出。因此,基坑开挖的程序,应本着自上而下、先岸坡后河槽的原则。如果河槽很宽,也可考虑部分河床和岸坡平行作业。但应采取有效的安全措施。无论是河床还是岸坡,都要由上而下,分层开挖,逐步下降,如图 4-1 所示。

(3)正确选择开挖方法,保证开挖质量。岩基开挖的主要方法是钻孔爆破法。坝基岩石开挖,应采用分层梯段松动爆破;边坡轮廓面开挖,应采用预裂爆破或光面爆破;紧邻水平建基面,应采用预留岩体保护层,并对保护层进行分层爆破。开挖偏差的要求:对节理裂隙

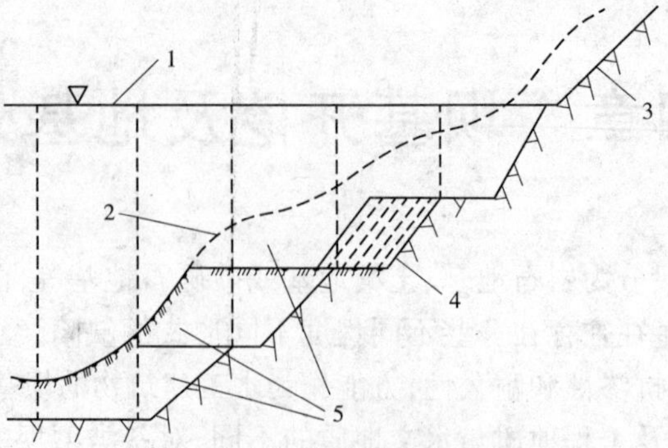

图 4-1　坝基开挖程序

1—坝顶线;2—原地面线;3—安全削坡;4—开挖线;5—开挖层

不发育、较发育、发育和坚硬、中硬的岩体,水平建基面高程的开挖偏差要求不要大于 ±20 cm;设计边坡轮廓面的开挖偏差,在一次钻孔深度条件下开挖时,不应大于其开挖高度的 ±2%,在分台开挖时,其最下部一个台阶坡脚位置的偏差,以及整体边坡的平均坡度,均应符合设计要求。坝基岩石开挖,一般采用延长药包梯段爆破,毫秒分段起爆,最大一段爆药量不得大于 500 kg,对不具备梯段地形的岩石,应先进行平地拉槽毫秒起爆,创造梯段爆破条件。紧邻水平建基面的爆破,应防止爆破对基岩的不利影响,一般采用预留保护层的方法。保护层的开挖是控制岩基质量的关键。其要点是:分层开挖,梯段爆破,控制一次起爆药量,控制爆破震动影响。对于建基面 1.5 m 以上的一层岩石,应采用梯段爆破,炮孔装药直径不应大于 40 mm,手风钻钻孔,一次起爆药量控制在 300 kg 以内。保护层上层开挖采用梯段爆破,控制药量和装药直径,中层开挖控制装药直径小于 32 mm,采用单孔起爆距建基面0.2 m厚度的岩石应进行撬挖。边坡预裂爆破或光面爆破的效果应符合以下要求:在开挖轮廓面上,残留炮孔的痕迹应均匀分布,对于裂隙发育和发育的岩体,炮眼痕迹保存率应达到 80% 以上,对于节理裂隙发育和较发育的岩体应达到 80% ~50%,对于节理裂隙极发育的岩体应达到 50% ~10%。相邻炮孔间岩石的不平整度不应大于 15 cm。预裂炮孔和梯段炮孔在同一个爆破网路中时,预裂孔先于梯段孔起爆的时间不得小于 75 ~100 ms。

(4)选定合理的开挖范围和形态。基坑开挖范围主要取决于水工建筑物大坝的平面轮廓,还要满足机械运行、道路布置、施工排水、立模与支撑的要求。放宽的范围一般从几米到十几米不等,由实际情况而定。开挖以后的岩基面,要求尽量平整,并尽可能略向上游倾斜,高差不宜太大,以利于水工建筑物的稳定。要避免基岩有尖突部分和应力集中。开挖形态如图 4-2 所示。

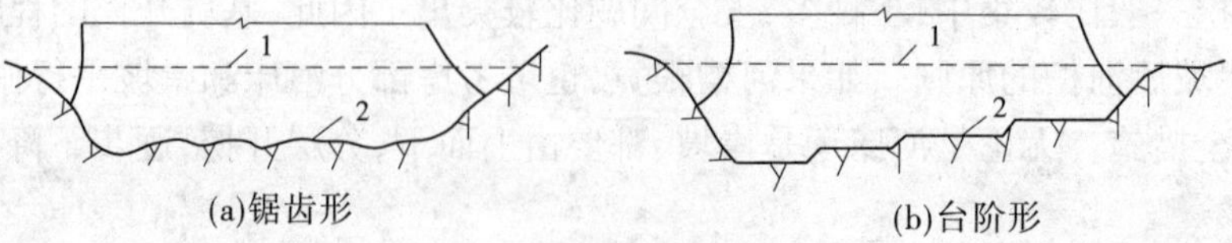

图 4-2　坝基开挖形态

1—原基岩面;2—基岩开挖面

二、软基开挖

软基开挖的施工方法与一般土方开挖方法相同。由于地基的施工条件比较特殊，常会遇到下述难处，为确保开挖工作顺利进行，必须注意以下原则。

（一）淤泥

淤泥的特点是颗粒细，水分多，人无法立足，应视情况不同，分别采取措施。

(1)烂淤泥。特点是淤泥层较厚，含水量较小，黏稠，锹插难拔，不易脱离。对这种情况，在挖前先将铁锹蘸水，也可用三股钗或五股钗当工具。为解决立足问题，可采用一点突破法，即先从坑边沿起，集中力量突破一点，一直挖到硬土，再向四周扩展，或者采用芦苇排铺路法，即将芦席扎成捆枕，每三枕用桩连成苇排，铺在烂泥上，人在排上挖运。

(2)稀淤泥。特点是含水量高，流动性大，装筐易漏，必须采用帆布做袋抬运走。当稀泥较薄，面积较小时，可将干砂倒入，进行挤淤，形成土埂，可在土埂上进行挖运作业。如面积大，要同时填筑多条土埂，分区治理，以防乱流；若淤泥深度大，面积广，可将稀泥分区围埂，分别排入附近挖好的深坑内。

(3)夹砂淤泥。特点是淤泥中有一层或几层夹砂层。如果淤泥厚度较大，可采用前面所述方法挖除；如果淤泥层很薄，先将砂面晾干，能站入人时，方可进行，开挖时连同下层淤泥一同挖除，露出新砂面。切勿将夹砂层挖混，造成开挖困难。

（二）流砂

流砂现象一般发生在非黏性土中，主要与砂土的含水量、孔隙率、黏粒含量和动水压力的水力坡度有关，在细砂、中砂中常发生，也可能在粗砂中发生。

流砂开挖的主要方法如下：

(1)主要是解决好“排”与“封”，即将开挖区泥沙层中的水及时排出，降低含水量和水力坡度，及将开挖区的流砂封闭起来。如坑底翻砂冒水，可在较低的位置挖沉砂坑，将竹筐或柳条筐沉入坑底，水进入筐内而砂被阻于其外，然后将筐内水排走。

(2)对于坡面流砂，当土质允许，流砂层又较薄(一般在 4 ~ 5 m)时，可采用开挖方法，一般放坡为 1∶4 ~ 1∶8，但这要扩大开挖面积，增加工程量。

(3)当挖深不大、面积较小时，可以采取护面的措施，其具体做法如下：

①砂石护面：在坡面上先铺一层粗砂，再铺一层小石子，各层厚 5 ~ 8 cm，形成反滤层，坡脚挖排水沟，做同样的反滤层，如图 4-3 所示，既防止渗水流出时挟带泥沙，又防止坡面径流冲刷。

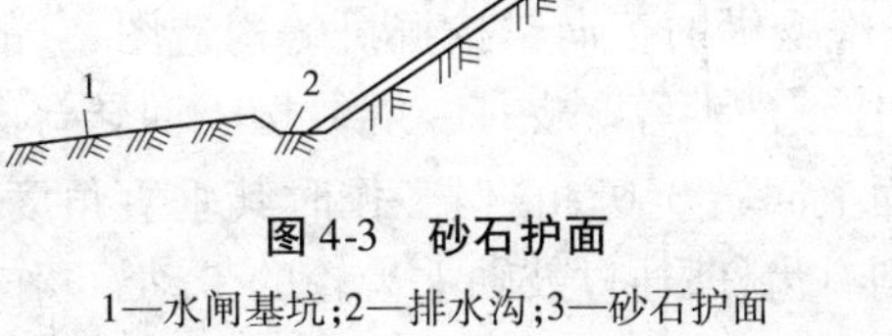

图 4-3　砂石护面

1—水闸基坑；2—排水沟；3—砂石护面

②柴枕护面：在坡面上铺设爬坡式的柴捆(枕)，坡脚设排水沟，沟底及两侧均铺柴枕，以起到滤水拦砂的作用，如图 4-4 所示，隔一定距离打桩加固，防止柴枕下坍移动。当基坑

坡面较长，基坑挖深较大时，可采用柴枕拦砂法处理，如图4-5所示。其做法是：在坡面渗水范围的下侧打入木桩，桩内叠铺柴枕。

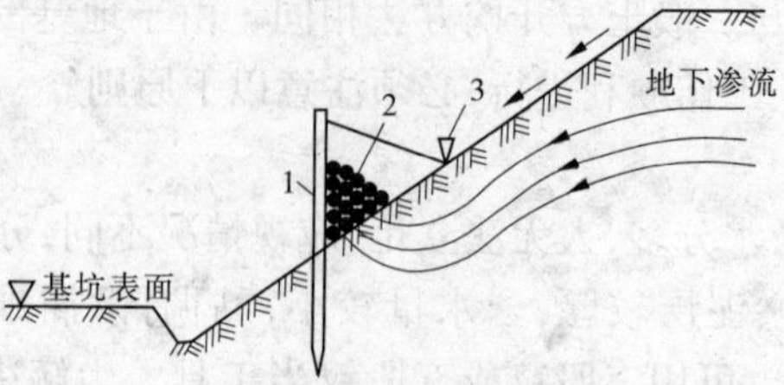

图4-4　柴枕护面

1—木桩；2—柴枕；3—小木桩

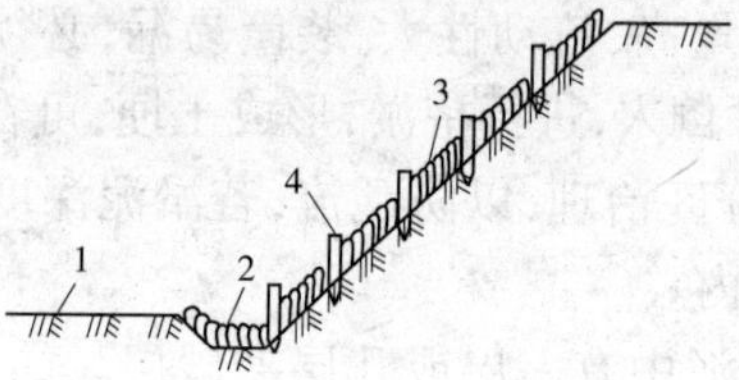

图4-5　柴枕拦砂

1—水闸基坑；2—排水沟；3—柴枕；4—钎枕桩

第二节　河床坝基开挖机械化施工的要点

土石方开挖机械有挖掘机械和挖运组合机械两大类，其中石方开挖主要是利用爆破方法配以挖掘和铲运机械进行。挖掘机械主要用于开挖工作。挖掘机械按构造及工作特点又可分为循环作业的单斗式挖掘机械和连续作业的多斗式挖掘机械两类。挖运组合机械是指能由一台机械同时完成开挖、运输、卸土、铺土任务的机械，常用的有推土机、铲运机和装载机等。

一、单斗式挖掘机械

单斗式挖掘机是水利水电工程施工最常用的一种机械，可以用来开挖建筑物的基坑、渠道等，它主要由工作装置、行驶装置和动力装置三部分组成。

单斗式挖掘机的工作装置有铲斗、支撑和操纵铲斗的各种部件，包括正向铲、反向铲、索铲、抓铲四种，如图4-6所示。

（一）正向铲挖掘机

如图4-7所示，为钢丝绳操纵的正向铲挖掘机的构造图，它的工作装置主要有支杆、斗柄、铲斗及操纵它的索具、连续部件等。支杆一端铰接于回转台上，另一端通过钢丝绳与绞车相连，可随回转台在平面上回转360°角，但工作时其垂直角度保持不变。斗柄通过鞍式轴承与支杆相连，斗柄下则有齿杆，通过鼓轴上齿轮的带动，可作前后直线移动。斗柄前端装有铲斗，铲斗上装有斗齿和斗门，挖土时栓销插入斗门扣中，斗门关闭，卸土时绞车通过钢丝绳将栓销拉出，斗门即自动下垂开放。

正向铲挖掘机是一种循环式作业机械，每一工作循环包括挖掘、回转、卸料、返回四个过

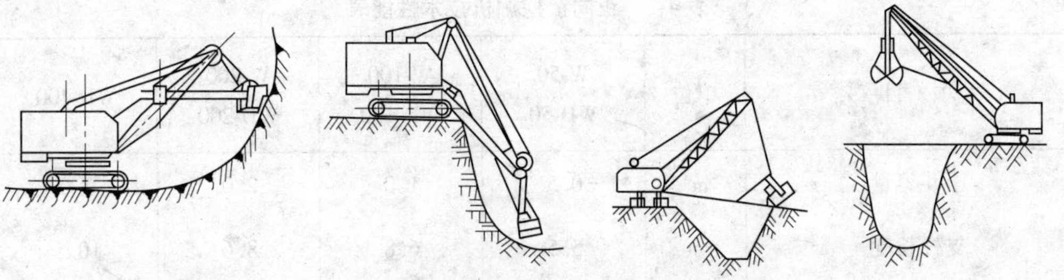

(a)正向铲　　(b)反向铲　　(c)索铲　　(d)抓铲

图 4-6　单斗式挖掘机工作装置的类型

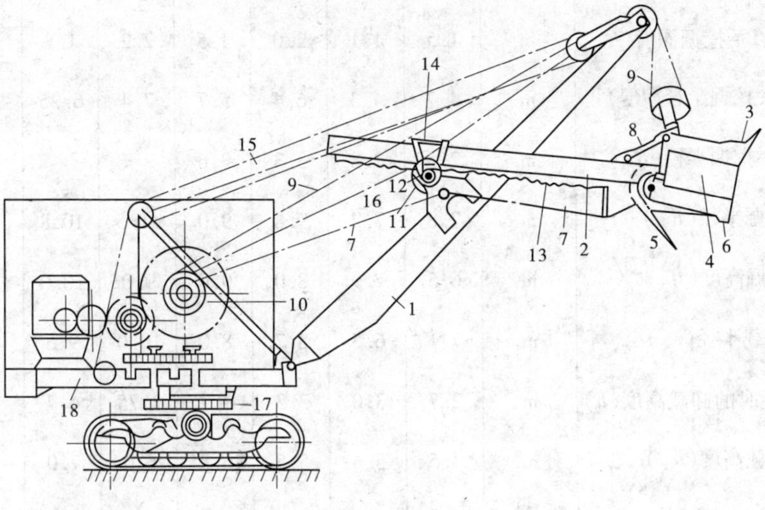

图 4-7　正向铲挖掘机构造

1—支杆;2—斗柄;3—斗齿;4—土斗;5—斗门;6—门扣;7—斗门拉索;8—拉杆;
9—升降索;10—绞盘;11—鼓轴;12—齿轮;13—齿杆;14—鞍式轴承;
15—支杆索;16—回升索;17—底座齿轮;18—回转台

程。如图 4-8 所示,为正向铲工作原理图。挖掘时先将铲斗放到工作面底部Ⅱ的位置,然后将铲斗自下而上提升时,使斗柄向前推压,在工作面上挖出一条弧形挖掘带Ⅱ、Ⅲ。当铲斗装满土石后,再将铲后退离开工作面(Ⅳ),回转挖掘机上部机构至运土车辆处(Ⅴ),打开斗门将土石卸掉(Ⅵ),此后再转回挖土机上部机构,同时放下铲斗,进行第二次循环,到所在位置全部挖完后再移动到另一停机位置继续挖掘工作。

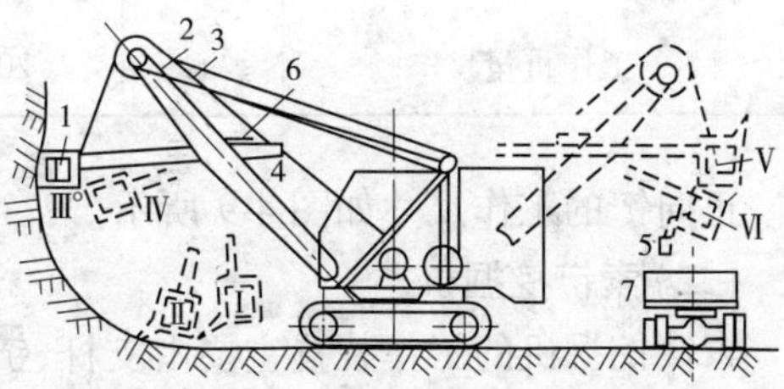

图 4-8　正向铲工作原理图

1—铲斗;2—支杆;3—提升索;4—斗柄;
5—斗底;6—鞍式轴承;7—车辆;
Ⅰ、Ⅱ、Ⅲ、Ⅳ—挖掘过程;Ⅴ、Ⅵ—卸载过程

正向铲主要用于挖掘停机面以上的Ⅰ—Ⅳ级土,也可用以挖装松散石料。

正向铲挖掘机的主要技术性能如表 4-1 所示。

表 4-1　正向铲挖掘机技术性能表

项　目	单位	W-50 WD-50		W-100 WD-100		W-200 WD-200		WD-400
土斗容量	m^3	0.5		1.0		2.0		4.0
支杆长度	m	5.5		6.8		8.6		10.5
斗柄长度	m	4.5		4.9		6.1		7.3
支杆倾角	°	45	60	45	60	45	60	45
停机面以下挖掘深度	m	1.5	1.1	2.0	1.5	2.2	1.8	2.92
停机面最大挖掘半径($R_{平}$)	m	4.7	4.3	6.4	5.7	7.4	6.25	9.25
停机面最小挖掘半径($R_{小}$)	m	2.5	2.8	3.3	3.6			8.66
最大挖掘半径($R_{大}$)	m	7.8	7.2	9.8	9.0	11.5	10.8	14.3
最大挖掘高度($H_{大}$)	m	6.5	7.9	8.0	9.0	9.0	10.0	10.0
最大卸载半径($r_{大}$)	m	7.1	6.5	8.7	8.0	10.0	9.6	12.6
最大卸载半径时的卸载高度(h)	m	2.7	3.0	3.3	3.7	3.75	4.7	4.88
最大卸载高度($h_{大}$)	m	4.5	5.6	5.5	6.8	6.0	7.0	6.3
最大卸载高度时的卸载半径(r)	m	6.5	5.4	8.0	7.0	10.0	8.5	12.15
移动速度	km/h	1.5～3.6		1.5		1.22		0.45
履带对地面的平均压力	kPa	60.8		90.9		124.5		176.40
挖掘次数	次/min	4		3		2.5		
工作重量	t	20.5		42.0		80.0		202.0

正向铲的工作尺寸如图 4-9 所示。

(二)索铲挖掘机

索铲挖掘机的工作装置主要由支杆、铲斗、升降索和牵引索组成。如图 4-10 所示,铲斗由升降索悬挂在支杆上,前端通过铁链与牵引索连接,挖土时先收紧牵引索,然后放松牵引索和升降索,铲斗借自重荡至最远位置并切入土中,然后拉紧牵引索,使铲斗沿地面切土并装满铲斗,此时,收紧升降索及牵引索,将铲斗提起,回转机身至卸土处,放松牵引索,使铲斗倾翻卸土。

索铲挖掘机支杆较长,倾角一般为 30°～45°,所以挖掘半径、卸载半径和卸载高度均较大。由于铲斗是借自重切入土中,因此适用于开挖停机面以下的较松软土壤,也可用于浅水中开采砂砾料,索铲卸土最好直接卸于弃土堆中,必要时也可直接装车运走。

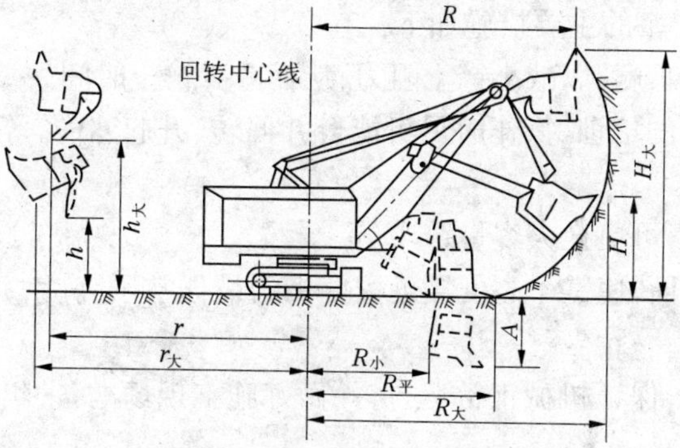

图 4-9　正向铲挖掘机工作尺寸

A—停机面以下挖掘机深度；$R_平$—停机面上的最大挖掘半径；

$R_小$—停机面上的最小挖掘半径；$R_大$—最大挖掘半径；

H—最大挖掘半径时的挖掘高度；R—最大挖掘高度时的挖掘半径；

$H_大$—最大挖掘高度；$r_大$—最大卸载半径；

h—最大卸载半径时的卸载高度；r—最大卸载高度时的卸载半径；$h_大$—最大卸载高度

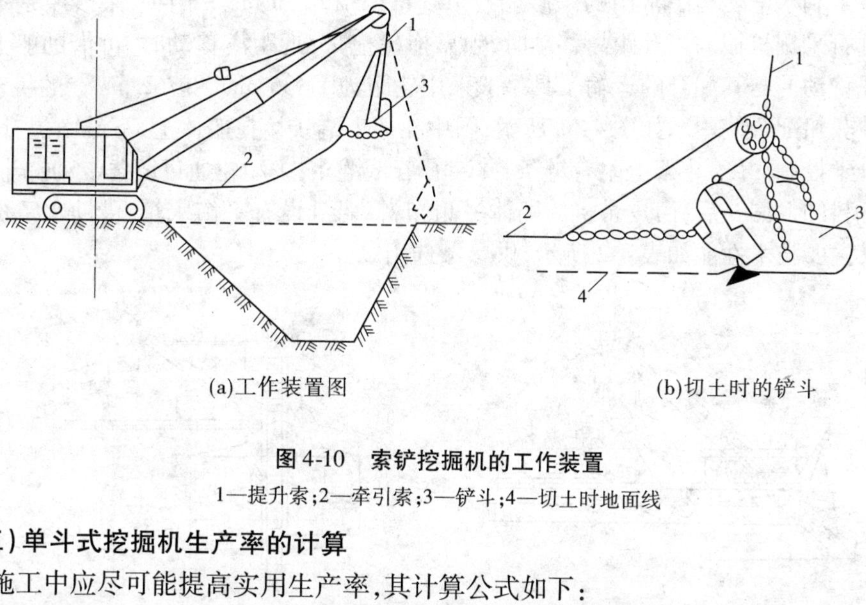

(a)工作装置图　　　　(b)切土时的铲斗

图 4-10　索铲挖掘机的工作装置

1—提升索；2—牵引索；3—铲斗；4—切土时地面线

(三)单斗式挖掘机生产率的计算

在施工中应尽可能提高实用生产率，其计算公式如下：

$$P = 60nqK_{充} K_{时} K_{修} K_{延} /K_{松} \tag{4-1}$$

式中　n——设计每分钟循环次数；

q——铲斗容量，m^3；

$K_充$——生产斗充盈系数；

$K_时$——时间利用系数，取 0.8 ~ 0.9；

$K_修$——工作循环时间修正系数，$K_修 = 1/(0.4K_土) + 0.6\beta$；

$K_土$——土壤级别修正系数，一般采用 1.0 ~ 1.2；

β——转角修正系数，卸料转角为90°时，$\beta = 1.0$，卸料转角为100° ~ 135°时，$\beta = 1.08 \sim 1.37$；

$K_延$——卸料延误系数，卸入弃土堆为 1.0，卸入车厢为 0.9；

$K_松$——可松性系数。

提高挖掘机的生产率的主要措施如下：

(1)加长中间斗齿长度，以减小铲土阻力，从而减少铲土时间。

(2)加强机械工人的培训，操作时尽可能合并回转、升起、降落等生产过程，以缩短循环时间。

(3)挖松散土料时，可更换大容量铲斗。

(4)合理布置工作面，使掌子高度接近挖掘机的最佳掌子高度，并使卸土时挖掘机转角最小。

(5)做好机械保养，保证机械正常运行，并做好施工现场准备，组织好运输工具，尽量减少工作时间延误。

二、多斗式挖掘机械

多斗式挖掘机是一种连续作业式挖掘机械，按构造不同，可分为链斗式和斗轮式两类。

(一)链斗式采砂船

链斗式是由传动机械带动固定传动链条上的土斗进行挖掘的，多用于挖掘河滩及水下砂砾料。水利水电工程中常用的采砂船有120 m^3/h 和250 m^3/h 两种，采砂船是无自航能力的砂砾石采掘机械。当远距离移动时，须靠拖轮拖带；近距离移动时，可借助船上的绞车和钢丝绳移动。与其配合的运输工具一般采用轮距为1 435 mm和762 mm。的机车牵引矿车或与砂驳船配合使用。如图4-11所示，图中斗架上端铰接在船体上，下端由提升索固定，并由提升索控制深度，斗架上附有链条，并装有若干链斗，主动轮通过链条带动链斗工作，挖掘的砂砾料卸入漏斗后，由皮带机向船体一侧卸料，船身设有平衡水箱，借助水重保持船体平衡。其主要技术性能如表4-2所示，供参考选用。

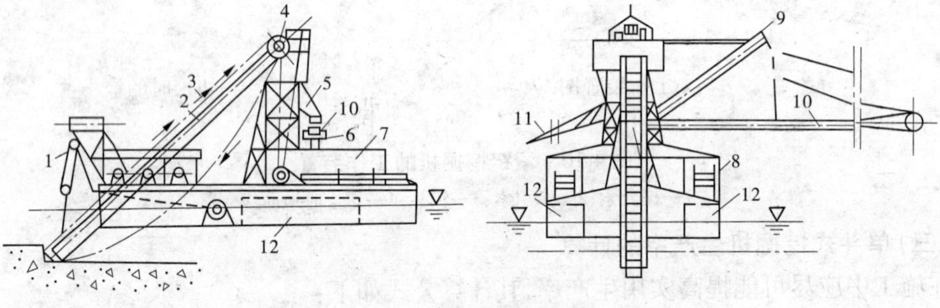

图4-11 链斗式采砂船

1—斗架提升索；2—斗架；3—链斗；4—主动链轮；5—卸料漏斗；6—回转盘；
7—主机房；8—卷扬机；9—吊杆；10—皮带机；11—泄水槽；12—平衡水箱

(二)斗轮式挖掘机

斗轮式挖掘机的构造如图4-12所示。斗轮装在可仰俯的斗轮臂上，斗轮上装有7～8个铲斗，当斗轮转动时，即可挖土，铲斗转到最高位置时，斗内土料借助自重卸到受料皮带机上卸入运输工具或直接卸到料堆上。斗轮式挖掘机的主要特点是斗轮转速快，连续作业，生产率高，且斗轮臂倾角可以改变，可以回转360°，故开挖面较大，可适应不同形状工作面的要求。

表 4-2　采砂船技术性能

项　目	120 m^3/h 电动采砂船	120 m^3/h 柴油采砂船	250 m^3/h 采砂船	250 m^3/h 挖泥船
生产能力(m^3/h)	120	120	250	250
吃水深度(m)	0.8	1.0	2.0	3.1
最大挖深(m)	4	7	12	20
有效挖深(m)	3~3.5	4~5	8~10	12~14
开挖时最大流速(m/s)	1.5	1.5	1.5	1.5
水平排砂距离(m)	16			
斗容(m^3)	0.44	0.2	带齿 0.4,不带齿 0.6	0.5
斗数(个)	52	39	37	79
皮带机宽度(m)	0.75	0.8	1.2	1.7
航行能力	不能自航	不能自航	不能自航	可自航

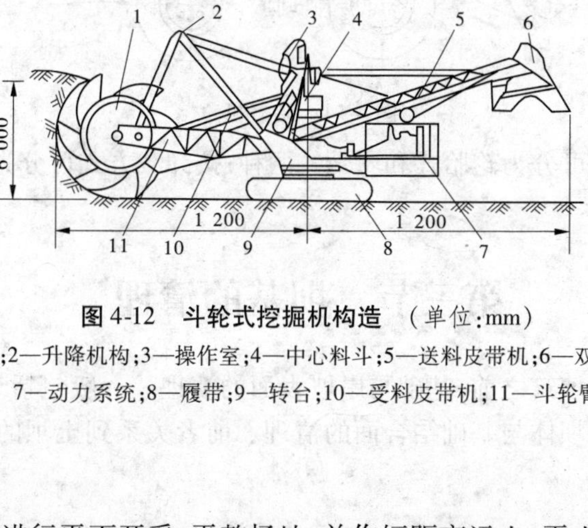

图 4-12　斗轮式挖掘机构造　(单位:mm)

1—斗轮;2—升降机构;3—操作室;4—中心料斗;5—送料皮带机;6—双槽卸料斗;
7—动力系统;8—履带;9—转台;10—受料皮带机;11—斗轮臂

三、推土机

推土机是一种能进行平面开采,平整场地,并作短距离运土、平土、散料等综合作业的土方机械。由于推土机构造简单,操作灵活,移动方便,故在水利水电工程中应用很广。常用来清理覆盖、堆积土料、碾压,进行削坡、散料等坝面作业。

我国目前生产的推土机按操纵机构可分为卷扬式和液压式两种,如图 4-13 所示。

卷扬式推土机的推土器是利用卷扬机和钢丝绳滑轮组操纵的,升降速度较快,操作方便。缺点是推土机不能进行强制性切土,铲硬土比较困难。

液压式推土机升降是利用液压装置来进行的,因而可以强制切土,但提升高度不如卷扬式高。由于液压式推土机的有重量轻、构造简单、操作容易、振动小、噪音低等特点,是普遍应用的工具。

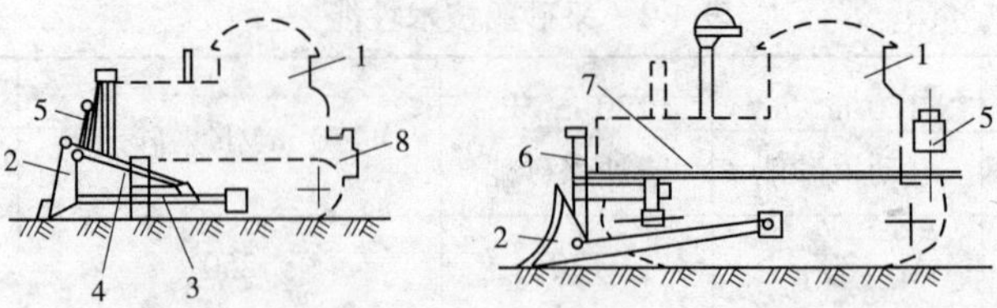

(a)固定式钢索操纵的推土机　　(b)固定式液压操纵的推土机

图 4-13　推土机类型

1—拖拉机;2—推土刀;3—顶推架;4—斜撑;5—油泵及分配阀;6—油压缸;7—油管;8—卷扬机

四、装载机

装载机是一种工作效率高,用途广泛的工程机械,它不仅可以堆积松散料物,进行装、运、卸作业,还可以对硬土进行轻度的铲掘工作,并能用于清理、刮平场地及牵引作业,如更换工作装置,还可完成堆土、挖土、松土、起重以及装载棒状物料等工作,如图 4-14 所示,因此被广泛应用。

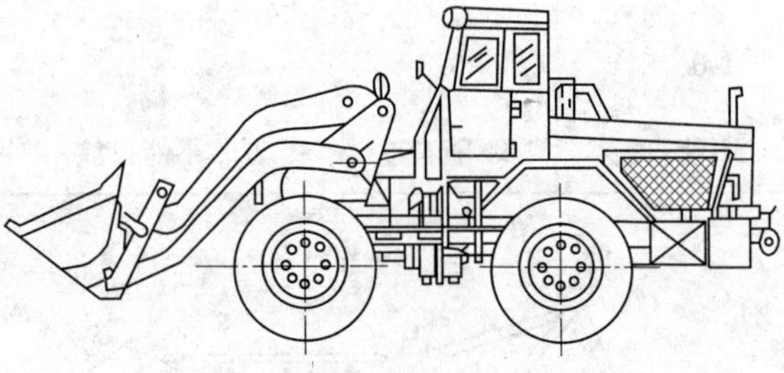

图 4-14　装载机

装载机按行走装置可分为轮胎式和履带式两种;按卸载方式可分为前卸式、侧卸式和回转式三种。

第三节　坝基的清理

坝基清理是指坝体填筑之前,基础与岸坡表面的清理。一般包括筑坝范围内的基础清理和土石坝防渗部分的坝体与基础结合面的清理。前者关系到土坝的安全,后者关系到土坝的防渗效果。

一、常用的清理坝基的方法

(1)人工清理,手推车运输。这种方法适用于小范围或狭窄场面的清理,当缺乏必要的机械设备时,亦可用于大面积清理。

(2)推土机清理。适用于大面积清理,经济距离为 50 m 的范围内。

(3)铲运机清理。适用于大面积的基础表层清理,铲运机路线可布置成环形或“∞”字形,铲土距离为 100 ~ 200 m,运距以 500 m 左右为宜。

(4)机械组分清理。当清理厚度大于 2 m,且范围、方量较大时,可用推土机集料,装载机装车,自卸汽车运输,以加速清理的进度。

清理坝基时如果所清理的材料符合筑坝要求，则应结合坝体筑坝填筑有计划地进行，也可考虑用以筑堰等附属工程。

二、坝基清理的基本要求

(1)凡有机质含量大于2%的表层土应予清理，表层耕作土层0.3～0.5 m厚的腐殖土也应予清除，以降低土体的压缩性，提高其抗剪强度。

(2)表层所有草皮、树木、坟墓、乱石、地道、水井、淤泥及其他杂物等，均应彻底清除和填塞。

(3)表层较浅范围内自然容重小于1.48 kg/cm^3 的细砂、散细砂和极细砂应予以清理；对于某些特殊基础、岸坡，如湿陷性黄土地基、细砂层地基、岸坡冲沟等，应按专门的设计要求清理。

(4)土石坝坝体与两岸岸坡结合部位应避免造成绕坝渗流、坝体裂缝和坍陷等不良后果，岸坡与塑性心墙、斜墙或均匀坝体连接部位，均应清至不透水层，对于岩石岸坡，其清理坡度不应陡于1∶0.75，并应挖成坡面，不得削成台阶形或反坡。也不可有突出的变坡点，在回填前应涂3～5 mm厚的黏土浆(土水重量比为1∶(2.5～3.0))，以利结合。如果有局部的反坡，而削坡方量又大时，可采用混凝土补坡处理。对于黏土或非湿陷性黄土岸坡，要求挖成不陡于1∶1.5的坡度。山坡与非黏性土连接部分，其清理坡度不得陡于岸坡土在饱和状态下的稳定坡度，并不得有反坡。

(5)坝基与岸坡开挖用于勘探的试坑，应把坑内积水与杂物全部清除，并用筑坝土料分层回填夯实。

(6)对于易风化的灵敏性土类，当清理后不能及时回填时，应根据土类的性质预留保护层。

(7)坝壳范围内的岸石岸坡风化清理深度，应根据其抗剪强度来决定，以保证坝体的稳定。对坝断面范围内的低强度、高压缩性软土及地震时易于液化的土层，应进行清除或处理。低强度、高压缩性软黏土易形成软弱夹层，对坝坡稳定不利。压缩性较大时，可引起较大的沉降和不均匀沉降，易使坝体形成裂缝。

第四节　坝基的处理

概括起来，坝基处理大致有开挖、加固及坝基面的处理三方面的工作，三者是互相联系的。坝基面的处理即坝体与地基的连接处理。

一、一般要求

(1)具有足够的强度，以承受坝体的压力。

(2)具有足够的整体性和均匀性，以满足坝基抗滑稳定要求和减少不均匀沉陷。

(3)具有足够的抗渗性，以满足渗透稳定的要求。

(4)具有足够的耐久性，以防止岩体性质在水的长期作用下发生恶化。

(5)静力和动力稳定，保证坝的安全运行和经济效益。坝体和地基接触面的形状适宜，避免不利的应力分布。

二、坝基处理的方法

（一）坝基开挖

坝基开挖有岩石强度和坝基面形状两方面的要求。将坝基覆盖层及风化破碎的表层岩石予以挖除，使坝体坐落在具有较高强度的岩层上，以能够承受坝体的应力。坝基岩石开挖应根据坝基应力、岩石强度和完整性，结合上部结构对坝基的要求来确定。高坝一般需开挖至新鲜岩层或微风化岩层下部，中坝一般需开挖至微风化层或弱风化岩层下部。坝基面形状应根据上部结构和地形、地质条件确定，一般坝断面的上、下游高差不宜过大，并尽量倾向上游。

（二）坝基处理

坝基处理对渗流控制、稳定和变形三方面的要求，针对不同的地基地质条件，侧重点可能有所差别，在工程实践中，应根据情况采取相应的措施。

对于砂砾石坝基，应先查明砂砾石的平面和空间分布情况，以及级配、密度、渗透系数、允许渗透比降等物理力学指标，在地震区还应了解标准贯入击数、剪切波速、动力特性指标等。

当岩石坝基有较大透水性、软弱夹层、风化破碎或有化学溶蚀，以致通过地层的渗漏量影响水库效益，影响坝体及坝基的稳定及渗透稳定时，对坝基应进行处理。

1. *深厚砂砾石层的防渗处理*

对于深厚砂砾石层的防渗处理，国内外一般采用防渗墙。混凝土防渗墙是土石坝基础防渗处理的一种最有效的设施。从1958年开始应用于我国水利水电建设。因其具有结构可靠、防渗效果好、能适应各种不同的地质条件、施工方便、工程造价低等优点，所以得到广泛应用。

混凝土防渗墙的基本型式是槽孔型，其施工程序一般可分为造孔前的准备工作、泥浆固壁、进行造孔、终孔验收与清孔换浆、浇筑混凝土、全墙质量验收等。

混凝土防渗墙在坝剖面中的典型位置如图4-15所示。

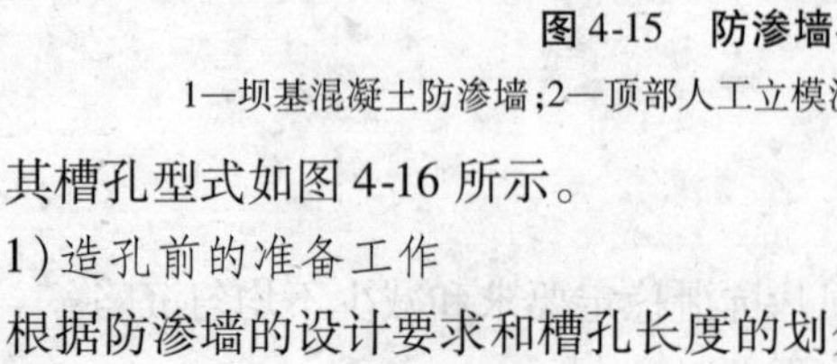

(a)壤土斜墙式土坝

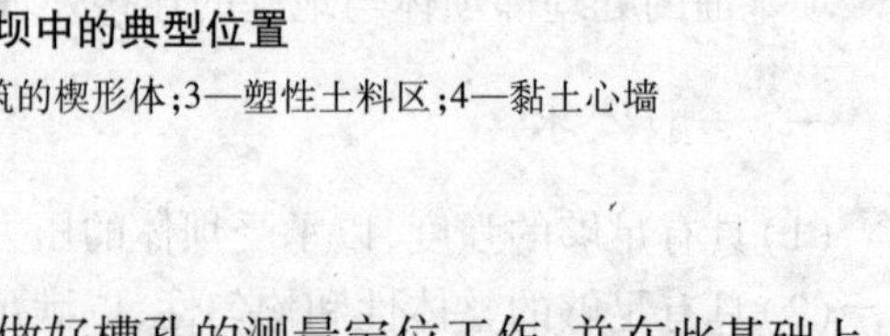

(b)壤土心墙式土坝

图4-15　防渗墙在坝中的典型位置

1—坝基混凝土防渗墙；2—顶部人工立模浇筑的楔形体；3—塑性土料区；4—黏土心墙

其槽孔型式如图4-16所示。

1）*造孔前的准备工作*

根据防渗墙的设计要求和槽孔长度的划分做好槽孔的测量定位工作，并在此基础上，设置导向槽。

（1）槽段的长度与宽度的确定：

槽段长度的划分，原则上为减少槽段的接头，尽可能采用比较长的槽段。但由于墙基地

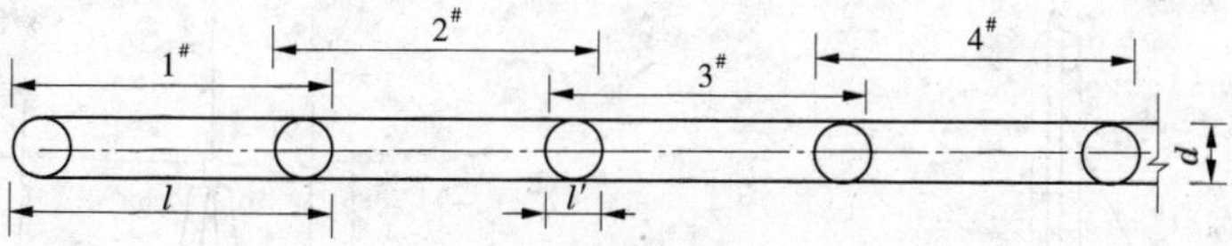

图 4-16　槽孔型防渗墙

1#、3#——一期槽孔；2#、4#—二期槽孔

形地质条件的约束，以及施工能力、施工机具等因素的影响，槽孔又不能太长，故必须满足下述条件：

$$L \leqslant \frac{Q}{KBv} \tag{4-2}$$

式中　L——槽段长度，m；

Q——混凝土生产能力，m^3/h；

B——防渗墙厚度，m；

v——槽段混凝土的上升速度，一般要求小于 2 m/h；

K——墙厚扩大系数，可取 1.2～1.3。

槽段长度一般为 10～20 m。

(2)导向槽的施工要点：

导向槽沿防渗墙轴线设在槽孔上方，支撑上部孔壁，其净宽一般等于或略大于防渗墙的设计厚度，深度以 1.5～2.0 m 为宜。导向槽可用木料、条石、灰拌土或混凝土做成。灰拌土导墙如图 4-17 所示。为了维持槽孔的稳定，要求导向槽底部应高出地下水位 0.5 m 以上。为防止地表积水倒流和便于自流排浆，其顶部高程要高于两侧地面高程。

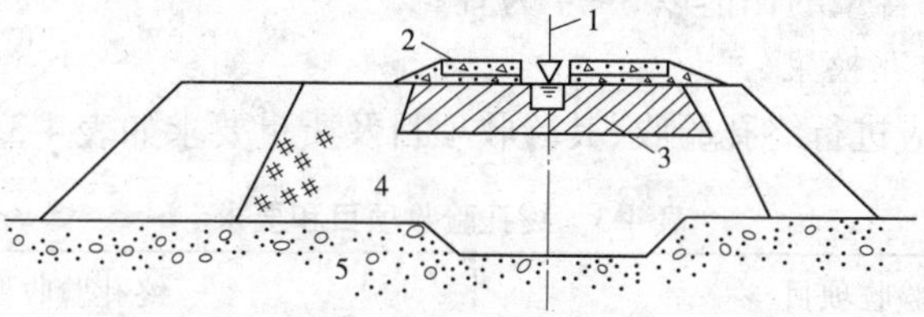

图 4-17　灰拌土导墙

1—防渗墙轴线；2—钻机轨枕；3—灰拌土；

4—黏土心墙；5—透水砂卵石

导向槽安设好后，在槽侧铺设钻机轨道，安装钻机，修筑运输道路，架设动力和照明线路及供水供浆管路，做好排水排浆系统，并向槽内充灌泥浆，保持液面在槽顶以下 30～50 cm，即可开始造孔。

2)造孔

槽孔开挖通常采用冲击式钻机，如图 4-18 所示，钻头重 1.5～3.0 t。开挖是借偏心工作轮 2 的回转，通过连杆 3 带动活动滑轮 4 使钻头 6 作上下运动，冲击地层。开挖过程中采用泥浆固壁，且借泥浆循环将孔中的渣屑带出。

(1)造孔方法：用冲击式钻机开挖槽孔时，一般采用钻劈法，如图 4-19 所示。即"主孔钻进，副孔劈打"，先将一个槽段划分为主孔和副孔，利用钻机钻头自重，冲击钻凿主孔，然后用同样的钻头劈打副孔两侧，用抽砂筒或接渣斗出渣。

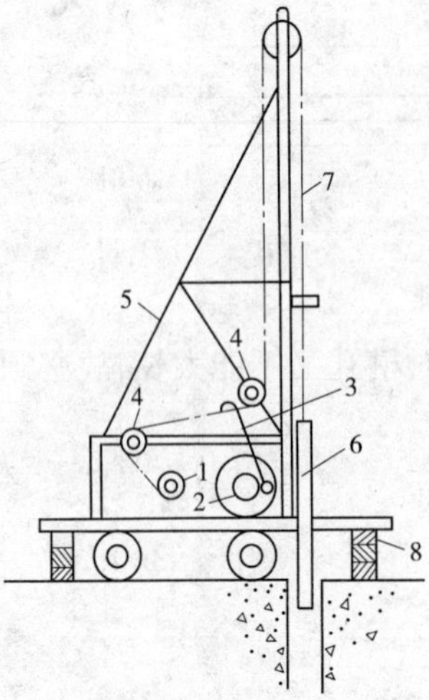

图 4-18　冲击式钻机

1—卷扬机;2—偏心工作轮;3—连杆;4—滑轮;5—钻架;6—钻头;7—钢丝绳;8—垫木

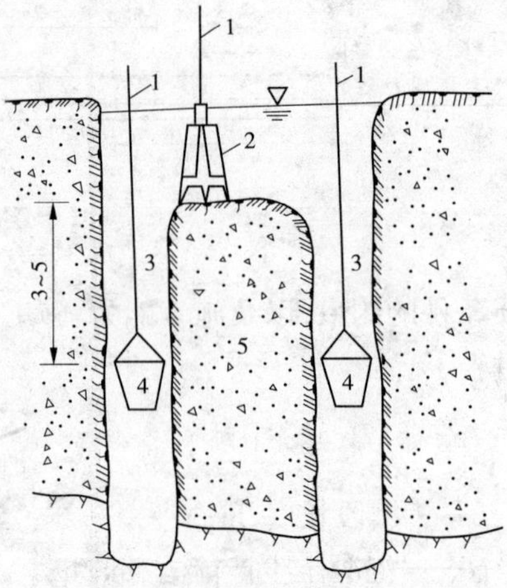

图 4-19　主孔钻进副孔劈打法　(单位:m)

1—钢丝绳;2—钻头;3—主孔;4—接砂斗;5—副孔

(2)泥浆固壁的要点:

泥浆在造孔中主要起固壁作用,其具有较大的比重(一般为 1.1 ~1.2),以静压力作用于槽壁,借以抵抗槽壁土压力及地下水压力。此外,还能冷却钻头、护壁防渗及辅助出渣等,它直接影响墙底与基岩、墙段间结合的质量。一般槽内泥浆面应高出地下水位 0.6 ~2.0 m。

对制浆黏土的基本要求是:黏粒含量大于 50%,塑性指数大于 20,含砂量小于 5%,二氧化硅与三氧化二铝含量的比值以 3 ~4 为宜。

3)终孔验收和清孔换浆

造孔结束以后,应进行终孔验收,其验收项目及质量要求如表 4-3 所示,可供参考。

表 4-3　终孔验收项目和要求

终孔验收项目	终孔验收要求
孔位允许偏差	±3 cm
孔宽	≥设计墙厚
孔斜	≤4‰
一、二期槽孔搭接孔位中心偏差	≤1/3 设计墙厚
槽孔水平断面上	没有梅花孔、小墙
槽孔嵌入岩层深度	满足设计深度

造孔完毕后的孔内泥浆常含有过量的土石渣,影响混凝土与基岩的连接。因此,必须清渣清孔换浆,以保证混凝土浇筑质量。清孔换浆的要求为孔底淤积厚度≤10 cm,泥浆比重≤1.3,黏度≤30 s(指体积为 500 cm^3 的浆液从标准漏斗中流出来的时间),含沙量≤15%,且清孔换浆后 4 h 内应开始浇筑混凝土。

4)混凝土浇筑

(1)泥浆下浇筑混凝土的主要特点:

①不允许泥浆和混凝土掺混成泥浆夹层。

②确保混凝土与基础以及一、二期混凝土间的结合。

③一气呵成,连续不断地浇筑。

(2)泥浆下浇筑混凝土的方法:

常采用导管提升法。导管由若干根 ϕ20 ~ 25 cm 的钢管用法兰盘连接而成,导管顶部为受料斗,每根钢管长 2 m 左右,整个导管悬挂在导向槽上,并通过提升设备升降,导管布置如图 4-20 所示,由于防渗混凝土坍落度一般为 18 ~ 22 cm,其扩散半径为 1.5 ~ 2.0 m,导管间距以小于 3 ~ 4 m 为宜。

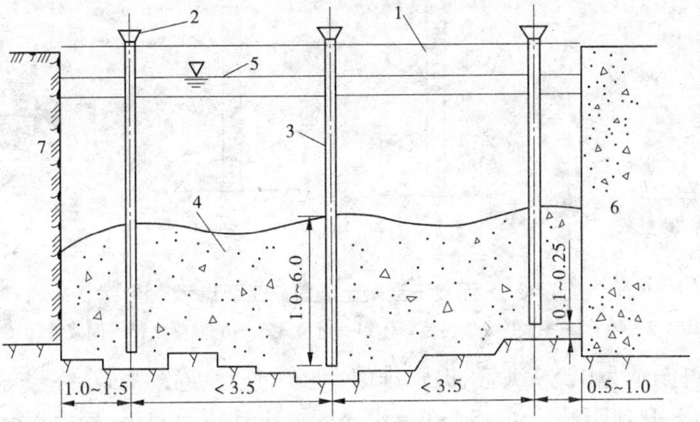

图 4-20　导管布置图　(单位:m)

1—导向槽;2—受料斗;3—导管;4—混凝土;5—泥浆液面;6—已浇槽孔;7—未挖槽孔

(3)浇筑前的准备工作要求:

泥浆下混凝土浇筑前的准备工作的内容包括:制订方案,准备好导管及孔口用具,下设导管,检查混凝土搅拌与运输机械设备及提升导管机械的完好情况,搭设孔口料台,准备好孔内混凝土顶面深度测量用具及混凝土顶面上升指示图,制订好孔内泥浆排放与回收方案等。

浇筑前,应仔细检查导管的形状、接头和焊缝的质量,过度变形和破损的不能使用,并按预定长度在地面进行分段组装和编号,然后安装布置到槽段中。

(4)导管浇筑的原则:

开浇顺序应严格遵循先深后浅,即从最深的导管开始,由深到浅一个个依次开浇,直到全槽混凝土面浇平以后,再全槽均衡上升,相邻混凝土面高差控制在 0.5 m 范围以内。

(5)孔口料台的技术要求:

结构稳固又简单,能够方便、均匀地分料给每根导管,并应在清孔验收合格后 2 h 内搭设完毕。一般使用钢管装配式孔口料台,孔内混凝土顶面常用钢丝心测绳或细钢丝绳吊起测锤测量,测锤绳索上的刻度标记应准确且要经常校核。

(6)泥浆下混凝土的浇筑要求:

①每个导管开浇时将导管下放至槽底 10 ~ 25 cm,管内放一直径略小于导管内径的能浮在浆面上的木球,以便在开浇时把混凝土与泥浆隔开。

②开始时先用坍落度为 18 ~ 20 cm 的水泥砂浆,再用稍大于整根导管容积、同样坍落度

的混凝土,一次把木球压至管底。

③混凝土满管后,提管 20 ~ 30 cm,使球体跑出管外,混凝土流入槽内,再立即把导管放回原处,使导管底孔插入已浇混凝土中。

④迅速检查导管底口埋入混凝土内 1 ~ 6 m 的深度,直至将混凝土顶面浇筑至规定高程,如图 4-21 所示。

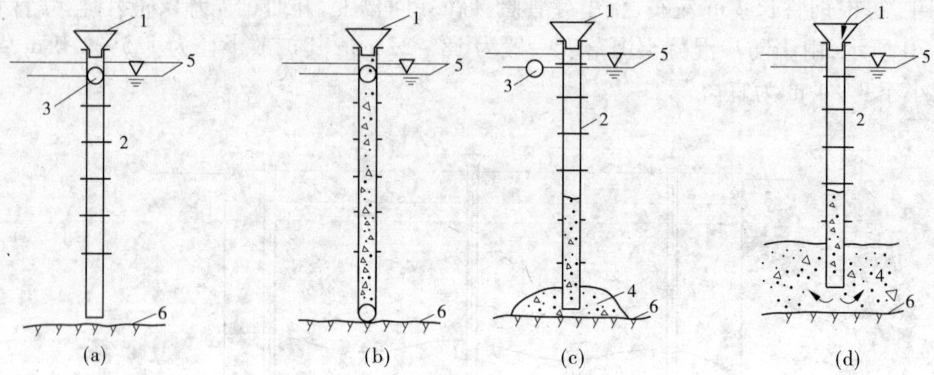

图 4-21　泥浆下混凝土浇筑施工要点示意图

1—浇筑漏斗;2—导管;3—木制或塑料制球体;4—已浇入孔内的混凝土;5—泥浆液面;6—基岩面

施工要点:可归纳为压球、满管、提管排球、埋管、查管、连续浇筑、终浇等工序。

当混凝土面上升到距槽口 4 ~ 5 m 时,由于混凝土柱压力减小,槽内泥浆浓度增加,混凝土扩散能力相对减弱,易发生堵管和夹泥等,这时可采取加强泥浆、稀释泥浆、抬高漏斗、增加起拔次数、经常提动导管及控制混凝土坍落度等措施来解决。

5)全墙质量检查验收

检查的方法:一般采用钻检查孔来评定浇筑混凝土的质量,也可与开挖法结合来检查评定。全墙质量检查包括以下内容:

(1)每个墙段墙身混凝土质量的检查。

(2)墙段与墙段间直接质量与间接质量的检查,墙底与基岩接合质量的检查。

(3)墙身预留孔及埋设质量的检查。

(4)成墙防渗效果的检查。

先进工艺简介:制造高压水、压缩空气的射流,冲射地层土体,使地层劈裂,同时注入水泥浆液,使砂浆与土冲搅合混,形成一道地下连续墙,使防渗墙的施工工艺得到新的改进。

2. 软土(淤泥、淤泥质土)的地基处理

(1)软土的特性:天然含水率大,呈软塑到流塑状态,抗剪强度低,压缩性大,透水性小,灵敏度高等。

(2)软土的评价指标:液性指数 $I_L \geqslant 0.75$,无侧限抗压强度 $q_u \leqslant 50$ kPa,标准贯入击数 $N_{63.5} \leqslant 4$,灵敏度 $S_t \geqslant 4$。当 $I_L \geqslant 1.0$,$e_0 \geqslant 1.5$ 时为淤泥;当 $I_L \geqslant 1.0$,$1.5 > e_0 \geqslant 1.0$ 时为淤泥质土。

(3)软基土的处理措施:首先考虑挖除,当厚度较深、面积较大时,可采取打砂井、插塑料排水带、加荷预压、真空预压、振冲置换及调整施工速率等措施。

(4)处理的目的:使大量沉降在大坝填筑以前完成,并通过预压提高坝基的强度和承载能力，控制填土速率，使荷载的增长与坝基软黏土强度的增长相适应，以保证地基的稳定。

3.湿陷性黄土坝基的处理

(1)湿陷性黄土的特性：可分为两大类，遇水产生自重湿陷的土，称为自重湿陷性黄土，遇水不产生自重湿陷性的土，称为非自重湿陷性黄土。其主要由粉粒组成，呈棕黄或黄褐色，具有大孔隙或垂直节理等特性。

(2)处理方法：采用挖除、翻压、强夯等方法。

(3)处理的目的：在坝体填筑前消除其湿陷性，以免对工程造成危害。

(4)对黄土中常存在的陷穴、动物巢穴、窑洞、基坑等地下空洞，必须查明后分别处理。

4.疏松砂土及少黏性土(黏粒含量小于15%)的坝基处理

其处理除一般的沉降和渗透破坏问题应引起重视外，在地震区的主要问题是液化问题，处理方法如下：

(1)浅层加固。首先考虑挖除后换填好土或采用振动压密和重锤夯实等人工加密措施处理，其有效深度在1～2 m间，如用重型振动碾，则可达2～3 m，压实后土层可达中密或紧密状态。

(2)深层加固。常用的加固方法：

①振冲法：是在振冲中造成的孔中投入碎石或卵砾石，形成一系列排水桩体，使振动孔隙水压力加速消散，从而使液化现象大为减轻。该法适用于黏粒含量少于10%的砂砾、砂和少黏性土。加固深度可达20 m。经群孔振冲处理，相对密度可提高到0.7～0.8以上，可以达到防止液化的程度。

②强夯法：是用很重的锤(一般为8～25 t)从高处自由落下(一般为8～25 m)，给地基以冲击和振动，使地基土层加密的一种方法，其适用于加固砂土、碎石土杂填土湿陷性黄土、非饱和黏性土等，深加固与夯击能量有关，一般可达10 m左右，使松砂层达到紧密状态。

③挤密砂桩法：采用冲击法或振动法往砂土中沉入桩管，并逐步边拔管边灌砂边振动，而形成一系列砂桩，使周围砂层产生挤密和振密作用。处理深度可达20 m，处理后砂层可达到密实状态。加固效果与砂桩的置换率有关，置换率愈大，则加固效果愈好。在软黏土中置换率可达70%。

(3)盖重、排水。盖重的作用是提高地基易液化土层的约束力，从而提高抗液化能力。加强排水可以使土体内的地震孔隙水压力加速消散。减小孔隙水压力的峰值，有利于地震时土体的稳定，加强排水还可以降低浸润线，减轻震害的发生。

5.岩溶的处理

岩溶是指可溶性岩层被水长期溶蚀，而形成的各种地质现象和形态。在岩溶地区筑坝，对不同情况常采用处理的方法如下：

(1)大面积溶蚀未形成溶洞的可以做铺盖防渗。

(2)浅层的溶洞宜挖除，或只挖除洞内的破碎岩石和充填物，用浆砌块石及混凝土堵塞。

(3)深层的溶洞，可采用灌浆方法处理或做混凝土防渗墙。

(4)防渗体下游宜做排水设施。

(5)库岸边处可做防渗设施隔离。

总之，在实际的施工过程中，应根据岩溶的发育情况、充填物性质、水文地质条件、水头大小、覆盖层厚度和防渗要求等，采取多样处理措施。

断层破碎带、透水性强或有不稳定泥化夹层的岩石，坝基范围内有断层、破碎带、软弱夹层等地质结构时，应根据其产状、宽度、组成物性质、延伸长度及所在部位，细心研究其渗漏、管涌、溶蚀和滑动对坝基和坝体的影响，来确定其处理方法与措施：

(1)对有软弱夹层的岩基，主要是解决稳动的问题，对浅层一般挖除，深层或多层可采取锚固、压坡等处理措施。如黄河小浪底壤土斜心墙土石坝左右坝岸岩层中均存在软弱夹层，采用枢纽建筑物开挖的堆石料压坡效果良好。

(2)对断层和破碎带的处理主要是防止渗漏、管涌及溶蚀问题，除做好接触面的表面处理外，还可采取灌浆、混凝土塞、混凝土防渗墙、铺盖、扩大截水槽等措施，其主要目的是延长渗径。断层与坝的防渗体接触带可用混凝土盖板分隔开来，以防止接触冲刷。在防渗体下游断层出露处设置排水反滤设施，可防止断层破碎带内的细颗粒流失和管涌破坏。

透水坝基下游坝址有连续的透水性较差的覆盖层，对于这类坝基的处理有两种方法：设透水盖重和排水。排水设施的形式很多，应根据坝基的实际地质情况，并结合坝体排水选用：

(1)透水性均匀的单层结构坝基以及上层渗透系数大于下层的双层结构坝基，可采用水平排水垫层，也可在坝脚处结合贴坡排水体做反滤排水沟。

(2)双层结构透水坝基，当表层为不太厚的弱透水层，且在其下的透水层较浅，渗透性较均匀时，宜将坝底表面层挖穿做反滤排水暗沟，并与坝底的水平排水垫层相连，将水导出。此外，也可在下游坝脚处做反滤排水沟。

(3)对于表层弱透水层太厚或透水层成层性较显著的坝基，宜采用减压井深入强透水层。如表层弱透水层不太厚，可结合减压井做反滤排水沟。

含有大量可溶盐类的岩石和土，这类地基的主要问题是在渗透水流作用下的淋蚀问题，过量的淋蚀会加大坝基的沉降量。一般对浅层采取挖除措施，能彻底地解决问题。当挖除工程量很大时，也可采取加大截水槽底宽和坝顶超高的措施。

第五节　坝体与地基和其他建筑物的连接要求

坝体与地基(含岸坡)的连接，有两项基本的要求：①对坝基面材料性质的要求；②对接触面的几何尺寸和形状的要求。

基础与坝体及岸坡的连接处是关键部位，处理措施是否得当，是大坝破坏的根源之一。其原因有以下几点：

(1)连接面或靠近连接面发生水力劈裂，连接面处夹层的岩石节理和裂隙大量渗漏引起坝体管涌。

(2)岸坡(包括与其他建筑物连接的坡岸)形状和坡度不当时，由于坝体与岸坡之间的不均匀变形，坝体与岸坡脱开、裂缝。

(3)连接面或靠近连接面残存软弱面，影响坝坡稳定。

一、坝体与土质地基的连接及岸坡的连接要求

(1)地基和岸坡上的草皮、树根、含有植物的表土蛮石、垃圾及其他废料的清除，并将清除后的地基表面土层压实。采用大型机械施工时往往不能彻底清除干净，须辅以人工清理，

要求对清理后的地基表面土层进行压实,提高其抗渗透破坏的能力,防止出现软弱层面,对提高稳定性有利。

(2)对坝断面范围内的低强度、高压缩性软土及地震时易于液化的土层,进行清除或处理。低强度、高压缩性软黏土易形成软弱夹层,对坝坡稳定不利。压缩性较大时,可引起较大的沉降和不均匀沉降,易使坝体形成裂缝。所以,在工程实践中,需根据工程具体情况,通过技术经济比较,决定采取挖除或其他工程措施处理。对地震区的土石坝,应重视材料液化问题。

(3)防渗体必须坐落在相对不透水的土基上,否则应采取适当的防渗处理措施。当防渗体坐落在相对不透水土基上时,一般仅进行表面刨毛和压实处理。当坝基渗透性较大时,须进行防渗处理。

(4)地基覆盖层与下游坝壳粗粒料(如堆石等)接触处应符合反滤要求,否则必须设置反滤层,以防止地基土流失到坝壳中。地基覆盖层与下游坝壳粗粒料接触处实际发生的渗透比降往往大于其允许比降。反滤层向下游延伸的长度应根据渗流场的实际分布情况而定,并需要留有一定的安全度。应注意的是,坝基覆盖层的颗粒级配往往是非常不均匀的,不同区域的材料级配有时相差较大。因此,应根据工程实际情况,确定不同的反滤层,按保护坝基覆盖层中的细颗粒不流失的原则来设计反滤材料的级配。

二、坝体与岩石地基及岸坡的连接要求

必须做到:土质防渗体和反滤料层应与相对不透水的新鲜或弱风化岩石相连接。在开挖清理完毕后,用混凝土或砂浆封堵清理后的张开节理、裂隙和断层。基岩面上一般宜设混凝土盖板、喷混凝土或喷浆层,将基岩与土质防渗体分隔开来,以防止接触冲刷。

(一)开挖

土质防渗体和反滤层应与相对不透水的新鲜或弱风化岩石相连,在很多情况下,坝基岩层的相对不透水层的埋藏深度超过了常规的超挖深度,有的坝基相对不透水层埋藏很深,在这种地质条件下,要求土质防渗体和反滤层直接与相对不透水的新鲜或弱风化岩石相连是不可能的。故就需要考虑采用开挖和处理两类不同措施。

(二)处理措施

开挖清理后,采取用混凝土或砂浆封堵清理后的张开裂隙和断层,以及设混凝土盖板、喷混凝土或喷浆层,将岩基与土质防渗体分离隔开来等各种处理措施。

(三)岩层的处理

岩层的处理可以分为基岩面、表层岩石和深层岩石三种不同层次的处理。张开节理和断层表面的封堵、设混凝土盖板、喷混凝土或喷浆层皆属于基岩面处理。对于裂隙节理发育的表层岩石进行固结灌浆是必要的。深层岩石采用帷幕灌浆处理。喷混凝土和喷浆层一般适用于较陡的边坡,对于平缓地段,喷混凝土和喷浆的回弹料容易混入喷层内,不易保证喷层的防渗功能。对于风化很快的页岩、黏土岩等软岩,由于喷层不易与其黏结牢固,另外分缝和养护不当也会产生裂缝,板块间接缝止水没有后期检修条件,设计时对这些问题应予以高度重视。

对于防渗体和反滤层与岩石地基的连接,主要是指基岩面、表层岩石的处理,其目的是将坝基岩石与土质防渗体和反滤层分隔开来,以防止接触冲刷。

（四）岸坡坡度、平整度等几何形状的要求

（1）岸坡大致平顺，不应形成台阶状、反坡或突然变坡。其目的是不言而喻的，即要求岸坡上缓下陡时，凸出部位的变坡角应小于20°。

（2）与防渗体连接的岩石岸坡，宜不陡于1∶0.5～1∶0.75，陡于此坡度应有专门论证，并采取相应的措施。一般情况下，需要论证的内容，包括技术可行性和经济的合理性。重点是是否会产生过大的不均匀变形而导致发生裂缝。所采取的工程措施，如在接触面附近填筑含水率高于最优含水率、塑性高的土，加强防渗体下游的反漏层，确保防渗体土颗粒不流失等措施。

三、土石坝与混凝土建筑物的连接要求

土石坝与混凝土坝、溢洪道、船闸、涵管等混凝土建筑物的连接，必须满足防止接触面的集中渗流，因不均匀沉降而产生的裂缝，以及水流对上下游坝坡和坝脚的冲刷等因素的有害影响等定性的原则要求。

土石坝与混凝土坝、溢洪道、船闸、涵管等建筑物的连接，由于建筑物形式多样，连接的形式选择不当，往往会在接触面处产生集中渗流或不均匀沉降而产生的裂缝；与泄水建筑物的连接处理不当可能会造成水流对上下游坝坡和坡脚的冲刷。为此，土石坝与混凝土建筑物的连接处理要注意以下三个方面的问题：

（1）防渗体与其他建筑物的连接，能否满足安全运行的要求，主要与连接面的渗径长度和允许渗透比降的大小两种因素有关，且这两种因素是密切相关的。渗径长度加长，蓄水运用实际产生的渗透比降较小，不易产生接触冲刷；反之，连接面接触紧密，允许渗透比降增大，连接长度可相应减小。这两方面若是处理不当，可能事与愿违，如过分强调增加渗径长度，连接形式过于复杂，不易保证连接面附近防渗体土料压实质量，连接面的允许渗透比降减小，反而容易产生渗透变形和接触冲刷。

（2）防渗体下游的防渗保护。影响连接面质量的因素很多，任何一个环节的疏忽都可能出现问题，因此加强防渗体下游的反滤保护是必要的。

（3）上下游坝坡坡脚的保护。当土石坝与泄水建筑物连接时，若上、下游坝坡坡脚的保护措施不当，在长期运行中，水流将可能淘刷坝脚，引起塌坡，危及土石坝的安全。

对于不同的建筑物，适用的连接形式，根据具体的要求不完全相同，现分述如下：

（1）土石坝与混凝土坝的连接，常采用侧墙式（也就是重力墩式或翼墙式等）、插入式等方法。如考虑土坝与混凝土的振动特性不同，担心地震时插入式产生裂缝，可都采用侧墙式。过去也常用刺墙式连接，以增加接触面渗径，但有时由于施工不方便，可能影响结合面填土质量，现很少采用。而侧墙式连接方式结构形式简单，便于机械化施工，对保证结合面填土质量有利，有条件时，应尽量采用这种连接形式。

（2）土石坝与船闸、溢洪道等混凝土建筑物的连接多采用侧墙式。

（3）软土上的坝下埋管历来是土石坝较忌讳的问题，除非在迫不得已的情况下，一般不采用坝下埋管这种形式的泄水建筑物。坝下埋设涵管时，一般要求：土质防渗体下与涵管连接处，应扩大防渗体断面；涵管本身设置永久的伸缩缝和沉降缝时，必须做好止水，并在接缝处设反滤层；在防渗体下游面与坝下涵管接触处，应做好反滤层，将涵管包围起来。

第五章　筑坝材料的工程性质及各项技术要求

水利水电工程中土石坝的筑坝材料基本上就地取材。它的基本过程是坝料的选择试验、开挖、运输和填筑压实等。

第一节　筑坝材料的选择原则和分级

一、防渗土料的基本性质要求

对防渗土料的基本性质要求,包括渗透系数、水溶盐含量和有机质含量三个方面。

(1)渗透性。心墙和斜墙坝的防渗土料的渗透系数一般不大于 10^{-6}cm/s,均质坝不大于 10^{-5}cm/s,但强制性条文规定均质坝不大于 10^{-4}cm/s,心墙和斜墙坝不大于 10^{-5}cm/s 是合适的。防渗土料的渗透系数的选择与对水库的渗漏量要求有关,以供水、发电的水库,希望采用渗透性更小的防渗土料,以防洪为主的水库,防渗土料的渗透系数相对可适当大一些。当然,防渗土料的料源条件起着重要的作用。

(2)水溶盐的含量。水溶盐一般分为易溶盐、中溶盐和难溶盐三类。易溶盐包括氯盐、重碳酸盐、碳酸钠和硫酸钠等;中溶盐主要是石膏;难溶盐包括碳酸钙、碳酸镁等。难溶盐在非浸蚀性水中淋洗速度很慢,引起的填土性质变化一般可以不计。在常用的筑坝土料中规定易溶盐的含量不大于3%,但石膏在长期渗透水作用下的淋洗使土料性质变坏,会产生附加沉降,是实践施工中必须考虑的主要问题。为降低淋洗速度,常在工程中采取提高压实密度,降低渗透系数和减小渗透比降等措施,并针对石膏淋洗将会产生附加沉降的情况,常采取超高的工程措施。

(3)有机质含量。土中有机质含量有两种:①未完全分解的植物残渣,树皮草根等,这些有机质的继续分解,可以在土中形成孔洞,其产生的化学变化能改变土的性质;②完全分解的有机质,这种有机质对土的影响与其处于分散或凝聚状态有关。前苏联规定未完全分解的有机质含量不大于5%,完全分解的有机质含量不大于8%。日本坝工规范只说有机质含量高不好,没有定量规定,相比之下规定的均质坝不大于5%,心墙坝和斜墙坝不大于2%。这一规定已沿用多年,我国虽没有统计资料证明可提高的幅度,但经论证后可适当提高。

二、砾石土的要求

用于填筑防渗体的砾石土,其粗料(粒径大于5 mm的颗粒)含量一般不超过50%,其最大粒径一般不超过10~15 cm或铺土厚度的2/3,且不得发生粗料集中架空的现象。

砾石土包括风化砾石土、风化岩石开挖碾压后形成的砾石土和人工掺合的砾石土。作为防渗料的砾石土,最大粒径一般为75~150 mm,国内多在100 mm以下,故强制性条文规定不超过 10 ~ 150 mm，在一般工程经验的范围之内。要求最大粒径不大于层厚的 2/3，是考虑到不同碾压机械适用的填筑分层不同。

砾石(粒径大于 5 mm)含量值称含砾量，开始起骨架作用的含砾量为第一特征含砾量(用 P_5^{I} 表示)，砾石完全起骨架作用的含砾量为第二特征含砾量(用 P_5^{II} 表示)。当含砾量等于 P_5^{II} 时，砾石土的渗透系数增大很多，往往不满足防渗要求，同时由于砾石已完全起骨架作用，细颗粒不能得到充分压实，在渗透水作用下很容易产生渗透变形。砾石土的 P_5^{II} 并不是一个常数，大多在 40% ~ 60%，因此规定一般不超过 50%，即使粗料含量满足要求，若发生粗料架空现象，也有可能使局部渗透系数过大，或产生渗透破坏，故规定不得发生粗料集中架空现象。对于天然的风化形成的砾石土，最大粒径可能较大，且颗粒分布往往也非常不均匀，在选用时一定要采取筛分和掺合等措施进行处理。

在工程的施工实践中，黏土质砾石土和粉土质砾石土均有采用。黏土质砾石土的临界渗透比降较高，不易发生渗透变形。粉土质砾石土临界渗透比降较低，级配不良时易发生渗透变形，工程施工中应引起重视。

三、反滤层、过渡层和排水层土石料的要求

(1)具有要求的级配，且粒径小于 0.1 mm 颗粒含量不大于 5%。

(2)具有要求的透水性。

(3)质地致密坚硬，具有高度的抗水性和抗风化能力。风化料一般不能用做反滤料，如必须应用时应有充分论证。

(4)反滤料宜尽量利用天然砂砾石筛选，在缺乏天然砂砾料时，也可采用人工砂或碎石料，但应选用抗水性和抗风化能力强的母岩轧制。

(一)级配要求

具有要求的颗粒级配，即按设计要求的级配，对于反滤层，应采用连续级配。这样有利于防止粗细颗粒分离。对于 D_{60} 以下的颗粒，要求下包线与上包线的 D_n($n \leqslant 60\%$)之比不大于 5，其目的也是防止由于下包线与上包线范围过宽，在施工中发生粗细颗粒分离。

粒径小于 0.1 mm 颗粒含量的多少影响反滤料的透水性。

(二)抗水性和抗风化能力的要求

若抗水性差，在渗透水的作用下，粗颗粒会进一步软化破碎；若抗风化性较差，在堆存、填筑过程中和填筑于表层时，可能会因颗粒进一步风化，使颗粒变细。这两种情况均会导致细级不满足要求，反滤料透水性减小。质地致密坚硬的材料，对提高抗水性和抗风化性能有利。所以，规定应具有高度的抗水性和抗风化能力，风化料一般不能用做反滤料。

四、土的工程分级及分类

(一)土的工程分级

对土方工程施工影响较大的因素之一是土的工程分级，其方法很多，可根据施工的困难程度，将土分为 4 级，如表 5-1 所示。

(二)土的定义、组成

1. 土的定义

地面上松散的卵石、碎石、砂砾石及堆存的黏土，都属于土的范围，这是自然界的岩石经

常年风化、搬运、堆积等天然程序造成的。母岩成分、风化性质、搬运和堆积环境是决定土的组成的主要因素。土有无凝聚性较粗颗粒与有凝聚性较细颗粒两大类，也就是说土是由大中小形状不同的颗粒组成的。

表 5-1 土的工程分级

土质级别	土壤名称	自然湿密度（t/m³）	外形特征	开挖方法
Ⅰ	砂土，种植土	1.65～1.75	疏松，黏着力差或易透水，略有黏性	用锹开挖
Ⅱ	壤土，含根、淤泥种植土	1.75～1.85	开挖时能成块并易打碎	用锹并用脚踩开挖
Ⅲ	黏土，干黄土，干淤泥，含砾质黏土	1.80～1.95	黏手，干硬，看不见砂砾	用镐、三齿耙，用锹用力加脚踩开挖
Ⅳ	坚硬黏土，砾质黏土，含卵石黏土	1.90～2.10	土壤结构坚硬，将土分裂后成块状或含黏粒，砾石较多	用镐、三齿耙等工具开挖

2. 土的组成

土是由固体颗粒、水和气体三部分组成的，通常称为三组成。工程上常把大小相近的土粒合并为组，称为粒组。工程广泛采用的组粒有漂石粒、卵石粒、砾粒、砂粒、粉粒、黏粒。把粒径大于 60 mm 土粒称为巨粒组，60～0.075 mm 土粒称为粗粒组，小于 0.075 mm 的称为细粒组，各粒组的细分如表 5-2 所示。

表 5-2 粒组划分

粒组统称	粒组划分		粒径（d）（mm）
巨粒组	漂石（块石）组		$d>200$
	卵石（碎石）组		$200 \geqslant d>60$
粗粒组	砾粒（角砾）	粗砾	$60 \geqslant d>20$
		中砾	$20 \geqslant d>5$
		细砾	$5 \geqslant d>2$
	砂粒	粗砂	$2 \geqslant d>0.5$
		中砂	$0.5 \geqslant d>0.25$
		细砂	$0.25 \geqslant d>0.075$
细粒组	粉粒		$0.075 \geqslant d>0.005$
	黏粒		$d \leqslant 0.005$

（三）巨粒土和含巨粒土的分类

巨粒土实际上是土石混合料，分为巨粒土、混合巨粒土和巨粒混合土，按土粒径大于 60 mm 的巨粒含量区分。若土中巨粒含量在 15%～50% 之间，则该土属于巨粒混合土；若土中巨粒含量大于 75%，则该土属于巨粒土；若土中巨粒含量在 50%～75% 之间，则该土属于混合巨粒土。

巨粒土、混合巨粒土、巨粒混合土再结合漂石含量进一步细分(见表5-3)。

表5-3　巨粒土和含巨粒土的分类

土类	粗组含量		土代号	土名称
巨粒土	巨粒含量 75%～100%	漂石含量>50%	B	漂石
		漂石含量≤50%	C_b	卵石
混合巨粒土	巨粒含量 50%～75%	漂石含量>50%	BS_1	混合土漂石
		漂石含量≤50%	C_0S_1	混合土卵石
巨粒混合土	巨粒含量 15%～50%	漂石含量>卵石含量	S_1B	漂石混合土
		漂石含量≤卵石含量	S_1C_0	卵石混合土

(四)粗粒土的分类

岩土中巨粒含量大于15%,则剔除巨粒,根据余土再按粗粒土或细粒土分类:若土中粒径大于0.075 mm的粗粒组含量多于50%,则该土属于粗粒土,粗粒土分砾类土和砂类土,若土中粒径大于2 mm的砾粒含量多于50%,则该土属于砾类土,否则属砂类土。

砾类土或砂类土按土中粒径小于0.075 mm的细粒含量,液、塑限和土的级配可进一步细分,分类方法如表5-4所示。

表5-4　砾类土分类

土类	粒组含量		土代号	土名称
砾	细粒含量<5%	级配 $C_u \geqslant 5, C_c = 1 \sim 3$	GW	级配良好砾
		级配,不同时满足上述要求	GP	级配不良砾
含细粒土砾	细粒含量5%～15%		GF	含细黏土砾
细粒土质砾	15%<细粒含量≤50%	细粒土为黏土	GC	黏土质砾
		细粒土为粉土	GM	粉土质砾

注:表中细粒土质砾土类,应按细粒土在塑性图中的位置定名。

(五)砂类土的分类

砂类土的分类如表5-5所示。

表5-5　砂类土分类

土类	粒组含量		土代号	土名称
砂	粒组含量 <5%	级配 $C_u \geqslant 5, C_c = 1 \sim 3$	SW	级配良好砂
		级配:不同时满足上述要求	SP	级配不良砂
含细粒土砂	细粒含量5%～15%		SF	含细粒土砂
细粒土质砂	15%<细粒含量≤50%	细粒土为黏土	SC	黏土质砂
		细粒土为粉土	SM	粉土质砂

注:表中细粒土质砂土类,应按细粒土在塑性图中的位置定名。

（六）细粒土的分类

若土中粒径小于0.075 mm细粒含量大于或等于50%，且粗粒含量少于25%，则该土属细粒土。土中含有部分有机质（有机质含量$5\% \leqslant C_u \leqslant 10\%$）的土称有机质土。

细粒土可按塑性图进一步细分，塑性图中横坐标为液限，纵坐标为塑性指数，若土的液限和塑性指数落在图5-1中A线以上，且I_P大于或等于10，表示土的塑性高，属黏土或有机质黏土，若土的液限和塑性指数落在A线以下及I_P小于10，表示土的塑性低，属粉土或有机质粉土。土的液限高低可间接反映土的压缩性高低，即土的液限高，它的压缩性也高，反之，液限低，压缩性也低。因此，塑性图上又用一条竖线B把黏土和粉土细分为两类。

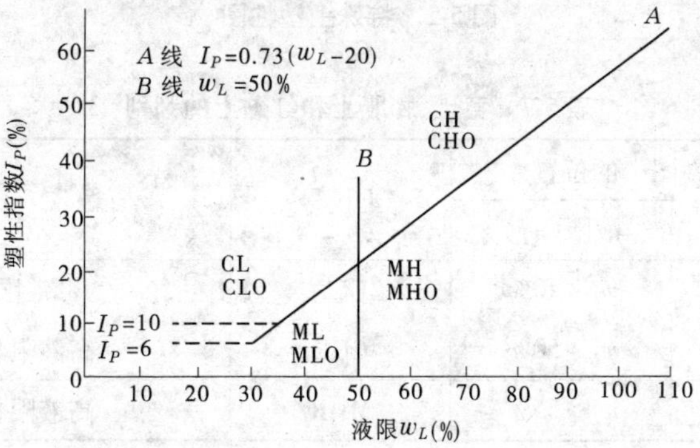

图5-1　塑性图

细粒土的分类如表5-6所示。

表5-6　细粒土的分类

土的塑性指标在塑性图中的位置		土代号	土名称
塑性指数（I_P）	液限（w_L）		
$I_P \geqslant 0.73(w_L-20)$和 $I_P \geqslant 10$	$w_L \geqslant 50\%$	CH	高液限黏土
	$w_L<50\%$	CL	低液限黏土
$I_P<0.73(w_L-20)$和 $I_P<10$	$w_L \geqslant 50\%$	MH	高液限粉土
	$w_L<50\%$	ML	低液限粉土

若细粒土内含部分有机质，则土名前加“有机质”，土代号后加“O”，如有机质高液限黏土（CHO）、有机质低液限粉土（MLO）。

若细粒土内粗粒含量为25%～50%，则该土属含粗粒的细粒土。当粗粒中砾粒占优势时，该土属含砾细粒土，并在土号后加“G”，如含砾高液限黏土（CHG）、含砾低液限粉土（MLG）。

若粗粒中砂粒占优势，则该土属含砂粗粒土，并在代号后加“S”，如含砂高液限黏土（CHS）、含砂低液限粉土（MLS）。

（七）黄土、膨胀土和红黏土的判别

黄土、膨胀土和红黏土特殊土类，在塑性图中的基本位置如图5-2所示，初步判别见表5-7。

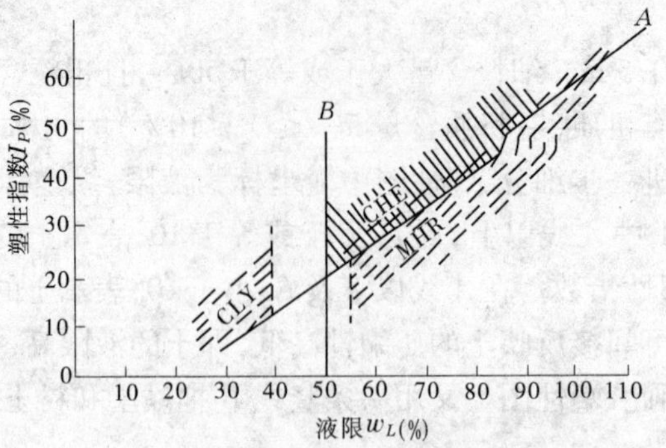

图 5-2　特殊土塑性图

表 5-7　黄土、膨胀土和红黏土的判别

土的塑性指标在塑性图中的位置		土代号	土的名称
塑性指数(I_P)	液限(w_L)		
$I_P \geqslant 0.73(w_L-20)$	$w_L<40\%$	CLY	低液限黏土(黄土)
	$w_L>50\%$	CHE	高液限黏土(膨胀土)
$I_P<0.73(w_L-20)$	$w_L>55\%$	MHR	高液限粉土(红黏土)

特殊土分类定名应遵照的相应规范如下:

(1)有机土分类:GB50021—94《岩土工程勘察规范》附录一;

(2)黄土的分类:GBJ25—90《湿陷性黄土建筑规范》;

(3)膨胀土分类:GBJ112—87《膨胀性地区建筑技术规范》;

(4)红黏土分类:GBJ112—87《岩土工程勘察规范》附录八;

(5)盐渍土分类:GB50021—94《岩土工程勘察规范》附录十一。

土类基本代号如表 5-8 所示。

表 5-8　土类基本代号

土的名称	代号	土的名称	代号
漂石(块石)	B	有机质土	O
卵石(碎石)	Cb	黄土	Y
砾(角砾)	G	红粒土	R
砂	S	盐渍土	Sc
粉土	M	级配良好	W
黏土	C	级配不良	P
细粒土(C 和 M 合称)	F	高液限	H
混合土(粗、细粒土合称)	SL	低液限	L
膨胀土	E		

第二节　土壤的工程特性

土的基本物理性质指标可分为如下几种：

(1)质量密度：单位体积的质量，也简称土的密度，用符号 ρ(t/m³)表示：

$$\rho = \frac{m}{V} \tag{5-1}$$

式中　V——土的总体积，m³；

m——土的总质量，t。

(2)重力密度：单位体积土所受的重力称为土的重力密度，用符号 γ(kN/m³)表示：

$$\gamma = \frac{W}{V} \tag{5-2}$$

式中　W——土的总重力，kN，$W = mg$；

g——重力加速度，取 $g = 9.8\text{m/s}^2$；

其他符号含义同前。

由 $W = mg$，则有 $\gamma = \rho g$。

(3)相对密度：土粒单位体积的质量与4 ℃时蒸馏水的密度之比，称为土的相对密度，用符号 d_s 表示：

$$d_s = \frac{m_s}{V_s \rho_w} \tag{5-3}$$

式中　m_s——土的固体颗粒的质量，t；

V_s——土的固体颗粒的体积，m³；

ρ_w——蒸馏水的密度，$\rho_w = 1\ \text{t/m}^3$。

(4)干密度：土的单位体积内颗粒的质量，用符号 ρ_d 表示：

$$\rho_d = \frac{m_s}{V} \tag{5-4}$$

式中符号含义同前。

(5)干重度：土的单位体积内颗粒所受的重力，用符号 γ_d 表示：

$$\gamma_d = \frac{W_s}{V} \quad 或 \quad \gamma_d = \rho_d g \tag{5-5}$$

式中　W_s——土的固体颗粒的重力，kN；

其他符号含义同前。

(6)含水率：土中水的质量与颗粒质量之比，用符号 w 表示：

$$w = \frac{m_w}{m_s} \times 100\% \tag{5-6}$$

式中　m_w——土中水的质量，t。

其他符号含义同前。

(7)饱和密度：土中孔隙完全被水充满时土的密度称为土的饱和密度，用符号 ρ_{sat} 表示：

$$\rho_{sat} = \frac{m_s + V_v \rho_w}{V} \tag{5-7}$$

式中　V_v——土中孔隙的体积,m^3；

其他符号含义同前。

(8)饱和重度:土中孔隙完全被水充满时土的重度称为土的饱和重度,用符号 γ_{sat} 表示:

$$\gamma_{sat} = \rho_{sat} g \tag{5-8}$$

式中符号含义同前。

(9)有效重度:在地下水位以下,土体受到水的浮力作用时土的重度,又称浮重度,用符号 γ' 表示:

$$\gamma' = \gamma_{sat} - \gamma_w \tag{5-9}$$

式中　γ_w——水的重度,近似取 $\gamma_w = 10\ kN/m^3$；

其余符号含义同前。

(10)孔隙比:土中孔隙体积与土的固体颗粒的体积之比称为孔隙比,用符号 e 表示:

$$e = \frac{V_v}{V_s} \tag{5-10}$$

式中符号含义同前。

(11)孔隙率:土中孔隙体积与土的体积之比,用符号 n 表示:

$$n = \frac{V_v}{V} \times 100\% \tag{5-11}$$

式中符号含义同前。

(12)饱和度:土中水的体积与孔隙体积之比,用符号 S_r 表示:

$$S_r = \frac{V_w}{V_v} \times 100\% \tag{5-12}$$

式中　V_w——土中水所占的体积；

其他符号含义同前。

土的基本物理性质指标换算如表 5-9 所示。

表 5-9　土的基本物理性质指标的换算

指标名称	符号	基本表达式	常用换算公式
密度	ρ	$\rho = \frac{m}{V}$	$\rho = \rho_d(1+w)$；$\rho = \frac{d_s + S_r \varepsilon_e}{1+e}\rho_w$
重度	γ	$\gamma = \rho g$	$\gamma = \frac{W}{V}$；$\gamma = \frac{d_s(1+w)}{1+e}$
相对密度	d_s	$d_s = \frac{m_s}{V_s \rho_w}$	$d_s = \frac{S_r e}{w}$；$d_s = \frac{m_s}{V_s \gamma_w}$
干密度	ρ_d	$\rho_d = \frac{m_s}{V}$	$\rho_d = \frac{\rho}{1+w}$；$\rho_d = \frac{d_s}{1+e}$
干重度	γ_d	$\gamma_d = \frac{W_s}{V}$	$\gamma_d = \rho_d g$；$\gamma_d = \frac{d_s}{1+e}$

续表 5-9

指标名称	符号	基本表达式	常用换算公式
含水率	w	$w=\frac{m_w}{m_s}\times100\%$	$w=\frac{S_r e}{d_s}\times100\%$；$w=\left(\frac{\gamma}{\gamma_d}-1\right)\times100\%$
饱和密度	ρ_{sat}	$\rho_{sat}=\frac{m_s+V_v\rho_w}{V}$	$\rho_{sat}=\rho_d+\frac{e}{1+e}$；$\rho_{sat}=\frac{d_s+e}{1+e}\rho_w$
饱和重度	γ_{sat}	$\gamma_{sat}=\rho_{sat}g$	$\gamma_{sat}=\frac{W_s+V_v\gamma_w}{V}$；$\gamma_{sat}=\frac{d_s+e}{1+e}\gamma_w$
有效重度	γ'	$\gamma'=\gamma_{sat}-\gamma_w$	$\gamma'=\frac{(d_s-1)\gamma_w}{1+e}$；$\gamma'=\frac{m_s-V_s\rho_w}{V}g$
孔隙比	e	$e=\frac{V_v}{V_s}$	$e=\frac{n}{1-n}$；$e=\frac{d_s\rho_w}{\rho_d}-1$
孔隙率（孔隙度）	n	$n=\frac{V_v}{V}\times100\%$	$n=\frac{e}{1+e}\times100\%$；$n=\left(1-\frac{\gamma_d}{d_s\gamma_w}\right)\times100\%$
饱和度	S_r	$S_r=\frac{V_w}{V_v}\times100\%$	$S_r=\frac{wd_s}{e}$；$S_r=\frac{w\rho_d}{n}$；$S_r=\frac{w(\rho_s/\rho_w)}{e}$

注：符号含义同前。

（13）土壤可松性：自然状态下的土经开挖后因变松散而使体积增大的特性。可用可松性系数 K 表示，即：

$$K = V_2/V_1 \tag{5-13}$$

式中　V_2——土经开挖后的松散体积，m^3；

V_1——土在自然状态下的体积，m^3。

土的可松性系数，用于计算土方量、进行土方填挖平衡计算和确定运输工具数量。各种土的可松性系数如表 5-10 所示。

表 5-10　土的可松性系数

土的类别	自然状态		挖松后	
	密度（t/m^3）	可松性系数	密度（t/m^3）	可松性系数
砂土	1.65～1.75	1.0	1.50～1.55	1.05～1.15
壤土	1.75～1.85	1.0	1.65～1.70	1.05～1.10
黏土	1.80～1.95	1.0	1.60～1.65	1.10～1.20
砂砾土	1.90～2.05	1.0	1.50～1.70	1.10～1.40
含砂砾壤土	1.85～2.00	1.0	1.70～1.80	1.05～1.10
含砂砾黏土	1.90～2.10	1.0	1.55～1.75	1.10～1.35
卵石	1.95～2.15	1.0	1.70～1.90	1.15

(14)自然倾斜角:自然堆积土壤的表面与水平面间所形成的角度。挖方与填方边坡的大小与土壤的自然倾斜角有关。确定土体开挖边坡和填土边坡应慎重考虑,重要的土方开挖应通过专门的设计和计算确定稳定边坡。一般开挖安全边坡可参考表5-11选取。

表5-11　挖深在5 m以内的窄槽未加支撑的安全施工边坡

土的类别	人工开挖	机械开挖	说明
砂土	1:1.0	1:0.75	1.必须做好防水设施,雨季应加支撑 2.附近如有强烈振动,应加支撑
轻亚黏土	1:0.67	1:0.50	
亚黏土	1:0.50	1:0.33	
黏土	1:0.33	1:0.25	
砾石土	1:0.67	1:0.50	
干黄土	1:0.25	1:0.10	

第三节　坝料的各项试验要求

土石是一种古老而又普通的建筑材料,并作为建筑物的天然地基和介质。如水坝、堤等的兴建是否合理、经济,大部分取决于工程的性质。其科学的程序是:勘探与测试,试验与分析,并利用土力学的理论计算和设计,然后施工,并且还要对施工过程及使用时期进行监测。因此,土工试验是岩土工程规划和设计的前期工作。

人们都知道土是天然的产物,不同于钢材、混凝土、合成塑料等人工材料,其性质受到密度、湿度、粒度以及孔隙水中化学成分等多种因素的影响。所以,综合上述,为了使土工试验比较正确地反映实际土的性状,要求试验人员必须了解和掌握以下五方面的情况:

(1)试验要达到什么目的,依据什么原理。

(2)使用仪器设备的方法、步骤。

(3)试验应获得哪些数据,分析出什么结论。

(4)试验中的注意事项,误差的初步分析。

(5)分析试验设计与实际问题的联系。

即要具有基本理论、基本知识和基本技能。

一、土工试验的项目

土工测试大致分为两大部分:①在现场直接测定,也叫原位测试,包括十字板试验,静、动力触深,标准贯入试验,载荷试验,波速测定以及旁压仪试验等;②从现场采取土样送至实验室的试验。

实验室试验可分为三类:

(1)土的化学性试验:包括土的矿物鉴定,易溶盐和难溶盐试验,有机质测试,酸碱度试验,硅、铁、铝、钙、镁、钾含量分析及阳离子交换量试验等。这些试验用于分析土的物质成分(化学成分、矿物组成)、土粒与介质溶液间的物理化学作用以及土的结构对其力学性质的影响。

(2)土的物理性试验:包括土的密度、湿度、粒度试验等。具体试验项目有密度试验、比重试验、极限密度(即最大密度和最小密度)试验、含水率试验、界限含水率(即液限、塑限、缩限)试验、颗粒大小分析及孔隙大小分析试验等,这些试验主要用于土的工程分类及判断土的状态。

(3)土的力学性试验:包括渗透性、压缩性和强度试验等。主要目的是直接提供设计参数,如渗透系数、变形系数、固结系数、抗剪强度指标、静止侧压力系数等。

其具体土工试验项目如表 5-12 所示。

二、各土工试验项目的要求

(一)土的颗粒分析试验

1. 土的颗粒分析试验的方法

为了确定土的级配,室内常用两种试验方法:即筛分法和比重计法。粒径大于 0.075 mm 的土粒适用于筛分法,粒径小于 0.075 mm 的土粒适用于比重计法,有时两种也可联合使用。

表 5-12　土工试验项目一览表

种类	试验项目	试验成果	成果的应用	说明
土的物理性试验	含水率试验	含水率(w)	计算土的基本物理性指标	
	界限含水率试验 液限试验 塑限试验 收缩试验	 液限(w_L) 塑限(w_P) 塑性指数(I_P) 液性指数(I_L) 缩限(w_S) 收缩比 体缩 线缩	利用塑性图进行土的工程分类 判断土的状态	
	密度试验	土的密度(ρ) 土的干密度(ρ_d)	计算土的基本物理性指标及土的压实性	土的容重为 $\gamma=\rho g$
	比重试验	土粒比重(G_s)	计算土的基本物理性指标	
	相对密度试验 最大孔隙比 最小孔隙比	相对密度(D_r) 最小干密度(ρ_{dmin}) 最大干密度(ρ_{dmax})	判断砂砾土的状态	
	颗粒大小分析 筛分析 沉淀法分析	颗粒大小分布曲线 有效粒径(D_{10}) 不均匀系数(C_u) 曲率系数(C_c)	用于土的工程分类及作为材料的标准	

续表 5-12

种类	试验项目	试验成果	成果的应用	说明
土的力学性试验	击实试验 CBR 试验	含水率与干密度曲线 最大干密度(ρ_{dmax}) 最优含水率(w_{op})	用于填土工程施工方法的选择和质量控制 用于路面设计	
	渗透试验 常水头试验 变水头试验	渗透系数(K)	用于有关渗透问题的计算	
	固结试验	孔隙率与压力曲线 压缩系数(a_v) 体积压缩系数(m_v) 压缩指数(C_c) 先期压力(P_c)	计算黏性土体的沉降量	
		时间与压缩曲线 固结系数(C_v)	计算黏性土体的沉降速率	
	剪切试验 直接剪切试验	抗剪强度参数 内摩擦角:φ_q、φ_{cq}、φ_s 凝聚力:C_q、C_{cq}、C_a	计算地基、斜坡、挡土墙等的稳定性	
	无侧限抗压强度	抗压强度 q_u 灵敏度:S_t 应力~应变关系		
	三轴剪切试验	内摩擦角:φ_u、φ_{cu}、φ_d 凝聚力:C_u、C_{cu}、C_d 孔隙水压力系数:A、B 应力~应变关系		

1)筛分法

粗筛:60 mm、40 mm、20 mm、10 mm、5 mm、2 mm。

细筛:2.0 mm、1.0 mm、0.5 mm、0.25 mm、0.1 mm、0.075 mm。

方法是将一套筛子按孔径大小排列,将称量过的样品放入最上层筛中,经过 15 min 振摇,把留在各级筛上的土粒分别称量,准确至 0.1 g。

要求各级筛上及底盘内土质量总和与筛前所取试样质量之差不大于 1%。

计算:算出小于某粒径的土粒含量,用以确定土内各粒组含量。

$$x = \frac{m_A}{m_B}\mathrm{d}x \tag{5-14}$$

式中 x——小于某粒径的试样质量占试样总质量的百分数(%);

m_A——小于某粒径的试样质量,g;

m_B——试样总质量,g。

2)比重计法

比重计法是根据土粒在悬液中沉降的速度与粒径平方成正比的司笃克斯公式来确定各粒径相对含量的方法:将一定质量(mg)的干土制成一定体积(V)悬液密度就可以得到不同粒径及其对应的累计百分含量。

3)累计曲线法

把筛分法或比重计法求得的试验结果在半对数纸上绘制出来,以粒径为横坐标(按对数比例尺)、小于某粒径的土粒百分含量为纵坐标,绘得颗粒大小分布曲线,如图 5-3 所示。

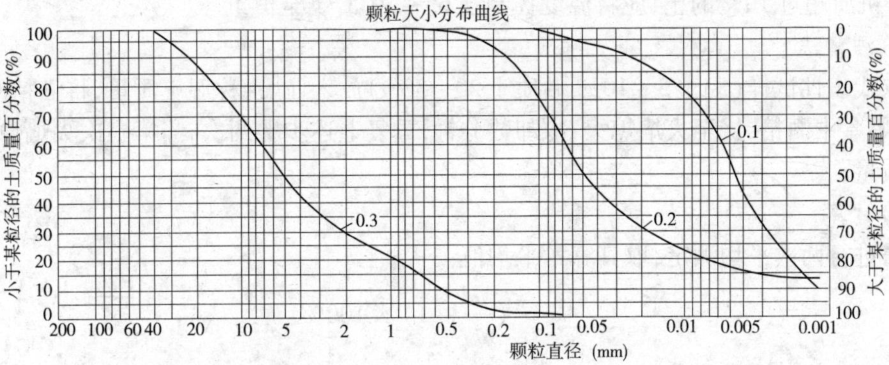

卵石或碎石	粗	中	细	粗	中	细	粉粒	黏粒
	砾			砂粒				

试样编号	粗粒土(>0.075 mm)					土的分类	细粒土(<0.075 mm)	
	>60(%)	砾(%)	砂(%)	$C_u=\frac{d_{60}}{d_{10}}$	$C_c=\frac{d_{30}^2}{d_{10}d_{60}}$		0.075~0.005	<0.005

工程编号______
钻孔编号______
土样说明______
试验日期______
试验者______
计算者______
制图者______
校核者______

图 5-3 颗粒大小分布曲线

2. 颗粒分析试验的用途

按粒径分布曲线可求得:

(1)土中各粒组的含量,用于粗粒土的分类和大致估计土的工程性质。

(2)某些特征粒径,用于建筑物的选择和评估土级配的好坏。根据某些粒径特征,我们可以得到两个有用指标,即不均匀系数 C_u 和曲率系数 C_c。它们的定义如下:

不均匀系数:$C_u=\frac{d_{60}}{d_{10}}$;曲率系数:$C_c=\frac{d_{30}^2}{d_{10}d_{60}}$。$d_{10}$、$d_{30}$、$d_{60}$ 为粒径分布曲线上小于某粒径的土粒含量分别为 10%、30%、60% 时所对应的粒径。通常把 d_{10} 称为有效粒径,把 d_{60} 称为限制粒径。

不均匀系数 C_u 反映大小不同粒组分布的情况,$C_u<5$ 的土称为均粒土,C_u 越大,表示粒组分布范围比较广,土的级配良好,但如 C_u 过大表示可能缺少中间粒径,属不良级配,故需同时用曲率系数来评价,曲率系数则是描述累计曲线整体形状的指标。

(二)土的主要物理性质试验

土的物理性质可分为两类:一类是必须通过试验测定的,如含水率、密度、比重等;另一类是经过测定换算的,如孔隙率、孔隙比等。

1. 含水率试验

土的含水率是在 105 ~ 110 ℃下烘至恒重时所失出的水质量和达到恒重后土质量的比值，用百分数表示。

方法有烘干法、酒精法、比重法。适用于有机质含量不超过干质量 5% 的土，当土中有机质含量在 5% ~ 10% 之间时，需注明有机质含量。

1) 烘干法

操作步骤：取 15 ~ 30 g 土样放入皿盒称重，放入烘箱，在 105 ~ 110 ℃下烘至恒重，将烘干后试样和盒取出放入干燥缸内冷却至室温，称干土重。烘干时间：黏质土，8 h；砂类土，6 h；有机质超过 10% 的土，应将温度控制在 65 ~ 70 ℃烘至恒重。

2) 酒精法

取代表性试样（黏土 5 ~ 10 g，砂质土 20 ~ 30 g）放入皿盒，称湿土质量，将酒精注入皿盒内，点燃盒中酒精，烧至火焰熄灭，冷却数分钟，重复上述步骤两次，当第三次火焰熄灭后，称干土质量。

3) 计算

需进行两次平均测定，取其算术平均值：

$$w = \left(\frac{m}{m_d} - 1\right) \times 100\% \tag{5-15}$$

式中 w——含水率（%）；

m——湿土质量，g；

m_d——干土质量，g。

含水率测定允许平行差值如表 5-13 所示。

表 5-13 含水率允许平行差值

含水率（%）	允许平行差值
<10	0.5
10 ~ 40	1.0
>40	2.0

2. 密度试验

土的密度定义为单位体积的质量。试验方法有环刀法、蜡封法、灌砂法、灌水法等。

1) 环刀法

把环刀内壁涂一层凡士林，环刀口向下放在土样上，用切土刀将土样切成略大于环刀直径土样，引导环刀垂直下压，边压边削至土样伸出环刀为止，削去两端余土，修平环刀两端，称环刀加土重，并取剩余土样测定含水率：

$$\rho = \frac{m}{V};\quad \rho_d = \frac{\rho}{1 + w} \tag{5-16}$$

式中 ρ——试样密度，g/cm³；

ρ_d——试样干密度，g/cm³；

m——湿土质量，g；

w——含水率（%）。

需进行两次平行测定，平行差值不大于 0.03 g/cm³。

2) 灌砂法

灌砂法主要测定原位土的密度和对填方工程进行质量控制。

在试验地铲平一块 40 cm × 40 cm 地面，除去表面松散土层，找出试坑口轮廓线，向下挖至要求深度，将试坑内的试样装入塑料袋内称重，并测量试样含水量(%)。

容砂瓶装满砂称瓶和砂重，并将密度测定器倒置于挖好的坑口上，打开阀门，使砂注入试坑，当砂注满试坑时关阀门，称容砂瓶和余砂重，并计算出注满试坑所用的标准砂质量。

标准砂应在试验前校核其密度：

$$\rho_0 = \frac{m_p}{\dfrac{m_s}{\rho_s}};\quad \rho_d = \frac{\rho_0}{1 + w} \tag{5-17}$$

式中 m_p——试坑内的试样质量，g；

m_s——注满试坑所用标准砂质量，g；

ρ_0——试样密度，g/cm^3；

ρ_d——试样干密度，g/cm^3。

3) 灌水法

灌水法基本同灌砂法，在试坑挖好后用塑料袋平铺试坑内，然后往坑内注水，其他同灌砂法，不再详细叙述。

灌砂法、灌水法如图 5-4、图 5-5 所示。

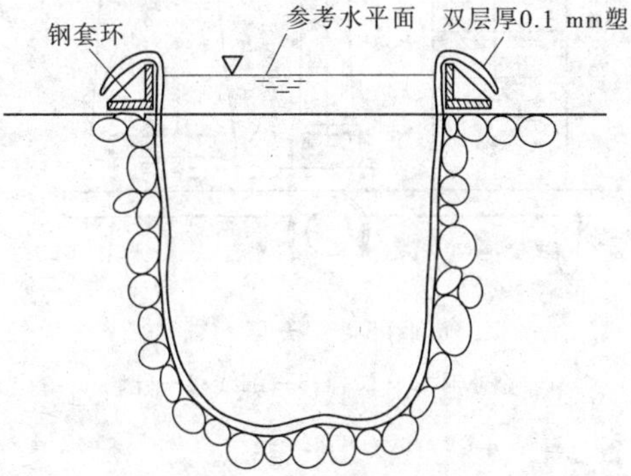

图 5-4 灌水法容重试验

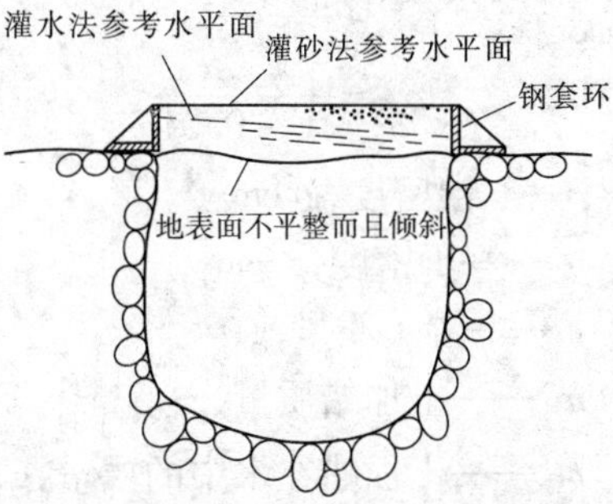

图 5-5 灌砂法、灌水法(有套环)的参考平面

对黏性土，粒径小，试坑尺寸较小，试验的地表面易于平整。用灌砂法砂面与地表面易于齐平，测定的试坑体积误差较小。对于粒径较大的材料，如砂砾石、堆石等，试坑直径较大，试验的地表面预先不易整平。为了能精确地测定试坑体积，试验时，增加一个套环，在套环上定一个参考平面(灌砂法一般以套环顶面作为参考平面)，如图 5-5 所示。大致将试验的地表面整平，放上套环，先用砂或水量测参考平面至地表面间的体积 V_1，然后在套环内挖试坑，挖好试坑后再量测参考平面至试坑周边间的体积 V_2，试坑体积等于 $V_2 - V_1$。至于灌水法，一般不论试坑尺寸大小，均需用套环。

4) 放射性同位素法

放射性同位素法即核子密度仪法，利用放射性同位素法测定含水率和密度的仪器包括 γ 射线密度计和中子湿度计。一般将两种仪器装在一起既能测含水量也能测密度。目前普遍认为，放射性同位素法与过去灌砂法和环刀法相比较有以下一些特点：

(1) 操作简便，测定值中没有个人误差。

(2) 速度快，1min 可测定一个结果。

(3) 不取样，属无损伤检验，但需打孔。

(4)除堆石外,适用于各类土料。

5)蜡封法

蜡封法步骤如下:

(1)切取约30cm^3 的试样,削去松浮表土及尖锐棱角后,系于细线上称量,准确至0.1 g,取代表性试样测定含水率。

(2)持线将试样徐徐浸入刚过熔点的蜡中,待全部沉浸后立即将试样提出。检查涂在试样四周的蜡中有无气泡存在,若有则应用热针刺破,并涂平孔口。冷却后,称土加蜡质量,准确至0.1 g。

(3)用线将试样吊在天平一端,并使试样浸没于纯水中称量,准确至0.1 g(见图5-6),并测记纯水的温度。

(4)取出试样,擦干蜡表面的水分后再称量一次,检查试样中是否有水浸入,如有水浸入应重做。

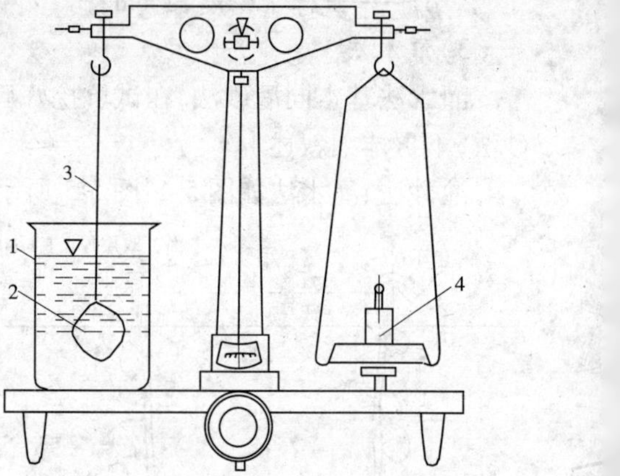

图5-6　天平

1—盛水杯;2—试样;3—细线;4—硅码

按下式计算湿密度及干密度:

$$\rho = \frac{m}{\dfrac{m_1 - m_2}{\rho_{wt}} - \dfrac{m_1 - m}{\rho_n}} \tag{5-18}$$

$$\rho_d = \frac{\rho}{1 + 0.01w} \tag{5-19}$$

式中　ρ——湿密度,g/cm^3;

ρ_d——干密度,g/cm^3;

m——湿土质量,g;

m_1——土加蜡质量,g;

m_2——土加蜡在水中的质量,g;

ρ_n——蜡的密度,g/cm^3,准确至0.1 g/cm^3;

w——含水率(%);

ρ_{wt}——纯水在 t ℃时的密度,g/cm^3,准确至0.01 g/cm^3。

3.相对密度试验

相对密度是无黏性土处于最松状态的孔隙比与天然状态的孔隙比之差和最松状态的孔隙比与最紧密状态的孔隙比之差的比值。

试验的目的是测定无黏性土的最大孔隙比与最小孔隙比,用于计算相对密度。最大孔隙比试验宜采用漏斗法和量筒法,最小孔隙比试验采用振动锤击法。

1)最大孔隙比试验步骤

(1)取代表性的烘干土或风干试样约1.5 kg,用手搓或用圆木在橡皮板上碾碎,并拌和均匀。

(2)将锥形塞杆自漏斗下口穿入,并向上提起,使锥体堵住漏斗管口,一并放入体积100 mL量筒中,使其下端与筒底接触。

(3)称试样700 g,准确至1 g,均匀倒入漏斗中,将漏斗与塞杆同时提高,然后下放塞杆,使锥体略离开管口,管口应经常保持高出砂面1~2 cm,使试样缓缓且均匀分布地落入量筒中。

(4)试样全部落入量筒后,取出漏斗与锥形塞,用砂面拂平器将砂面拂平,勿使量筒振动,然后测读砂样体积,估读至 5 mL。

(5)用手掌或橡皮板堵住量筒口,将量筒倒转,然后慢慢地转回原来位置,如此重复几次,记下体积的最大值,估读至 5 mL。

(6)取上述两种方法测得的较大体积值,计算最大孔隙比。

2)最小孔隙比试验步骤

(1)取代表性的试样约 4 kg,用手搓揉或用圆木棍在橡皮板上碾碎,并拌和均匀。

(2)分 3 次倒入容器进行振击。选取上述试样 600 ~ 800 g(其数量应使振击后的体积略大于容积的 1/3)倒入 1 000 mL 容器内,用振动叉以 150 ~ 200 次/min 的速度敲打容器两侧,并在同一时期内用击锤于试样表面每分钟锤击 30 ~ 60 次,直至砂样体积不变为止。(一般击 5 ~ 10 min),敲打时要用足够的力量,使试样处于振动状态,锤击时粗砂可用较少击数,细砂应用较多击数。

(3)按步骤(2)规定,进行后两次的装样、振动和锤击,第 3 次装样时应先在容器口上安装套环。

(4)最后一次振毕,取下套环,用修土刀齐容器顶面削去多余试样,称容器内试样质量,准确至 1 g,并记录试样体积,计算其最小孔隙比。

(5)最小密度与最大密度,均需进行 2 次平行测定,取其算术平均值,其平行差值不得超过 0.03 g/cm^3。

(6)计算。按下式计算最小干密度与最大干密度:

$$\rho_{d\min} = \frac{m_d}{V_{\max}};\quad \rho_{d\max} = \frac{m_d}{V_{\min}} \tag{5-20}$$

式中 m_d——试样干质量,g,计算至 0.01 g/cm^3;

$V_{\max}$——试样最松散时的体积,cm^3;

$V_{\min}$——试样最紧密时的体积,cm^3。

按下式计算最大孔隙比与最小孔隙比:

$$e_{\max} = \frac{\rho_w G_s}{\rho_{d\min}} - 1;\quad e_{\min} = \frac{\rho_w G_s}{\rho_{d\max}} - 1 \tag{5-21}$$

式中 ρ_w——水的密度,g/cm^3;

G_s——土粒比重,计算至 0.01。

按下式计算相对密度:

$$D_r = \frac{e_{\max} - e_0}{e_{\max} - e_{\min}};\quad D_r = \frac{(\rho_d - \rho_{d\min})\rho_{d\max}}{(\rho_{d\max} - \rho_{d\min})\rho_d} \tag{5-22}$$

式中 D_r——相对密度;

e_0——天然孔隙比或填土的相应孔隙比;

ρ_d——天然干密度或填土的相应干密度,g/cm^3,计算至 0.01 g/cm^3。

4. 黏性土的状态与界限含水率

土从泥泞到坚硬经历几个不同的物理状态。含水率很大时就成了泥浆,是一种黏滞流动性的土,称为流动状态。含水率逐渐减少时,黏滞运动的特点渐渐消失而显示出塑性,所谓塑性就是指可以塑成任何形状而不发生裂缝,并在外力解除以后能保持已有形状而不恢复原状的性质。黏土的可塑性是一个十分重要的性质,对于陶瓷工业、农业和土工程都有重要意义。当含水率继续减小时,则土的可塑性逐渐消失,从可塑状态变为半固体状态。从一种状态变到另一种状态的分界点称为分界含水率,流动状态与可塑状态间的分界含水率称为液限 w_L,可塑状态与半固体状态的分界含水率称为塑限 w_P,半固体状态与固体状态间的分界含水率称为缩限 w_S。

(1)塑性指数。可塑性是黏性土区别于砂土的重要特征。可塑性的大小可用土处在塑性状态的含水率变化范围来衡量。从液限到塑限,含水率的变化范围愈大,土的可塑性愈好,这个范围称塑性指数 I_P。$I_P = w_L - w_P$。

(2)液性指数。土的天然含水率是反映土中的含水量的指标,在一定程度上说明土的软硬与干湿状态,但仅含水率却不能确切地说明土处于什么状态。如果有几个含水率相同的土样,但它们的塑限、液限不同,那么这些土样所处的状态可能不同。黏性土的状态可用液性指数来表示:$I_L = \frac{w - w_P}{I_P}$。

可塑性状态的土的液性指数在 0 ~ 1 之间,液性指数越大表示土越软,液性指数大于 1 的土处于流动状态,液性指数小于 0 的土则处于固体状态和半固体状态。

液塑限试验有搓条法和液塑限联合测定法:

(1)搓条法。塑限试验取试样一小块,先用手捏至接近塑限,然后在毛玻璃上搓土条,当土条直径达 3 mm 时断裂,取合格断裂土条 3 ~ 5 g,放入皿盒内,测定含水率,这时的含水率即为塑限 w_P。

(2)液塑限联合测定法。常用仪器有光电式液塑限联合测定仪。采用风干土样过 0.5 mm 筛约 200 g,分成 3 份,按接近液限、塑限和二者中间状态,制备成不同稠度的土膏,静置 24 h。采用天然含水率土样时,应剔除大于 0.5 mm 的颗粒。

将置备好的土膏用调土刀调拌均匀,密实装入试样杯中,高出试样杯的余土用刮土刀刮平,随即将试样杯放在仪器底座上。控制圆锥仪下沉深度为 4 ~ 5、9 ~ 10、16 ~ 18 mm 范围内的含水量,记录下沉深度,并测定相应含水率。

以含水率为横坐标、圆锥入土深度为纵坐标,在双对数坐标纸上绘制关系曲线,在含水率与圆锥下沉深度关系图上可查得圆锥仪下沉 2 mm 时的相应含水率即为塑限,下沉 17 mm 时的含水率即为液限。

5. 击实试验

用标准的击实方法,测定土的密度与含水率的关系,从而确定最大干密度与最优含水率,可用轻型击实试验和重型击实试验两种方法。击实仪的尺寸应符合表 5-14 的规定。轻型击实试验适用于粒径小于 5 mm 的黏性土,其单位体积击实功为 592.2 kJ/m³;重型击实试验适用于粒径小于 20 mm 的土,其单位体积击实功为 2 684.9 kJ/m³。

击实试验步骤如下。

1)试样制备

试样制备分为干法制备和湿法制备。

A. 干法制备

取一定量的代表性风干土样(轻型约为 20 kg,重型约为 50 kg,放在橡皮板上用木碾碾

表 5-14　击实仪主要部件尺寸规格

试验方法	锤底直径（mm）	锤质量（kg）	落高（mm）	击实筒			护筒高度（mm）
				内径（mm）	筒高（mm）	容积（cm^3）	
轻型	51	2.5	305	102	116	947.4	≥50
重型	51	4.5	457	152	116	2 103.9	≥50

散（也可用碾土器碾碎），并按下列方法备样：

（1）轻型击实试验过 5 mm 筛，将筛下土样拌匀，并测定土样的风干含水率。根据土的塑限预估最优含水率，按依次相差约 2% 的含水率制备一组（不少于 5 个）试样，其中应有 2 个含水率大于塑限、2 个含水率小于塑限、1 个含水率接近塑限，并按下式计算应加水量：

$$m_w = \frac{m}{1 + w_0}(w - w_0) \tag{5-23}$$

式中　m_w——土样所需加水质量，g；

w——土样所要求的含水率（%）；

m——风干含水率时的土样质量，g；

w_0——风干含水率（%）。

（2）重型击实试验过 20 mm 筛，将筛下土样拌匀，并测定土样的风干含水率。按依次相差约 2% 的含水率制备一组（不少于 5 个）试样，其中至少有 3 个含水率小于塑限的试样，然后按式（5-23）计算加水量。

（3）将一定量的土样平铺于不吸水的盛土盘内（轻型取土样约 2.5 kg，重型取土样约 5.0 kg），按预定含水率用喷水设备往土样上均匀喷洒所需加水量，拌匀并装入塑料袋内或密封于盛土器内静置备用，静置时间分别为高液限黏土（CH）不得少于 24 h，低液限黏土（CL）可酌情缩短，但不应少于 12 h。

B. 湿法制备

取天然含水率的代表性土样（轻型为 20 kg，重型为 50 kg）碾碎，按重型和轻型击实要求过筛，将筛下土样拌匀，分别风干或加水到所要求的不同含水率。制备试样时必须使土样中含水量分布均匀。

2）试样击实

（1）将击实仪安放在坚实的地面上，击实筒内壁和底板涂一薄层润滑油，连接好击实筒与底板，安装好护筒。检查仪器各部件及配套设备性能是否正常，并做好记录。

（2）从制备好的一份试样中称取一定量土料。分 3 层或 5 层倒入击实筒内，并将上面整平，分层击实。对于分 3 层击实的轻型击实法，每层土料的质量为 600 ~ 800 g（其量应使击实后试样的高度略高于击实筒的 1/3），每层 25 击；对于分 5 层击实的重型击实法，每层土料的质量宜为 900 ~ 1 100 g（其量应使击实后的试样高度略高于击实筒的 1/5），每层 56 击。如为手工击实，应保证使击锤自由下落，锤击点必须均匀分布于土面上；如为机械击实，可将定数拨到所需的击数处，按动电钮进行击实。重型击实试验应保证作用到击实筒中央土层上的功能与周围土层相等(击实仪中心点每圈加一击)。击实后的每层试样高度应大致相等,两层交接面的土面应刨毛。击实完成后,超出击实筒顶的试样高度应小于6 mm。

(3)用修土刀沿护筒内壁削挖后,扭动并取下护筒,测出超高(应取多个测值平均,准确至0.1 mm),沿击实筒顶细心修平试样,拆除底板。

(4)用推土器从击实筒内推出试样,从试样中心处取2个一定量土料,轻型为15~30 g,重型为50~100 g,平行测定土的含水率,称量准确至0.01 g,含水率的平行误差不得超过1%。

(5)按上述的规定对其他含水率的土样进行击实。一般不重复使用土样。

3)计算及制图

A.计算

按下式计算击实后各试样的含水率:

$$w = \left(\frac{m}{m_d} - 1\right) \times 100\% \tag{5-24}$$

式中 w——含水率(%);

m——湿土质量,g;

m_d——干土质量,g。

按下式计算击实后各试样的干密度:

$$\rho_d = \frac{\rho}{1 + w} \tag{5-25}$$

式中 ρ_d——干密度,g/cm^3,计算至0.01g/cm^3;

ρ——湿密度,g/cm^3;

w——含水率(%)。

按下式计算土的饱和含水率:

$$w_{sat} = \left(\frac{\rho_w}{\rho_d} - \frac{1}{G_s}\right) \times 100\% \tag{5-26}$$

式中 w_{sat}——饱和含水率(%);

G_s——土粒比重;

ρ_w——水的密度,g/cm^3;

其余符号含义同前。

B.制图

(1)以干密度为纵坐标、含水率为横坐标,绘制干密度与含水率的关系曲线。曲线上峰值点的纵、横坐标分别代表土的最大干密度和最优含水率。如果曲线不能给出峰值点,应进行补点试验。

(2)按公式(5-26)计算数个干密度下土的饱和含水率,以干密度为纵坐标、含水率为横坐标,绘制饱和曲线,如图5-7所示。

C.校正

(1)在轻型击实试验中,当粒径大于5 mm的颗粒含量小于30%时,应按下式计算校正后的最大干密度:

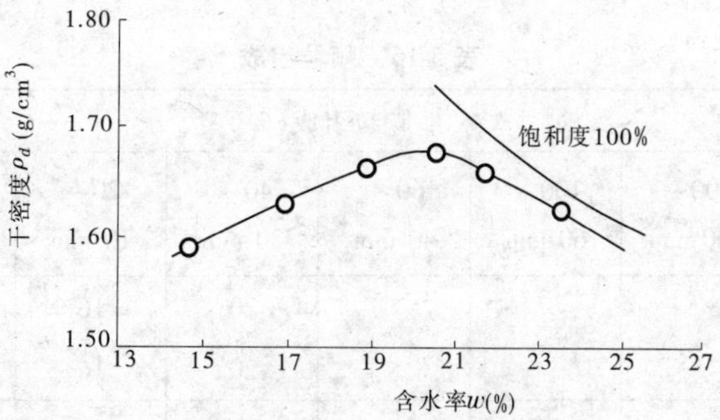

图 5-7　$\rho_d \sim w$ 关系曲线

$$\rho'_{d\max} = \frac{1}{\frac{1-P}{\rho_{d\max}} + \frac{P}{G_{s2}\rho_w}} \tag{5-27}$$

式中　$\rho'_{d\max}$——校正后的最大干密度，g/cm³，计算至 0.01 g/cm³；

ρ_w——水的密度，g/cm³；

$\rho_{d\max}$——粒径小于 5 mm 试样的最大干密度，g/cm³；

P——粒径大于 5 mm 颗粒的含量；

G_{s2}——粒径大于 5 mm 颗粒的干比重。

（2）轻型击实试验，当粒径大于 5 mm 的颗粒含量小于 30% 时，应按下式计算校正后的最优含水率：

$$w'_{op} = w_{vp}(1 - P) + w_2 \tag{5-28}$$

式中　w'_{op}——校正后最优含水率（%），计算至 0.01%。

w_{vp}——粒径小于 5 mm 土粒的最优含水率（%）；

w_2——粒径大于 5 mm 土粒的吸着含水率（%）。

其余符号含义同前。

（三）石料质量的控制标准

堆石坝材料，除严格工艺过程和工艺标准外，还要在料场开采和装料过程的各个环节中进行质量控制，其依据是设计文件和有关规范、地勘资料及爆破与碾压试验资料、工程的具体情况。一般的土料质量控制标准见表 5-15，其颗粒组成如表 5-16 所示，渗透试验要求如表 5-17 所示，各种坝料的压缩试验要求如表 5-18 所示，颗粒组成及特征如表 5-19 所示。

表 5-15　石料质量控制标准

控制项目	过渡料	主堆石料	次堆石料
颗粒级配	符合设计要求的级配	符合设计要求的级配	符合设计要求的级配
超粒径含量（%）	<1	<1	
细颗粒（d<0.1 mm）含量（%）	2～5	2～5	按具体情况确定
泥团、冻土块、杂物	无	无	无

表 5-15～表 5-18 中的数据是盘石头水库大坝料的试验结果，从表中所列垫层料、过渡料、堆石料压缩试验结果可以看出，压缩模量较高，属低压缩性。

表 5-16　颗粒组成

试样名称	颗粒组成(%)							
	>200 mm	200 ~ 100 mm	100 ~ 60 mm	60 ~ 40 mm	40 ~ 20 mm	20 ~ 10 mm	10 ~ 5 mm	<5 mm
垫层料(下限)					20	16	14	50
					20	16	14	50
垫层料上限			9	11	20	14	11	35
				20	20	14	11	35
过渡料下限		30	15	9	12	7	7	20
				21	26	19	7	27
堆石料上限	35	18	9	7	6	5	5	15
				22	32	21	5	20

表 5-17　渗透试验要求

试样名称	干密度(g/cm^3)	渗透系数(cm/s)
过渡料(下限)	2.10	3.84×10^{-1}
过渡料(上限)	2.15	2.96×10^{-1}
垫层料(下限)	2.10	4.0×10^{-1}
垫层料(上限)	3.15	3.83×10^{-3}

表 5-18　坝料(灰岩)的压缩试验要求

试样名称	试验项目			试验参数	垂直压力						
	干密度(g/cm^3)	孔隙比	状态		0	0.1	0.2	0.4	0.8	1.6	3.2
垫层料(下限)级配	2.10	0.329	饱和	孔隙比	0.329	0.326	0.324	0.320	0.309	0.298	0.283
				压缩系数(MPa^{-1})	0.03	0.02	0.02	0.028		0.014	0.009
				压缩模量(MPa)	41.2	70.9	69.2	46.8		97	143.2
垫层料(上限)级配	2.15	0.298	饱和	孔隙比	0.298	0.297	0.296	0.295	0.293	0.288	0.283
				压缩系数(MPa^{-1})	0.01	0.01	0.005	0.005		0.006	0.003
				压缩模量(MPa)	97.1	232.6	285.7	242.5		201.5	385.5
过渡料(下限)级配	2.10	0.329	饱和	孔隙比	0.329	0.327	0.326	0.324	0.321	0.313	0.293
				压缩系数(MPa^{-1})	0.02	0.01	0.01	0.008		0.01	0.013
				压缩模量(MPa)	61.3	119	168.1	173.9		129.7	108.6

续表 5-18

试样名称	试验项目			试验参数	垂直压力						
	干密度 (g/cm³)	孔隙比	状态		0	0.1	0.2	0.4	0.8	1.6	3.2
过渡料(上限)级配	2.15	0.298	饱和	孔隙比	0.298	0.296	0.295	0.294	0.293	0.288	0.272
				压缩系数(MPa^{-1})	0.02	0.01	0.005	0.003	0.006	0.01	
				压缩模量(MPa)	61.7	185.2	285.7	459.8	220.4	127.4	
堆石料(下限)级配	2.10	0.329	饱和	孔隙比	0.329	0.327	0.326		0.323	0.312	0.275
				压缩系数(MPa^{-1})	0.02	0.01	0.005	0.014	0.023		
				压缩模量(MPa)	73	97.1	337	93.2	56.9		
堆石料(上限)级配	2.15	0.298	饱和	孔隙比	0.298	0.296	0.295		0.293	0.290	0.273
				压缩系数(MPa^{-1})	0.02	0.01	0.003	0.004	0.011		
				压缩模量(MPa)	75.8	169.5	319.1	330.6	114.1		
溢洪道料	2.10	0.329	饱和	孔隙比	0.329	0.327	0.325	0.324	0.319	0.310	0.284
				压缩系数(MPa^{-1})	0.02	0.02	0.005	0.013	0.011	0.016	
				压缩模量(MPa)	54.6	114.9	143.9	124.2	118.9		

表 5-19　坝料颗粒组成及特征　　（单位:mm）

坝料	颗粒组成(%)					特征数径		
	>80 mm	>20 mm	>5 mm	<5 mm	<0.075 mm	D_{10}	D_{30}	D_{60}
垫层料		上 20　下 40	上 50　下 65	上 50　下 35	上 6　下 0	0.2 0.6	1.3 1.5	8.5 20
过渡料	上包线 38	60	80	20	25	2	14	20
	下包线 60	90	100	0	0	20	50	140
主堆石料	上包线 56	73	85	15	5	2.5	32	180
	下包线 80	95	100	0	0	3.2	140	320

(四)堆石坝筑坝材料的控制标准

1. 硬岩堆石料

一般将岩石的饱和无侧限抗压强度大于等于 30 MPa 的堆石料称为硬岩堆石料。对硬岩堆石料的规定:SL228—98《混凝土面板堆石坝设计规范》第 4.1.5 条条文中提出,压实后应能自由排水,有较高的压实密度和变形模量的定性要求,以及最大粒径不超过压实层厚,小于 5 mm 的颗粒含量不宜超过 20%，小于 0.075 mm 的颗粒含量不宜超过 5%的定量要求。

2. 软岩堆石料

将岩石的饱和无侧限抗压强度小于 30 MPa 的堆石料称为软岩堆石料。对软岩堆石料的规定:软岩压实后,应具有较低的压缩性和一定的抗剪强度等定性要求,以及可用于下游堆石区下游水位以下的干燥区，如用于主堆石区时需经专门论证和设计，渗透性不能满足要求时可设置坝内排水，坝坡及周边缝止水结构应适应软岩堆石料的特性等原则规定。

3. 砂砾石料

对砂砾石料的要求：砂砾石料压实后，应具有较高的抗剪强度和较低的压缩性，宜用于填筑主堆石区，应按规定做好坝体渗流设计。

4. 高坝垫层料

对高坝垫层料的要求：高坝垫层料应具有连续级配，最大粒径为 80 ~ 100 mm，粒径小于 5 mm 的颗粒含量为 30% ~ 50%，小于 0.075 mm 的颗粒含量宜少于 8%，压实后应具有内部渗透稳定性、低压缩性、高抗剪强度，并应具有良好的施工特性。

级配的连续性要求：

细颗粒的连续级配垫层料的主要优点：

(1)细料能起到填充粗料孔隙的作用，容易得到较高的压实密度和变形模量，能对混凝土面板有良好的支撑作用。

(2)透水性小于早期的均匀垫层，具有半透水性，面板一旦开裂，能对面板上游设置的防渗铺盖和抛投的土料起反滤保护作用，达到堵塞渗漏通道而自愈。

(3)级配连续的垫层料便于整平坡面。

(4)施工期可直接利用垫层料层面挡水度汛，可以限制进入坝体的渗流量，保证堆石体的稳定，这样就可以减小堰和导流建筑物的规模，节省投资。

(5)坝料压实后具有内部渗透稳定性、低压缩性、高抗剪强度，并具有良好的施工特性。

(6)特殊垫层区采用最大粒径小于 40 mm 且内部稳定的细反滤料，薄层碾实，以尽量减少周边缝的位移，同时对缝顶粉细砂、粉煤灰等能起到反滤作用。

以淇河盘石头水库筑坝材料和填筑为例：坝址区灰岩饱和抗压强度 87.12 ~ 103.1 MPa，软化系数 0.92 ~ 0.94，为优质硬岩材料。用于垫层、过渡层及灰岩堆石区的要求为：

(1)垫层料：采用灰岩的硬岩石料，由砂石料加工系统生产。设计要求垫层料级配连续，最大粒径为 80 mm，小于 5 mm 的颗粒含量为 35% ~ 50%，小于 0.075 mm 的颗粒含量不大于 6%；特殊垫层料(小区料)设计要求连续级配，最大粒径小于等于 40 mm，小于 5 mm 的颗粒含量为 35% ~ 50%，小于 0.075 mm 的颗粒含量不大于 6%，可采用垫层料剔除超径料获得，亦可通过砂石料系统直接生产制备。

(2)过渡料：采用灰岩硬岩爆破料，要求连续级配，最大粒径 300 mm，小于 5 mm 的颗粒含量小于 20%，小于 0.075 mm 的颗粒含量小于 5%。

(3)灰岩堆石料：包括上游主堆石料及下游灰岩堆石料，采用灰岩硬岩爆破料，最大粒径 600 mm，小于 5 mm 的颗粒含量小于 15%，小于 0.075 mm 的颗粒含量小于 5%，连续级配。

(4)页岩堆石料：设计为溢洪道、隧洞等工程的坚硬页岩，页岩夹灰岩开挖石渣，其单轴饱和抗压强度为 17.8 ~ 35.6 MPa，软化系数为 0.71 ~ 0.85，基本上属软弱岩石。填筑底部高程约在 192.0 m 以上，高于坝下游校核尾水位 189.60 m，基本上属于“干燥区”。设计根据坝料的平衡情况，还采用了含泥量为 5% ~ 8% 的灰岩料填筑布置在该区。

(5)铺盖区土料及盖重料的要求：上游铺盖采用粉质填土填筑，其外层的盖重料采用弃料中的石渣填筑。铺盖周边缝顶部设置的粉煤灰，其级配按满足与垫层小区料层间反滤关系确定。

（五）软土的性质要求

做土坝时采用软土为最广泛，软土可分为黏性的和散体的两种，而按其生成特征，则可分为黏土、黏壤土、砂、砂碳土或砾石土以及黄土和淤泥。

根据软土的使用及其在坝断面或地基上的位置，设计者应根据其稳定性，沉陷土压力的及其一般建筑特性的资料。

（1）摩擦系数 $\tan\varphi$ 及凝聚力 $C(kg/cm^2)$，是确定土壤的滑动稳定性，并且是确定斜坡坡度和地基的稳定及对心墙和岸墩等的土压力等基本因素。

（2）压缩性或弹性系数和泊松比，这是确定坝基的压缩性和规定坝身土料的压实限度所必需的。

（3）渗透系数 $K(cm/s)$用以计算坝身和坝基的全部渗流。

（4）在自然状况下的土壤（或在规定的密度下）的比重 γ、容重 γ_w、孔隙率 n 或孔隙比 e、含水量 w 是确定静力计算和土壤通性所必需的。

（5）机械组成，是为了评价土壤的基本性质及判定用其筑滤水设备的适合程度。

（6）黏性土壤的塑性限度及塑性指数，用以判别土壤特性及近似地确定出压实的有效含水率。

（7）化学成分，用以确定土壤中易溶于渗漏水中并对混凝土和金属起危害作用的物质的含量。

如为重要建筑物（属 1 级 2 级坝者），应该在实验室里确定其一般能判断土壤及设计要求的建筑物特性。规定这些化验工作量时应该注意到，被化验的土样每一特性应至少作出 2 ~ 3 回试验分析，而对技术设计所用的，则至少要作 5 ~ 6 回试验分析。

如果土质复杂或试验结果差别很大，试验分析数目还要增加。对于 3 级和 4 级土坝，可用目测判别土壤的类别，并且应按照表 5-20 ~ 表 5-24 分类。

土壤按粒径分类见表 5-20。

表 5-20　土壤粒径分类

名称	粒径度	粒径(mm)
漂石及石		200 以上
圆石	大	200 ~ 150
圆石	中	150 ~ 100
圆石	小	100 ~ 60
卵石及碎石	大	60 ~ 40
卵石及碎石	中	40 ~ 30
卵石及碎石	小	30 ~ 20
砾石及砂砾	大	20 ~ 10
砾石及砂砾	中	10 ~ 4
砾石及砂砾	小	4 ~ 2

续表 5-20

名称	粒径度	粒径(mm)
砂	大	2～1
砂	中	1～0.5
砂	小	0.5～0.25
砂	最小	0.25～0.05
粉土	大	0.05～0.01
粉土	小	0.01～0.005
黏土		少于 0.005
淤泥		小于 0.001

土壤按机械组成的分类见表 5-21～表 5-24。

表 5-21　土壤的基本种类

土壤名称	成分(按重量)		
	黏土 $d<0.005$ mm(%)	粉土 $d=0.005\sim0.05$ mm	砂 $d=0.05\sim2.0$ mm
重黏土	60	—	—
黏土	30	少于黏土	少于黏土
重壤土	20～30	少于黏土	多于黏土
中壤土	15～20	少于黏土	多于粉土
轻壤土	10～15	少于砂土	多于粉土
重砂壤土	6～10	少于砂土	多于粉土
轻砂壤土	3～6	少于砂土	多于粉土
砂	<3	—	—

表 5-22　粉状土壤

土壤名称	成分(按重量)		
	黏土 $d<0.005$ mm(%)	粉土 $d=0.005\sim0.05$ mm	砂 $d=0.05\sim2.0$ mm
粉状黏土	30	多于黏土	少于黏土
粉状黏壤土	10～30	多于砂土	少于粉土
粉状砂壤土	3～10	多于砂土	少于粉土
粉砂	<3	多于砂土	—

表 5-23 砂土

土壤名称	成分(按重量)		
	黏土 $d<0.005$ mm(%)	粉土 $d=0.005\sim0.05$ mm	砂 $d=0.05\sim2.0$ mm
粗砂	3	少于砂	50% 1 ~ 2 mm
中粗砂	3	少于砂	50% 0.5 ~ 1.0 mm
细砂	3	少于砂	50% 0.25 ~ 0.5 mm
最细砂	3	20%	50% $d<0.25$ mm

表 5-24 砾石土

土壤名称	成分(按重量)	
	大于 2mm 的卵石	0.05 ~ 2mm 的砂土
砾石土	小于砂(或粉状黏土)的含量,砂(或粉状黏土)的含量为 10% ~ 50%	其重量大于粉土及黏土
砂砾石	大于砂(或粉状黏土)的含量,砂(或粉状黏土)的含量为 33% ~ 50%	
粉状砾石	大于砂(或粉状黏土)的含量,砂(或粉状黏土)的含量为 33% ~ 50%	其重量小于粉黏土
砾石	>50%	

注:砾石的成分少于 10% 时,土壤按照表 5-22 分类,加上“砾石”的名称。

(六)野外确定土壤的方法

野外确定土壤的方法如表 5-25 所示。

表 5-25 野外确定土壤的方法

土壤类别	手触时的感觉	目测及用放大镜观测	土壤状态			其他特征
			干	湿润	潮湿时的搓捻	
黏土	手触潮湿土壤时感觉不到砂的成分,小土块不易压碎	看不见砂	非常硬的层(成块的)	胶黏的塑性层	搓捻时成长而细的条(1.5 mm)	刻划干黏土特有光亮的痕迹
重黏壤土及轻黏壤土	手触时感觉有少量砂,小土块易压碎	重黏壤土砂少,轻黏壤土砂多	土块受锤击即碎	可塑性及黏性弱	能搓成粗而短的条	干燥时无光泽纹路
粉状黏壤土	手触时感觉有少量砂,类似干粉,小土块较易压碎	砂少,看得出细的粉粒	土块可击成粉末	可塑性及黏性弱	不能搓成长条,因易断	干燥时无光泽纹路
砂壤土	砂粒很多,土块不用力即能压碎	砂多于黏土	土块易捻碎	非塑性	不能搓成条	—
砂	感觉不到有黏土成分,土壤是松散的	只能看见砂	没有凝聚性	非塑性	不能搓成条	—
砾石土	2 mm 的土粒相当多	—	土是松散的	—	—	—

(七)小型土坝所用的土壤性能

对于小型土坝所用的土壤性能可使用表5-26。

表5-26　小型土坝所用的土壤性能

土壤名称	内摩擦角（°）	摩擦系数	凝聚力 C（kg/cm^2）	容重（t/m^3）	
				饱和土	风干土
黏土	11～20	0.20～0.35	0～3.0		
黏壤土	20～24	0.35～0.45	0～1.0		
粉状黏壤土	22～24	0.40～0.45	0～0.5		
砂壤土	24～27	0.45～0.50	0.1～1		
细砂	27～31	0.50～0.60	0	1.9～2.0	1.6～1.7
中粗砂	29～33	0.55～0.65	0		
粗砂	31～35	0.60～0.70	0	1.9～2.0	1.6～1.7

(八)关于土壤的渗透系数

小型土坝土壤的渗透系数可参照表5-27。

表5-27　土壤的渗透系数

土壤名称	渗透系数 K			
	最大值（cm/s）	最小值（cm/s）	平均值（cm/s）	平均值（m/d）
黏土	0.000 001	0.000 000 4	0.000 000 5	0.000 43
重黏壤土	0.000 002 5	0.000 001 4	0.000 002	0.001 7
中黏壤土	0.000 006	0.000 003	0.000 005	0.004 3
轻黏壤土	0.000 05	0.000 01	0.000 04	0.035
重砂壤土	0.000 07	0.000 03	0.000 06	0.052
轻砂壤土	0.002	0.000 05	0.000 2	0.17
细砂	0.005	0.000 3	0.003	2.00
细及粗砂	0.05	0.005	0.02	17.00

第四节　料场规划及料场作业

料场的规划应从以下几方面考虑：

(1)首先要从分析设计勘探资料着手，了解坝料储量和质量的勘探精度是否确切，以及是否需要补充勘探资料。

(2)土石料开采之前，应在现场进行适量的料区调查、碾压试验、爆破，优选方式和参数，以对施工做到切实可行。

(3)在料场开挖之前,要清除料场的杂草、覆盖层、树木和表层泥土,并运至弃渣场。

(4)剥离覆盖层要彻底,在开采中发现质量较次的坝料,应经过试验论证或处理,经设计部门同意后方可使用。

(5)料场规划一经确定,必须执行,未经论证不得任意改变,在开采过程中,要随时总结现场开挖或爆破经验,适当调整有关参数,以达到更好的效果。

(6)在开挖控制上,既要做到物尽其用,又要保证利用料的质量。要注意不同质量的坝料不要随意堆放和任意混杂,要做到按设计要求堆放到指定的部位。

一、料场规划原则

料场即土石坝体填筑材料取用的场地,主要包括土料场及石料场,由于修筑堤坝需要大量的土石方,它对于工程质量、工程造价和工期都有重大影响。料场规划的目的,是在对料场进行全面细致调查的基础上,从空间、时间、质与量等方面,进行通盘考虑,以便合理利用,加快施工进度,充分发挥经济效益。

(一)空间规划

所谓空间规划,就是对料场的位置、高程,选择恰当,布置合理,土石料的上坝,运距尽可能短些,高程宜有利于重车下坡,高料高用,低料低用,以减少运输成本。但料场如布置在坝体轮廓线300 m以内,则会影响主体工程的防渗和安全,且与上坝运输相干扰,故应避免。高料场应注意避免道路坡度过陡而引起运输事故。坝的上下游、左右岸最好都有备选料场,以便在高峰时作业,扩大上料工作面,减少施工干扰。料场的位置还应利于排除地表水和地下水,对土石料场尚应考虑与重要建筑物和居民点保持足够的防爆、防震的安全距离。

(二)时间规划

施工过程中的用料数量是随坝体填筑部位、施工季节、坝前蓄水情况和料场工作条件的变化而变化的。因此,在用料规划上,宜本着近料和上游易淹的料场先用,远料和下游不易淹的料场后用;含水量高的料场旱季用,含水量低的料场雨季用的原则。

(三)料场质与量的规划

料场质与量的规划是场地规划的重要内容,也是决定料场取舍的前提,在选择和规划使用料场时,应对料场的地质成因、产状、埋深、储量及各种物理力学指标,如容重、含水量、料的成分、颗粒的级配、凝聚力及内摩擦角等进行全面勘察与试验,以便安排施工过程各个阶段不同部位所需的适宜料场。因此,除料场的总储量应满足完成坝体的要求外,还应满足各施工阶段最大上坝强度的需要,一般应设有主要料场和备用料场。主要料场要质量好,储量大,开采集中,距坝址较近且有利于常年开采。备用料场一般应设在淹没区范围以外,以便当主要料场因土料过湿或其他原因不能使用时,可使用备用料场,以保证开采、填筑工作能够正常进行。主要料场总储量应比设计总强度多50% ~100%,备用料场的储量应为主要料场总储量的20% ~30%。

根据以上原则可测定工程料场的规划,并结合坝体不同部位所用料场示意图(见图5-8)一起使用。

此外,为了降低工程成本,提高经济效益,应尽量充分利用挖方作为填筑材料,当开挖时间与上坝时间不相吻合时,可安排堆料场加以储备。

例:黄河小浪底大坝斜心墙防渗土料场位于黄河南岸寺院坡(并利用石门沟石料场顶

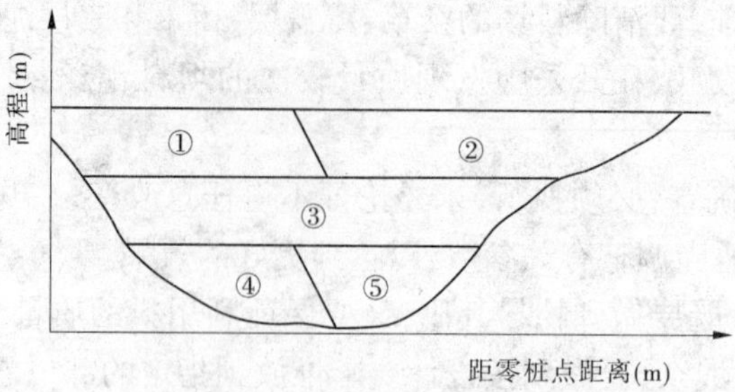

图 5-8　坝体不同填筑部位所用料场示意图

部剥离的合适土料），南北长 3 km，东西宽 0.6 km，经二号公路上坝，平均运距 5.5 km，土料勘探储量为 2 640 万 m^3，是计划开采上坝量 820 万 m^3 的 3.2 倍。料场土料属中、重粉质壤土及粉质黏土，平均黏粒含量 31%，天然含水量 19% ~22%，最优含水量 17% ~19%，平均塑性指数约 19.6，由于土料的天然含水量接近最优含水量，故可以直接开采上坝填筑。

二、料场作业的要求

料场作业主要包括料场清理、排水、开挖方法及土料含水量的控制等。

（一）清理和排水工作

料场的清理和排水是料场作业的辅助作业，这些作业直接影响采料的质量和开采的进度。料场清理包括伐木、除草、剥弃表层腐殖土等。

料场作业，采取"截水与排水相结合，以截水为主"的原则。对于地表水，应在采料高程以上修建截水沟加以拦截。对于流入开采范围内的地表水，应采用明式排水迅速排除。这些排水沟应随开挖高程的降低而降低，保持开挖期间排水不中断。当地下水位较高时，须设井点进行人工排水，以降低地下水。

（二）开挖方法

土料场的开挖方法有立面开挖、平面开挖及斜面开挖三种方式。

立面开挖是在很厚的土层上分几个比较高的台阶进行开挖，此方法可使土料的水分蒸发损失小；平面开挖是在大面积上进行薄层开挖，这种开挖方式适用于平坦开阔的料场，并有利于土中水分的蒸发。

斜面或立面的开挖方式，当料场不同层次的土料性质差别较大时较适用，以便土料在采料过程中得到充分均匀的拌和。

（三）土料含水量的控制要求

1. 低含水量土料的加水控制

土料天然含水量偏低，一方面是由于其成因；另一方面，尽管土场其天然含水量基本满足施工要求，但经过开挖运输、坝面散料、碾压，表层土料的含水量也会因蒸发而降低。因此，须对土料加水，土料加水应符合的要求：一是使土料含水量达到施工含水量控制范围；二是使加水后的土料含水量保持均匀。常用的加水方法有喷灌灌水法、分块筑畦埂灌水法及表面喷水法。

1）喷灌灌水法

此法是采用农用灌溉的喷灌机进行喷灌灌水，它适宜地形高差大的各种条件，且易于掌握，节约用水。为了保证喷灌效果，要保持天然地面不受扰动，以免破坏其渗透性，草皮等清理可以待加水完毕后再进行,但灌水、养护需要较长的时间,才能保证加水均匀。

2)分块筑畦埂灌水法

此法是将待加水的土料场分块筑畦埂,再向畦块内注水,停置一周后进行使用,适用于加水量较多、土场较为平坦的情况。加水量可根据需要加水的土层厚度而定,一般 1 cm 水深可湿润 6 cm 土层。水在土中入渗速度随土质不同而异,一般约 1 m/d,施工中应加以掌握,切勿在水未将土层浸湿均匀即进行开采而造成干湿不匀的现象。

3)表面喷水法

此法是用水管在土场表面喷水,轮流对已加水的土场进行开采的方法。它适用于土料稍干且有较大面积的土场,以便一个或几个土场大量喷洒水,并有足够的停置时间。施工时可随喷水辅以耙耕耘,使其混合均匀。

2. 土料含水量偏高的降低控制

当土料含水量超过施工控制含水量范围时,则需要采取降低含水量的措施,以控制上坝土料的含水量。对于土料含水量偏大的,可采用排水措施;如土料稍湿,则可采用分层开采、逐层晾晒、轮流开挖的办法;如土料过湿,可采用翻晒方法。

翻晒方法是当土壤含水量高于施工要求的含水量时,利用气象条件翻晒土料以降低含水量的方法。进行土料翻晒时,应选择合适的场地,以满足翻晒、就地堆存、装运等要求,并应注意防止雨水浸入,具体施工可分为翻晒、运、堆等三个工序。翻晒法又可分为人工翻晒和机械翻晒两种方法。

(1)人工翻晒法。用齿耙将土耙碎,坚硬黏土用铁锹先切成厚 1 ~ 2 cm 薄层,每层深度 10 ~ 20 cm,挖后使其相互架空晾晒,待表面稍干即打碎成小于 2 ~ 3 cm 的土块,继续翻晒,表层稍干用铁锹翻动一次,如此反复,直至含水量降低到施工控制含水量范围为止。人工翻晒土料一般每个工日可翻晒 15 ~ 40 m^3。

(2)机械翻晒法。使用的机械为农用机械,拖拉机牵引多铧犁,每层犁入深度 3 ~ 7 cm,然后用圆盘耙或钉耙把土块适当耙碎,并按时翻动,其台班产量可达 600 m^3。采用就地翻晒时,须分层取土分层晾晒。

在翻土时,当天翻晒当天收土,以免夜间吸水回潮,当土料含水量已降低到施工控制含水量范围后,除一部分运到坝上填筑外,对暂时不用的土料,应在料区堆成土牛,并加以防护。

土牛位置的要求:土牛位置在易于排水的场地,周围开挖排水沟,并便于堆土取土。其堆置形式及大小一般以高 3 ~ 5 m、宽约 30 m、长 60 m、顶部排水坡度 5%,下部边坡 1:1 为宜。在堆土牛前,其底层应铺垫层,厚约 30 cm,以减少或防止毛细水上升的作用。土牛两侧边坡须及时平整,外铺含水量较高的天然土料,厚约 30 cm,拍打密实,对拟作较长时间储备的土牛,可在其表面涂抹 3 ~ 6 cm 厚的草筋泥浆,并以麦草或稻草覆盖,进行防护。

土牛除能保证冬、雨季后及时供应黏性土料外,还可以使含水量不均匀的土在储备期间变成均匀状态。

第五节　土料的开挖运输要求及机械特性

土石坝需要的土石料方量大,有十分繁重的土石方料的运输任务。因此,必须重视其施工方法与施工组织，提高劳动生产率，以加快工程进度，降低工程造价。

土料的开挖运输一般采用机械化开挖和运输，其具体方法分有轨和无轨两种。

常用的运输有轨机械：机车有准轨（轨距 1 435 mm）和窄轨（轨距有 1 000、762、610 mm 三种）。准轨可与国家铁路线相连，作为对外专用线，运输材料及设备，一般适用于运输数量较大，且运距较长的情况，其牵引机车有蒸汽机车、内燃机车和电动机车三种。蒸汽机车便宜，但车体笨重，效率低；内燃机车启动快，耗水量小；当工期长而又有廉价电力时，则选用电动机车较好。窄轨货运量小，投资少，机车的操作、运行和检修也较方便，可用人力推运或机车牵引，一般多用于工地内部筑坝材料的运输，运输土、砂石料的台班，产量可达 500 m^3。

一、道路运输机械

道路运输用胶轮车、拖拉机、铲运机及自卸汽车等。

（一）胶轮车运输

胶轮车运输是常用的一种方法，其可分为单轮手推车、双轮手推车和双轮架子车，容量一般为 0.05 ~ 0.20 m^3，运距以 1 km 以内为宜。当用于上坡运输且坡度较陡时，可用拉坡机相配合牵引上坡，如图 5-9 所示。为提高装土效率，可在装土地点设置装土漏斗，如图 5-10 所示，漏斗边坡不宜小于 45°。

图 5-9　拉坡机

1—卷扬机；2—挂钩；3—牵引索

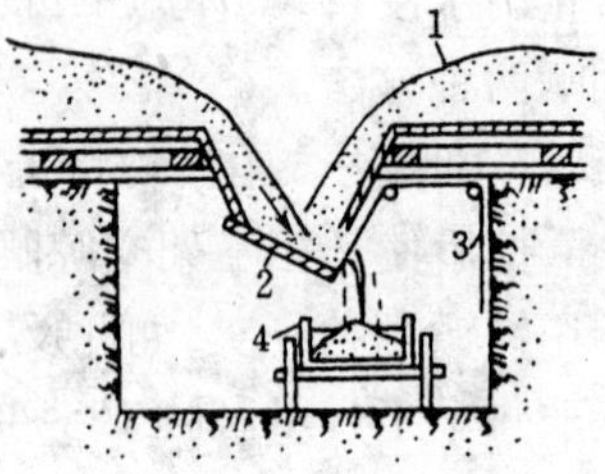

图 5-10　装土漏斗

1—土料；2—活动斗门；3—启门索；4—架子车

（二）拖拉机及铲运机运输

拖拉机运输是以拖拉机拖带挂车进行运输，其功能与铲运机一样。一般多采用轮胎式拖拉机，其速度较快，适用于道路较好、运距较大的情况。

（三）自卸汽车运输

自卸汽车运输，其操作灵活，机动性较大，能适应各种复杂地形，对线路的技术要求（如转弯半径、纵坡等）不像有轨运输那样严格，有底卸、侧卸、后卸三种，其载重量有 3.5、7.0、20、32 t 等。目前多采用大型自卸汽车，以满足工程施工的需要。但其燃料较多，维修要求较高。

二、常用的土料开挖运输方案

常用的土坝运土方式有两种：直接运土上坝及到坝址附近经其他运输工具转运到坝体填筑地点，通常采用直接上坝的方式，以减少转运，提高工效。

土方开挖运输方案，一般有以下几种：

(1) 人工开挖，用 0.6 m^3 的翻斗车运输。适宜运距为 1 ~ 2 km，双线路宽 4 ~ 5 m，坡度不宜大于0.5%～1.5%。

(2)人工开挖,用手推车或架子车运输。一般手推车载重100～200 kg,架子车载重300～500kg,适宜运距小于1 km、坡度小于2%的情况,车子可直接上坝,如坡度较陡可采用拉坡机拉坡上坝或转皮带机上坝,拉坡机拉坡上坝坡度不宜大于1:3～1:1.5,爬高不宜大于30 m。

(3)人工开挖,土料用装斗台装料,拖拉机带拖具及自卸汽车运输。此方案适宜运距2～5 km,双线路宽5.0～5.5 m,坡度不宜大于9%,转弯半径不宜小于50 m。

(4)人工或挖掘机挖装,结合皮带机运输上坝,皮带机线路宽2.5～3.0 m,爬坡坡度以不大于1:3～1:3.5为宜。

(5)正向铲挖掘机开挖,自卸汽车运输。此方案机动灵活,生产率高,汽车可以直接运到坝面卸料,管理简捷方便,是目前机械化施工中普遍应用的方案。

(6)挖掘机或采砂船挖装,机车牵引3.5 m^3矿车装,皮带机上坝。适宜运距为1.0～6.0 km,单车线路3.5 m,双车线路6.5 m,重车坡度不宜大于8‰～10‰,轻车坡度不宜大于15‰～20‰,转弯半径干线宜大于150 m,支线宜不大于100 m。

进行上述6种方案选择时,应根据工程量大小,土料特性和分布,以及可供选择的机械型号、规格等因素进行综合技术经济比较后确定。

三、坝料综合机械化施工的基本原则

土石坝施工,由于工程量大,为降低劳动强度,保证工程质量,有必要采用综合机械化施工。组织综合机械化施工的原则如下:

(1)充分发挥主要机械的作用,使对完成工程起主导作用的机械充分发挥其作用,有利于加快施工进度,降低工程成本。例如在土石坝坝壳施工中,用正向铲挖掘机采料、自卸汽车运输上坝、推土机平土、振动碾压实、洒水车洒水等综合机械化作业,其中挖掘机是主要机械,一台挖掘机发生故障将导致其他机械停工待料。

(2)机械配套应根据工作特点选择,如连续开挖机械与连接式运输机械配套,循环式开挖机械与循环式运输机械配套,否则需要增加辅助设备。

(3)配套机械的生产率应略大于主要机械的生产率。这样能够充分保证发挥主要机械的生产能力。例如在挖掘机与自卸汽车配套挖运土料时,应保证在正向铲挖掘机前总有一台自卸汽车在装土。

(4)机械配套应有利于使用、维修和管理,减少机械型号规模和数量,尽可能地选用一种机械能完成几种工作、几道工序,以减少机械的配套环节,提高机械的利用时间和利用系数,而简化维修管理工作。同时结合可能取得的机械设备,进行综合技术经济比较,然后确定现实而又合理的配套方案。

(5)合理布局工作面,充分发挥机械的工作效率,减少机械运转时间。为此,必须创造良好的运输条件,合理地规划施工道路,提高运输工具的运输能力,避免产生窝工现象。

目前,一般在中小型的工程中,多不能实现综合机械化施工,而采用半机械化施工,在配合时也应根据上述原则结合现场具体情况合理组织施工。

四、挖运组织的要求

为了合理地组织挖运工作,必须根据施工进度计划中各阶段所要完成的坝体方量计算出上坝强度,进而选定施工方案,以计算机械设备的数量和工人人数。

(一)土石坝坝料上坝的施工强度 Q_d 的计算

土石坝坝料上坝的施工强度 Q_d 按下式计算:

$$Q_d = KK_1 \frac{V_d}{T} \quad (m^3/d) \tag{5-29}$$

式中 V_d——坝体分期施工时段需完成的填筑方量,m^3;

K——施工不均衡系数,可取 1.2~1.3;

K_1——考虑坝体沉陷、削坡、漏算及事故处理等损失系数,取 1.1~1.20。

T——分期施工时段的有效工作日数(等于分期时段的日历日数扣除国家法定节假日和阴雨天气或气温影响停工的天数),d。

(二)机械设备(或人员)数量 N 的计算

机械设备(或人员)数量 N 按下式计算:

$$N = \frac{Q_d}{P} \tag{5-30}$$

式中 P——机械设备(或人员)的生产率,m^3/台班;

其他符号含义同前。

(三)挖掘机与自卸汽车的配套要求

当选用此挖运方案时,还应满足下列两方面的要求:

(1)挖掘机应配备的自卸汽车数量校核。为了保证挖掘机械的连续生产,每台挖掘机应配的运输车辆的数量 n 可按下式计算:

$$n = \frac{T_{循}}{t_{装}} \tag{5-31}$$

式中 $T_{循}$——每台运输车辆运输一次的总循环时间,s;

$t_{装}$——每台挖掘机的装车时间,s,$t_{装} = mt_{循}$;

m——装车斗数;

$t_{循}$——挖掘机工作一个循环的时间,s。

根据综合机械化的原则,配套运输车辆的生产能力应略大于主要机械挖掘机的生产能力,即:

$$nN_c < N_a \tag{5-32}$$

式中 N_c——挖掘机械的数量,台;

N_a——自卸汽车的数量,台。

(2)挖掘机械合理的装车斗数校核。挖掘机的斗容量和自卸汽车的载重量,应满足挖运机械配套的工艺要求,二者的比值应在一个合理范围内,所以要通过计算校核所选挖掘机装车的斗数:

$$m = \frac{Q}{\gamma_K q K_H K_P} \tag{5-33}$$

式中　m——挖掘机的装车斗数；

Q——汽车载重量，t；

q——挖掘机的斗容量，m^3；

γ_K——料场土料的天然容重，t/m^3；

K_H——土料的充盈系数，表示实际装料容积与土料几何容积的比值，取0.95～1.00；

K_P——土料松散影响系数，是最初可松性系数 K 的倒数，Ⅰ级土为0.92～0.85，Ⅱ级土为0.88～0.80，Ⅲ级土为0.81～0.77，Ⅳ级土为0.79～0.75。

按工艺要求，挖掘机装车斗数 m 的合理范围为3～5，若这一数值过大，说明所选挖掘机的斗容量偏小，汽车装车时间过长，影响汽车运输能力的发挥，因此应考虑改用大斗容量的挖掘机或小载重的汽车，如 m 值过小，说明汽车载重力偏小，需要的汽车数量多，由于换车次数多，影响挖掘机生产能力的发挥，这时应加大汽车的载重量。

（四）机械（或工人）总数量的备用量（或增加量）

工地应拥有的机械总数量，还应考虑机械的利用率和修理备用量，一般按备用20%～40%考虑。

（五）抓铲挖掘机的生产率计算

抓铲挖掘机铲斗自由下落中斗瓣分开切入土中，抓取土料合瓣后提升，回转卸土，适用于挖掘窄深型基坑或沉井中的水下淤泥，也可用于散粒装卸，在桥墩等柱坑开挖中应用较多。

单斗挖掘机实用生产率可按下式计算：

$$P = 60nqK_1K_2K_3K_4/K_5 \tag{5-34}$$

式中　n——设计每分钟循环次数；

q——铲斗容量，m^3；

K_1——铲斗充盈系数，正向铲取1；

K_2——卸土延误系数，卸入弃土堆为1.0，卸入车厢为0.9；

K_3——时间利用系数，取0.8～0.9；

K_4——工作循环时间修正系数，$K_4 = 1/(0.4A + 0.6B)$；

A——土壤级别修正系数，取1.0～1.2。

B——转角修正系数，转角90°时取1.0，转角100°～135°时取1.08～1.37；

K_5——土壤可松性系数。

挖掘机是土方机械化施工的主导机械，为提高生产率，应采取以下措施：加长斗齿，减小切土阻力，合并回转、升起、降落的操作过程，采用卸土转角小的装车或卸土方式，以缩短循环时间，小角度装车或卸土，采用大铲斗，合理布置工作面和运输道路，加强机械保养和维修，维持良好性能等。

（六）铲运机的生产率

铲运机是一种能连续完成铲土、运土、卸土、铺土、平土等工序的综合土方工程机械，能开挖黏土、砂砾石等，适用于大型基坑、渠道路基开挖，大型场地的平整，土样开采，填筑堤坝等。铲运机按牵引方式分为自行式和拖式；按其操作方式分为钢索操纵和液压操纵；按卸土方式分为自由卸土、强制卸土和半强制卸土。其工作过程如图5-11所示。铲运机的土斗较大，但切土能力相对不足，为了提高生产率，可采用下坡取土、硬土预松、推土机助推等方法。

(a) 铲土

(b) 运土

(c) 卸土

图 5-11　铲运机工作过程示意图

1—铲斗;2—行走装置;3—连挂装置;4—操纵装置;5—斗门;6—斗底和斗后壁

(七)水力开挖机械的特点

水力开挖机械主要有水枪和吸泥船两种。

(1)水枪开挖。水枪开挖是利用水枪喷嘴射出的高速水流切割土体形成泥浆,然后输送到指定地点的开挖方法。水枪可在平面上回转 360°,在立面上仰俯 50°~60°,射程达 20~30 m,切割分解形成泥浆后,沿输泥沟自流或由吸泥泵经管道输送到填筑地点。利用水枪开挖土料场、基坑,节约劳力和大型挖运机械,经济效益明显。水枪开挖适于砂土、亚黏土和淤泥,可用于水力冲填筑坝,对于硬土,可预先进行松动,以提高水枪挖土工效。

(2)吸泥船开挖。吸泥船开挖是利用挖泥船下的绞刀将水下土方绞成泥浆,由泥浆泵吸起经浮动输泥管运至岸上或运泥船上。

(八)推土机的特点

推土机是一种在履带式拖拉机上安装推土板等工作装置而形成的一种铲运机械,是水利水电工程建设中最常用、最基本的机械,可用来完成场地平整、基坑渠道开挖、推平填方、堆积土料、回填沟槽、清理场地等作业,还可以牵引振动碾、松土器、拖车等机械作业。它在推运作业中,距离不超过 60~100 m,挖深不宜大于 1.5~2.0 m,填高小于 2~3 m。

推土机按安装方式分为固定式和万能式;按操作方式分为钢索操纵和液压操纵;按行驶方式分为履带式和轮胎式。如图 5-12 所示为国产移山-120 型推土机的外形。固定式推土机的推土板仅能上下升降,强制切土能力差,但结构简单,应用广泛;万能式推土机不仅能升降,还可左右上下调整角度,用途较多。履带式推土机附着力大,可以在不良地面上作业。液压式推土机可以强制切土,重量轻,构造简单,操作方便。推土机推运土料采用前进推土后退开行,为提高生产率,常采用下坡推土、沟槽堆土、并列推土等方法。

(九)单斗挖掘机的特点

单斗挖掘机是仅有一个铲土斗的挖掘机械,它由行走装置、动力装置和工作装置三部分组成。行走装置分为履带式、轮胎式和步行式三类,履带式是常用的一种,它对地面的单位

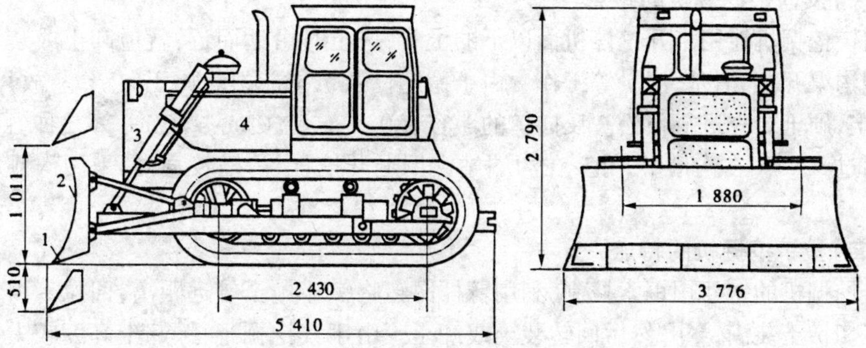

图 5-12　国产移山－120(马力)型推土机　(单位:mm)

1—刀片;2—推土机;3—切土液压装置;4—拖拉机

压力小,可以在各种地面上行驶,但转移速度慢。动力装置分为电动和内燃机驱动两种,电动为常用形式,效率高,操作方便,但需要电源。工作装置由铲土斗斗柄、推压和提升装置组成。按铲土方向和铲土原理分为正向铲、反向铲、拉铲和抓铲四种类型。用钢索或液压操纵,钢索操纵用于大中型正向铲,液压操纵用于小型正向铲和反向铲较多。

(十)正向铲挖掘机的特点

正向铲挖掘机由推压和提升完成挖掘,开挖断面是弧形,最适于挖停机面以上的土方,也能挖停机面以下的浅层土方。由于稳定性好,铲土能力大,可以挖各种土料及软岩、岩渣进行装车。它的特点是循环式开挖,由挖掘、回转、卸土、返回构成一个工作循环,生产率的大小取决于铲斗大小和循环时间的长短。正铲的斗容从 0.5 m^3 至几十立方米,工程中常用 1～4 m^3。基坑土方开挖常用正面开挖,土料场及渠道土方开挖常用侧面开挖,还要考虑与运输工具的配合问题。常用正向铲挖掘机工作性能如表 5-28 所示。

表 5-28　正向铲挖掘机工作性能

项　目	WD－50	WD－100	WD－200	WD－300	WD－400	WD－1000
铲斗容量(m^3)	0.5	1.0	2.0	3.0	4.0	10.0
动臂长度(m)	5.5	6.8	9.0	10.5	10.5	13.0
动臂倾角(°)	60.0	60.0	50.0	45.0	45.0	45.0
最大挖掘半径(m)	7.2	9.0	11.6	14.0	14.4	18.9
最大挖掘高度(m)	7.9	9.0	9.5	7.4	10.1	13.6
最大卸土半径(m)	6.5	8.0	10.1	12.7	12.7	16.4
最大卸土高度(m)	5.6	6.8	6.0	6.6	6.3	8.5
最大卸土半径时的卸土高度(m)	3.0	3.7	3.5	4.9		5.8
最大卸土高度时的卸土半径(m)	5.1	7.0	8.7	12.4		15.7
工作循环时间(s)	28.0	25.0	24.0	22.0	23～25	
卸土回转角度(°)	100	120	90	100	100	

(十一)反向铲挖掘机的特点

反向铲挖掘机能用来开挖停机面以下的土料,挖土时由远而近,就地卸土或装车,适用于中小型沟渠开挖、清基、清淤等工作。由于稳定性及铲土能力均比正向铲差,故只用采挖Ⅰ、Ⅱ级土,硬土要先进行预松。反向铲的斗容有0.5 m^3、1.0 m^3、1.6 m^3 等几种,目前最大斗容已超过3 m^3。在沟槽中开挖,在沟端站立倒退开挖,当沟槽较宽时,采用沟侧站立,侧向开挖。

(十二)拉铲挖掘机的特点

拉铲挖掘机的铲斗用钢索控制,利用臂杆回转将铲斗抛至较远距离,回拉牵引索,靠铲斗自重下切铲土装满铲斗,然后回转装土或卸土。由于其挖掘半径、卸土高度较大,最适用于水下土砂及含水量大的土方开挖,在大型渠道、基坑及水下砂卵石开挖中应用广泛。最适用的开挖方式有沟端开挖和沟侧开挖两种。当开挖宽度和卸土半径较小时,用沟端开挖;当开挖宽度大,卸土距离远时,用沟侧开挖。

(十三)多斗挖掘机的特点

多斗挖掘机是有多个铲土斗的挖掘机,它能够连续地挖土,是一种连续工作的挖掘机械,按其工作方式不同,分为链斗式和斗轮式两种。

(1)链斗式挖掘机。最常用的型式是采砂船。它是一种构造简单,生产率高,适用于规模较大的工程,可以挖河滩及水下砂砾的多斗式挖掘机械。采砂船工作性能见表5-29。

图5-29 采砂船工作性能

项目	链斗容量(L)			
	160	200	400	500
理论生产率(m/h)	120	150	250	750
最大挖掘深度(m)	6.5	7.0	12.0	20.0
船身外廓尺寸(长×宽×高)(m)	28.05×8×2.4	31.9×8×2.3	52.2×12.4×3.5	69.9×14×5.1
吃水深度(m)	1.0	1.1	2.0	3.1

(2)斗轮式挖掘机。斗轮式挖掘机的斗轮装在斗轮壁上,在斗轮上装有7~8个铲土斗,当斗轮转动时,下行至拐弯时挖土,上行运土至最高点时,土料靠自重和旋转惯性卸入受料皮带上,转送到运输工具或料堆上。其主要特点是斗轮转速快,作业连续,斗臂倾角可以改变,并作360°回转,生产率高,开挖范围大。

第六章　土石坝的填筑与碾压要求

土石坝的填筑是通过土石料的开采、运输、上坝压实等系列工具来完成的，坝面的填筑，主要包括卸料铺土、平土、洒水、压实、质检等工序。而碾压则是土石坝最关键的一道工序，因为只有通过压实，才能使松散合格的土坝土石料达到设计干容重的要求，成为密实的坝体，使土料的力学、渗透性指标等达到设计要求，从而起到防渗、挡水的作用。

土是松散颗粒的集合体，其自身的稳定性主要取决于土料的内摩擦力和黏结力。而土料的内摩擦角、凝聚力和抗渗性都与土的密实性有关，密实性越大，物理力学性能就越好。例如干表观密度为 1.4 t/m^3 的砂壤土，压实后若提高到 1.7 t/m^3，其抗压强度可提高 4 倍，渗透系数将降至原来的 1/2 000。由于土料的压实，可使坝坡加陡，减少工程量，加快施工进度。

土料压实效果与土料的性质、颗粒组成与级配、含水量以及压实功能有关。黏性土与非黏性土的压实有显著的差别。一般黏性土黏结力较大，摩擦力较小，具有较大的压缩性，但由于它的透水性小，排水困难，压缩过程慢，所以很难达到固结压实。而非黏性土料正好相反，它的黏结力小，摩擦力大，具有较小的压缩性，但由于它的透水性大，排水容易，压缩过程快，所以能很快达到密实。

土料颗粒大小与组成也影响压实效果。颗粒越细，空隙比就越大，就越不容易压实。所以，黏性土压实干表观密度低于非黏性土压实干表观密度，颗粒不均匀的砂砾料比颗粒均匀的砂砾料达到的干表观密度要大一些。

含水量是影响黏土压实效果的重要原因之一。当压实功能一定时，黏土的干表观密度随含水量的增大而增大，并达到最大值，此时含水量为最优，大于此含水量后，干表观密度会减小，因此时土料逐渐饱和，外力被土料内自由水抵消。非黏性土料的透水性大，排水容易，不存在最优含水量，故含水量不作专门控制。

压实功能的大小，也影响着土料干表观密度的大小。压实功能增大，干表观密度也随之增大，而最优含水量随之减小。说明同一种土料的最优含水量和最大干表观密度随压实功能的改变而变化，这种特性对于含水量过低或过高的土料更为显著。

第一节　土料压实方法与机械选择

压实方法按其作用原理分为碾压、夯击和振动三类。碾压和夯击用于各类土，振动法仅适用于砂性土。根据压实原理，制成各种机械，常用的机械如表 6-1 所示。

一、羊脚碾

羊脚碾是用钢板制成滚筒，表面上镶有钢制的短柱，形似羊脚，如图 6-1 所示，筒端开有小孔，可以加入填料，以调节碾重，羊脚碾工作时，羊脚插入铺土层后，使土料受到挤压及揉搓的联合作用而压实。

表6-1　填筑作业主要施工机械

序号	机械类型		数量	容量	功率*（hP）	性能及用途
1	推土机 CAT	D8N	9	37.5 t	285	D8N 铲容 11.7 m^3，铲宽 4.26 m 高 1.74 m，挖深 0.58 m。用于开采土料、坝面平料、养护道路等
		D9N	3	42 t	370	
		轮式	2	32.7 t	315	
2	挖掘机 HITACHI	EX400（反铲）	2	2.2 m^3	296	臂及铲长 6.37 m，最大挖距 12 m，挖深 7.89 m。用于开挖、平料、削坡等
		EX1100（反铲）	4	5.1 m^3	630	最大挖距 13.78 m，挖深 7.88 m。用于开挖、装料、削坡等
		EX1800（正铲）	3	10.3 m^3		最大挖距 13.4 m，挖深 5.92 m，挖高 14.55 m。用于装料
3	装载机	CAT988F	3	5.9 m^3	400	铲斗举高 3.69 m，用于装料；铲斗举高 6.26 m，用于装料，蛙夯区运料、刨毛等
		CAT992D	2	10.7 m^3	735	
		CAT436B	1		77	
4	自卸汽车	Perlini DP366	14	19 m^3/载重 36 t	450	车长 8.3 m，宽 3.81 m，高 3.92 m，车轮直径 1.4 m。用于运输坝料
		Perlini DP755	51	29 m^3/载重 65 t	720	车长 9.75 m，宽 4.65 m，高 4.53 m，车轮直径 2.1 m。用于运输坝料
5	光面振动碾	Ingersoll—Rand SD 170D	9	碾重 17 t	202	频率 18.3～30.4 Hz，最高离心力 315.8 kN，最大振幅 1.65 mm，鼓直径 1.6 m。用于碾压堆石、粗粒料及修路
	凸块振动碾	Ingersoll—Rand SD 170F	6	碾重 17 t	203	频率 18.3～30.4 Hz，最高离心力 315.8 kN，最大振幅 1.65 mm，鼓直径 1.58 m。用于碾压防渗土料
6	洒水车	IVECO	3	20 m^3	370	用于坝面洒水、路面洒水等
		TEREX	2	30 m^3		
7	维修车（润滑油及机油）	IVECO-135E18	2		177	维修、加油等
8	流动维修车	IVECO-135E18	2		177	现场维修
9	加油车	IVECO-380E37H	2	20 m^3	370	流动加油

注：功率：马力改法定单位为 1 hP＝735.5 W。

羊脚碾碾压黏性土的效果很好,但不适于碾压非黏性土。

羊脚碾的滚筒表面设有交错排列的柱体,形似羊脚,碾压时,羊脚插入土料内部,使羊脚底部土料受到正压力,羊脚四周侧面土料受到挤压力,碾筒转动时土料受到羊脚的揉搓力,从而使土料层均匀受压。羊脚碾压实层厚,层间结合好,压实度高,压实质量好,但仅适用于黏土。非黏性土压实中,由于土颗粒产生竖向及侧向移动,效果不好。羊脚碾压实原理如图 6-2 所示。

图 6-1　羊脚辗外形

1—羊脚;2—加载孔;3—辗滚筒;4—杠辕框架

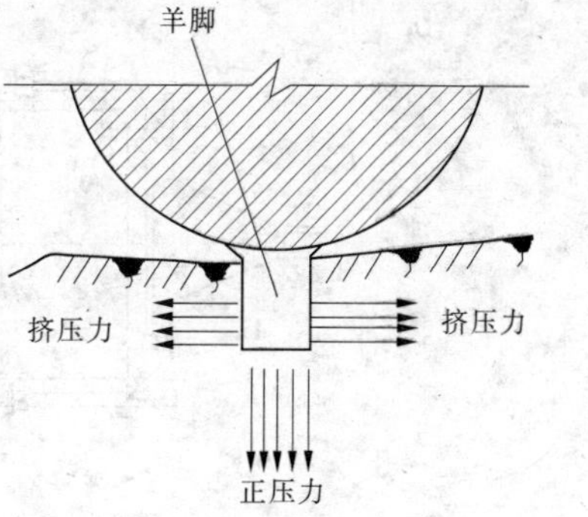

图 6-2　羊脚碾压实原理

羊脚碾压实中,一种是逐圈压实,即先沿填土一侧开始,逐圈错距以螺旋形开行,逐渐移动进行压实,机械始终前进开行,生产率高,适用于宽阔的工作面,并可多台羊脚碾同时工作,但拐弯处及错距交叉处产生重压和漏压。另一种方式为进退错距压实,即沿直线前进后退压实,反复行驶,达到要求后错距,重复进行。后一种方式压实质量好,遍数好控制,但后退操作不便,用于狭窄工作面。压实遍数可按下式计算:

$$N = KS/(MF) \tag{6-1}$$

式中　S——碾筒表面面积,cm^2;

F——羊脚的端面积,cm^2;

M——羊脚的数量;

K——碾压时羊脚在土料表面分布的不均匀修正系数,一般取 1.3。

二、平碾及肋条碾

平碾的滚筒可用钢板卷制而成,滚筒一端有小孔,从小孔中可加入铁粒等,以增加其重量。平碾的滚筒也可用石料或混凝土制成。一般平碾的重量(包括填料重)为 5 ~ 12 t,沿滚筒宽度的单宽压力为 200 ~ 500 N/cm,铺土厚度一般不超过 20 ~ 25 m,如图 6-3(a)所示。

肋条碾可就地用钢筋混凝土制作,它与平碾的不同之处在于作用在土层上的单位压力比平碾大,压实效果较好,可减少土层的光面现象,如图 6-3(b)所示。

三、气胎碾

气胎碾是利用充气轮胎作为碾子,由拖拉机牵引的一种碾压机械。这种碾子是一种柔性碾,碾压时碾和土料共同变形,其原理如图 6-4 所示。胎面与土层表面的接触压力与碾重关系不大,增加碾重(可达几十吨至上百吨),可以增加与土层的接触面积,从而增大压实影

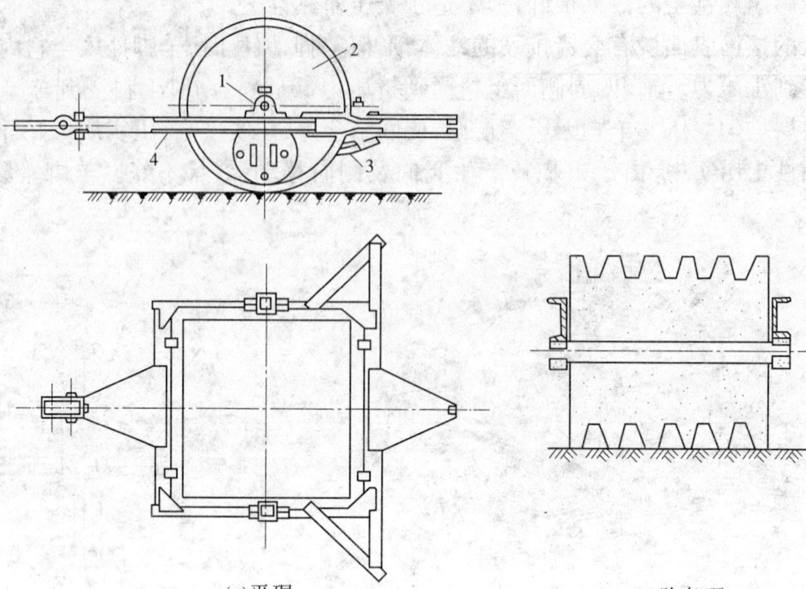

(a)平碾　　(b)肋条碾

图 6-3　平碾及肋条碾

1—滚筒轴;2—滚筒;3—刮刀;4—框架

响深度,提高生产率,它既适用于黏性土的压实,也可以压实砂土、砂砾石、黏土与非黏土的结合等。其与羊脚碾联合作业效果更佳,如用气胎碾压实、羊脚碾收面,有利于上下层结合;用羊脚碾压实、气胎碾收面,有利于防雨。

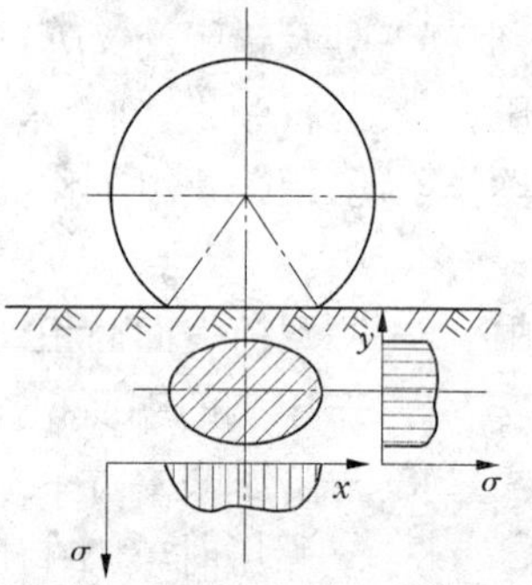

图 6-4　气胎碾压实原理

四、振动碾

振动碾是一种具有静压和振动双重功能的复合型压实机械,常见的类型是振动平碾,也有振动变形(表面设凸块肋形、羊脚等)碾。它是由振动柴油机带动碾滚内的偏心轴旋转,通过连接碾面的隔板,将振动力传至碾滚表面,然后以压力波的形式传到土内部。非黏性土的颗粒比较粗,在这种小振幅、高频率的振动力作用下,摩擦力大大减小,由于颗粒不均匀,惯性力大小不同而产生相对位移,细颗粒滑入粗颗粒空隙而使空隙体积减小,从而使土料达到密实。振动碾的构造如图 6-5 所示。

由于振动力的作用,土中的应力可以提高 4 ~5 倍,压实层厚达 1 m 以上,有的高达2 m,生产率很高。振动碾可以有效地压实堆石体、砂砾石和砾质土,也能压实黏性土,是土坝砂壳、堆石坝碾压必不可少的工具,应用非常广泛。

五、夯实机械

夯实机械是一种利用冲击能来击实土料的机械,有强夯机、挖掘机夯板等,用于夯实砂砾料,也可用于黏性土,适于在碾压机械难以施工的部位压实土料。

(一)强夯机

强夯机是一种发展很快的强力夯实机械,它是由高架起重机和铸铁块或钢筋混凝土块做成的夯砣组成的。夯砣的重量一般为 10 ~40 t。由起重机提升 10 ~40 m 高后自由下落,冲击土层,影响深度达 4 ~5 m,压实效果很好,生产率高,用于杂土填方、软基及水下地层。

(二)挖掘机夯板

挖掘机夯板是一种由起重机或正向铲挖掘机改造而成的夯实机械。如图 6-6 所示,夯板一般做成圆形或方形,面积约 1 m^2,重量为 1 ~2 t,提升高度为 3 ~4 m。其主要优点是压实功能大,生产率高,有利于雨季、冬季施工。当石块直径大于 50 cm 时,工效大大降低,压实黏性土料时,表面容易发生剪切破坏,目前看有逐渐被振动碾取代之势。

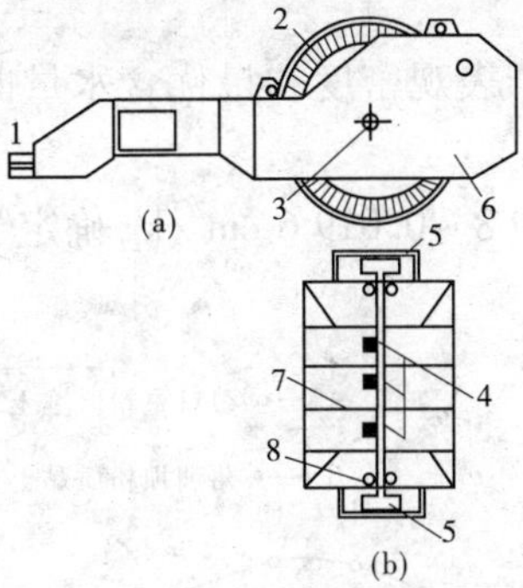

图 6-5 振动碾构造示意图

1—牵引挂钩;2—碾滚;3—轴;
4—偏心块;5—轮;6—车架侧壁;
7—隔板;8—弹簧悬架

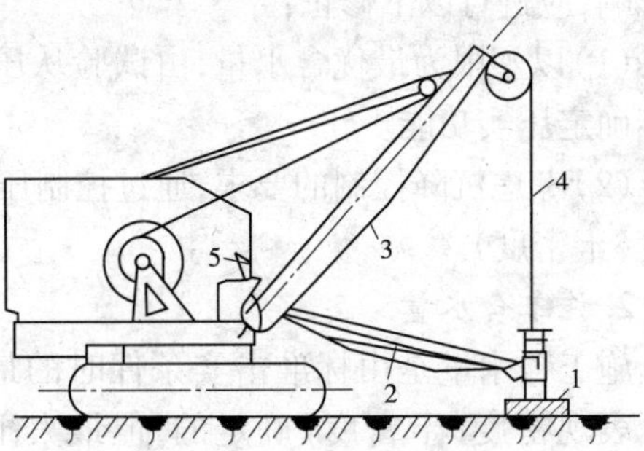

图 6-6 挖掘机夯板示意图

1—夯板;2—控制方向杆;3—支杆;
4—起重索;5—定位杆

第二节 压实参数的选择与现场碾压试验

坝面的铺土压实,除了根据土料的性质正确选择压实机具以外,还应合理地确定黏性土壤的含水量、铺土厚度、碾压遍数等各项参数,以便满足设计要求,达到坝体的要求密度,而消耗的压实功能又最少。由于影响土石料压实的因素很复杂,目前还不能通过理论计算或由实验室确定各项压实参数,故为了符合现场施工的需要,宜通过现场压实试验进行选择。而且现场压实试验应在坝体填筑前,土料、石料和压实机具已确定的情况下进行。

一、压实标准

土石坝的压实标准是根据设计要求通过试验提出来的,对于黏性土,在施工现场是以干容重作为压实标准来控制填方的质量,对于非黏性土则以相对密度来控制。由于在施工现场用相对密度来控制不方便,往往将相对密度换算成干容重作为施工现场控制质量的标准。毫无疑问,土料压实越好,其物理力学性能越好,坝体质量就越有保证。但对土料过分压实,不仅提高了费用,还会造成剪力破坏。因此,应确定合理的压实标准,最好由实验室试验与现场试验的结果及理论计算结果来确定。

(一)黏性土料

黏性土料的压实标准,主要是以压实干表观密度和施工含水量这两个指标来控制的。

1. 压实干表观密度

用击实仪做击实试验来确定。我国目前采用的击实仪为28击(89.75 t·m/m³)作为标准压实功能,得出一般不少于25~30组最大干表观密度的平均值$\gamma_{d\max}$(t/m³)作为依据,从而确定设计干表观密度(γ_d):

$$\gamma_d = m \cdot \gamma_{d\max} \tag{6-2}$$

式中 m——施工条件系数,一般1、2级坝及高坝采用0.97~0.99,中低坝采用0.95~0.97。

此法对于大多数黏性土料是合理的、适用的,但是土料的塑限、黏粒含量不同,对压实都有影响,应进行以下修正:

(1)以塑限为最优含水量,由试验从压实功能与最大干表观密度和最优含水量曲线上初步确定压实功能。

(2)考虑沉降控制的要求,通过控制压缩系数α=0.009 8~0.019 6 cm²/kg确定干表观密度(干密度)。

2. 施工含水量

施工含水量是由标准击实条件时的最大干表观密度(干密度)确定的,但最大干密度对应的最优含水量是一个点值,而实际的天然含水量总是在一个范围内变动。为适应施工的要求,必须围绕最优含水量规定一个范围,即含水量的上下限。在击实曲线上以设计干密度作为水平线,与曲线相交的两点就是施工含水量的控制范围。如图6-7所示。

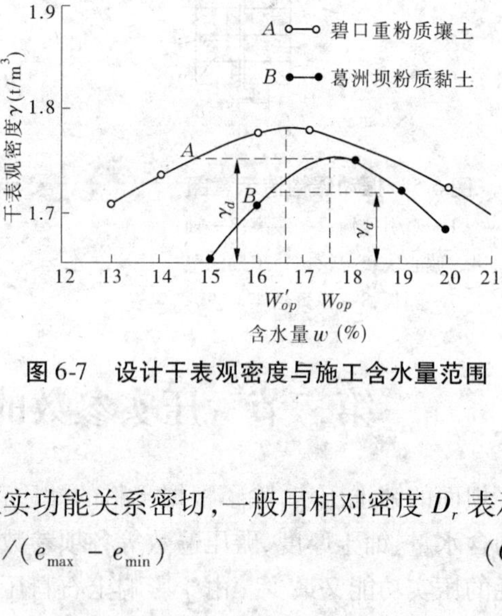

图6-7 设计干表观密度与施工含水量范围

(二)砂土及砂砾石

砂土及砂砾石的压实程度与颗粒级配及压实功能关系密切,一般用相对密度D_r表示:

$$D_r = (e_{\max} - e)/(e_{\max} - e_{\min}) \tag{6-3}$$

式中 $e_{\max}$——砂石料的最大孔隙比;

$e_{\min}$——砂石料的最小孔隙比;

e——设计孔隙比。

在施工现场,当使用相对密度不方便时,可换算成相应的干密度γ_d,即:

$$\gamma_d = \gamma_{\max} \cdot \gamma_{\min} / [\gamma_{\max} - D_r(\gamma_{\max} - \gamma_{\min})] \tag{6-4}$$

式中 $\gamma_{\max}$——砂石料最大干密度,t/m³;

$\gamma_{\min}$——砂石料最小干密度,t/m³。

在工程中,1级建筑物可取D_r=0.7~0.75,2级建筑物可取D_r=0.65~0.7。

(三)石渣及堆石体

石渣及堆石体作为大坝的填筑料,压实指标一般用空隙率表示。根据国内外的经验,碾压堆石坝体压实后空隙率应小于32%,为了防止过大的沉陷,一般规定为22%~28%,上游堆石区标准为 21% ~25%。

二、碾压试验

现场的碾压试验是土石坝施工中的一项技术措施，通过压实试验核实坝料设计填筑指标的合理性，作为选择压实机械类型和施工参数的依据。

土料的压实试验，是根据已选定的压实机械来确定铺土厚度、压实遍数及相应的含水量，选择有代表的土石料，各料场如有差异，应分别试验。

试验组合方法一般采用淘汰法，也叫逐步收敛法。此法每次变动一种参数，固定其他参数，通过试验求出该参数的适宜值，依此类推，待各项参数选定后，用选定参数进行复核试验。这种方法的优点是效果相同时试验总数较少。

(一)试验场地的选择

要求试验场地平坦、坚实、开阔、靠近水源，有水电附属设施，也可在建筑物附近或在建筑物的不重要部位。用试验土料先在地基上铺筑一层，压实到设计标准，将这一层作为基层，然后在上面进行碾压试验。

(二)场地的布置及试验成果分析

(1)土料压实试验场地布置：一般布置成 60 m×6 m 的条带形，然后将此条带等分为 4 段，每段长 15 m，各段含水量依次为 w_1、w_2、w_3、w_4，其误差不超过 1%，再将每段沿长边等分为 4 块，段内各块规定碾压遍数依次为 n_1、n_2、n_3、n_4，如图 6-8 所示。

碾压试验的含水量：

$$w_1 = w_P - 4\% \quad w_2 = w_P - 2\%$$

$$w_3 = w_P \quad w_4 = w_P + 2\%$$

式中，w_P 为土的塑性下限。

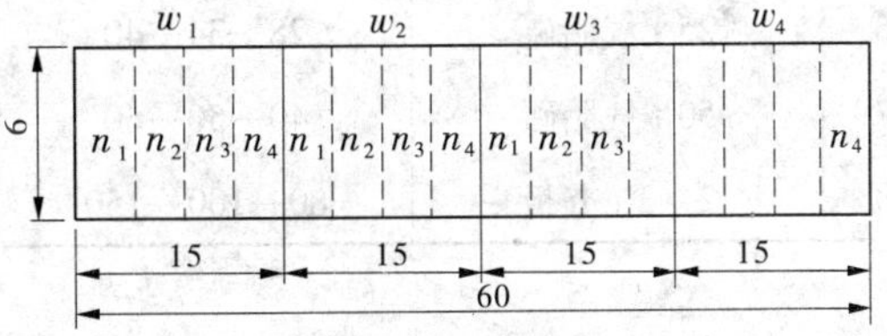

图 6-8 土料压实试验场地布置示意图 (单位:m)

(2)砾石土、风化砾石土、砂及砂砾场地不小于 4 m×8 m，卵漂石、堆石料场地不小于 6 m×10 m。由于碾压时产生侧向挤压，因此试验区的两侧应各留出一个碾宽，试验区的两端各留出 4 ~5 m(黏土)或 8 ~10 m(堆石料)作为非试验面，以满足停车和错车的要求。一般一场试验可完成十几或几十个组合试验。如堆石料压实试验场地布置如图 6-9 所示。淘汰法每场只变动一种参数，一般一场试验布置 4 个组合试验。试验的压实遍数和铺土厚度可参考表 6-2 使用。按不同遍数压实(n)、不同铺土厚度(h)和不同含水量(w)进行压实、取样。每一个组合取样数量为：黏土、砂砾石 10 ~15 个，砂及砂砾 6 ~8 个，堆石料不少于 3 个，分别测定干密度、含水量和颗粒级配，可作出不同铺土厚度时的压实遍数、干密度与含水量关系曲线，见图 6-10。根据上述关系曲线，再作 h、n、γ_{max}、w_{op} 关系曲线，如图 6-11 所示。在图 6-11 上，根据设计干密度 γ_d 分别查出不同铺土厚度所需的碾压遍数 a、b、c 及相应的最优含水量 d、e、f，然后计算出压实遍数与铺土厚度的比值，即 a/h_1、b/h_2 和 c/h_3，取最小者，因单位铺土厚度的压实遍数最少，需要压实功能最小，最经济合理。确定了合理的压实参数后，将选定的含水量控制范围与天然含水量比较，看是否便于施工控制，否则适当改变含水量或其他参数再进行试验。

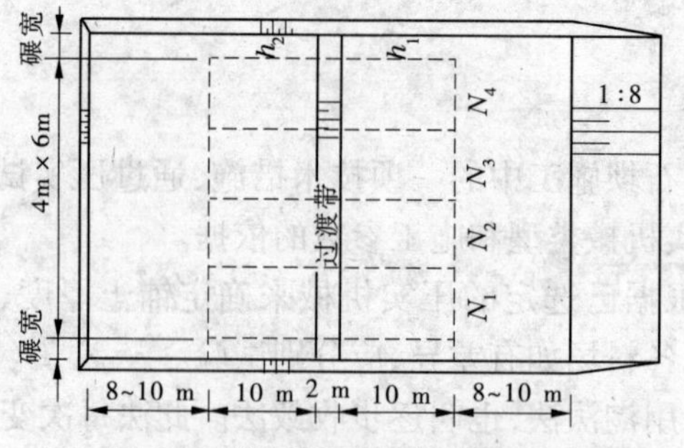

图 6-9　堆石料压实试验场地布置

表 6-2　试验的压实遍数和铺土厚度

序号	压实机械名称	铺松土厚度 h (cm)	碾压遍数 n	
			黏性土	非黏性土
1	80 型履带拖拉机	10—13—16	6—8—10—12	4—5—8—10
2	10 t 平碾	16—20—24	4—6—8—10	2—4—6—8
3	5 t 双联羊脚碾	19—23—27	8—11—14—18	
4	30 t 双联羊脚碾	50—58—65	4—6—8—10	
5	13.5 t 振动平碾	50—75—100—150		2—4—6—8
6	25 t 气胎碾	28—34—40	4—6—8—10	2—4—6—8
7	50 t 气胎碾	40—50—60	4—6—8—10	2—4—6—8
8	2~3 t 夯板	80—100—150	2—4—6	2—3—4

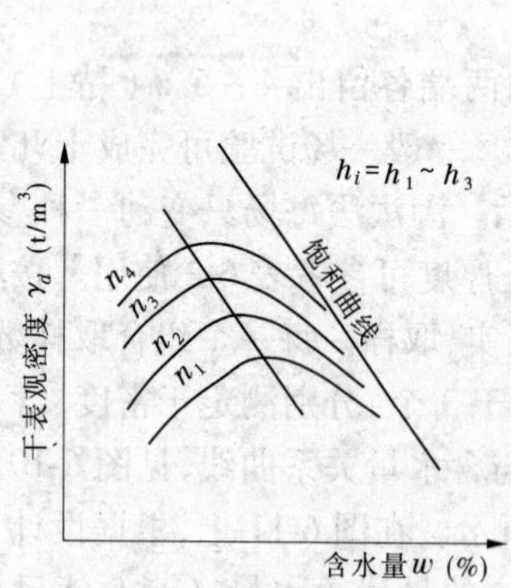

图 6-10　铺土厚度、压实遍数与干密度、含水量关系曲线

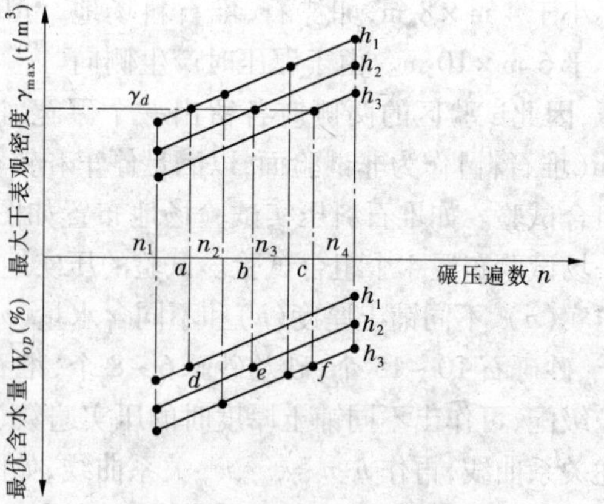

图 6-11　铺土厚度、压实遍数与最大干密度、最优含水量关系曲线

对于非黏性土料的压实试验，也可用上述类似的方法进行。但因含水量的影响较小，可以不作考虑。根据试验成果，按其选定经济压实厚度和压实遍数后，应首先核对是否满足压实标准的含水量要求。有时对同一种土料采用两种压实工具、两种压实遍数是最经济合理的。

(三)碾压试验实例

以下以盘石头水库大坝材料碾压试验为例。

1. 试验场地

碾压试验的场地设于双塔寺附近的淇河河滩上。平整后的场地面积为 $50\times100=5\ 000(m^2)$,试验场地分7个区,实际填筑面积为 $40\times75=3\ 000(m^2)$,从上游面至下游面依次为:混凝土边墙区0.8 m×50 m,垫层料区3 m×50 m,过渡料区4 m×50 m,灰岩主堆石区10 m×50 m,页岩次堆石区10 m×50 m,灰岩次堆石区8 m×50 m,砂卵石区7 m×50 m。大坝筑坝材料碾压试验场地平面图见图6-12,试验剖面图见图6-13。

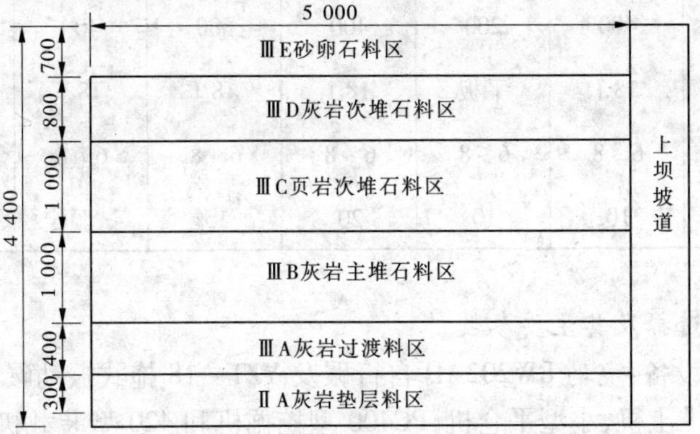

图6-12 大坝筑坝材料碾压试验场地平面图 (单位:cm)

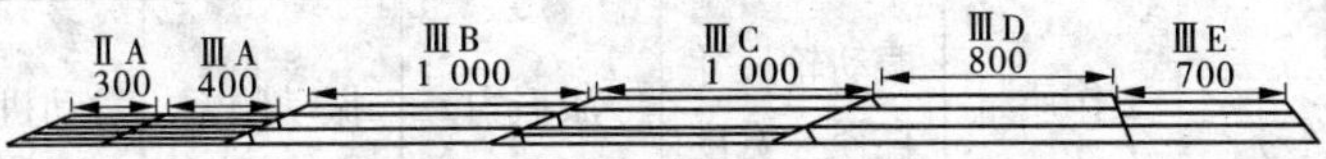

图6-13 大坝筑坝材料碾压试验剖面图 (单位:cm)

2. 试验目的

试验目的是复核大坝设计填筑指标,确定大坝压实参数。

3. 大坝设计指标及坝料的特性指标

灰岩垫层料:最大粒径80 mm,小于5 mm含量35%~50%,小于0.075 mm含量小于6%。$D_{50}=5\sim13$ mm连续级配料。

灰岩过渡料:最大粒径300 mm,小于5 mm含量小于20%,小于0.075 mm含量小于5%。$D_{50}=50\sim110$ mm连续级配料。

灰岩主堆石料:最大粒径600 mm,小于5 mm含量小于15%,小于0.075 mm含量小于5%。$D_{50}=50\sim110$ mm连续级配料。

页岩次堆石料:最大粒径400 mm,小于0.075 mm含量小于10%。保证施工时自由排水,无严格级配要求。

灰岩次堆石料:最大粒径600 mm,小于0.075 mm含量小于5%。无严格级配要求。

4. 大坝设计填筑指标

大坝设计填筑指标如表6-3所示。

表 6-3 坝体填料主要设计指标

项目	单位	垫层料	小区料	过渡料	灰岩主堆石料	页岩次堆石料	灰岩次堆石料	砂卵石
设计干容重	t/m^3	2.25	2.25	2.20	2.15	2.15	2.10	2.20
孔隙率	%	17.9	17.9	19.7	21.5	21.8	23.4	19.7
比重		2.74	2.74	2.74	2.74	2.75	2.74	2.74
渗透系数	cm/s	1×10^{-3}	1×10^{-3} ~ 1×10^{-4}	1×10^{-2}	1×10^{-1}		1×10^{-1}	74×10^{-2}
填筑厚度	mm	400	200	400	800	400	800	800
型号		18 t	平板	18 t	18 t	18 t	18 t	18 t
碾压遍数	遍	6 ~ 8	6 ~ 8	6 ~ 8	6 ~ 8	6 ~ 8	6 ~ 8	6 ~ 8
加水量	%	10	10	20	15	试验定	15	15

5. 碾压设备的选择及其主要参数

试验所选择的设备:宝马 BW202AD 自行碾及 YZT－18 拖式振动碾。推挖装设备:卡特 D8R 推土机,T140 推土机,小型平仓机,PC400 型挖掘机和 420 型装载机。运输设备为大拖拉 18.5 t 自卸汽车。碾压设备主要技术参数如表 6-4 所示。

表 6-4 碾压设备主要技术参数

设备名称	型号	工作质量(t)	振动轮尺寸 直径×宽度(mm)	激振力(kN)	振动频率(Hz)	发动机功率(kW)	牵引功率(kW)
拖式振动碾	YZT－18	18	1 200×2 300	365	32	135	103
自行碾	BW202AD	10.5	800×2 100	180	30	70	—

6. 试验层次及施工参数组合

试验层次及施工参数组合见表 6-5。

7. 试验程序

试验场地经过平整碾压后测量放线,划分各种填料区域即开始。每一场次的试验施工过程为:测量放线→埋设基础面观测钢板观测→铺料→洒水→埋设表面观测钢板观测→碾压→检验测试。

1)铺料

垫层料、过渡料采用后退法铺料,自卸车行走在已压实的下一层面上,这样可有效防止粗料分离,其余填料采用进占法铺料,即自卸车行走在经推土机平好的本层填料上,卸料及平料时石料有自然分离现象,大块石滚落至本层底部,小块石及细粒部分填充于大块石间,部分留在本层上部,故表面较平整。

表 6-5　六种料区的铺料厚度、加水量、碾压机械组合情况

填料区	试验层次	料源	铺料厚度（cm）	加水量（%）	碾压机械
灰岩垫层料	第一层	砂石料系统	40	10	BW202AD 10.5 t 自行碾
	第二层		40	5	
	第三层		40	自然含水	
	复核层		40	10	
灰岩过渡料	第一层	花尖脑料场	40	10	BW202AD 10.5 t 自行碾
	第二层		40	自然含水	
	第三层	溢洪道料场	40	20	
	复核层		40	10	
灰岩主堆石料	第一层	花尖脑料场	80	自然含水	YZT－18 18 t 拖式碾
	第二层		80	15	
	复核层	溢洪道料场	80	15	
页岩次堆石料	第一层	存料场导流洞挖料	40	自然含水	YZT－18 18 t 拖式碾
	第二层		80	10	
	第三层		60	10	
	复核层		80	10	
灰岩次堆石料	第一层	花尖脑料场	80	自然含水	YZT－18 18 t 拖式碾
	第二层		120	15	
	复核层	溢洪道料场	80	15	
砂卵石	第一层	大坝坝基	80	自然含水	YZT－18 18 t 拖式碾
	第二层		80	10	
	复核层		80	10	

2）洒水

对于灰岩过渡料、灰岩主堆石料、灰岩及页岩次堆石料、砂卵石料，在铺料平整完成后，即在其表面均匀洒水，洒水量按填料体积的百分数计，由 3 只水表计量。对于灰岩垫层料，因为含细粒多，渗透性弱，如果在坝上碾压前洒水，水不易渗入中、下部，而表面会因积水过多形成“弹簧土”，导致无法进行碾压作业。因此，必须使灰岩垫层料在上坝前具有合适的含水量。为此，先测定其自然含水量，然后根据试验要求在堆料场按拟定含水量均匀洒水，调料 2～3 d 后供试验使用。

3）碾压

自行碾和振动碾均采用前进、后退全振错距法碾压，前进、后退一个来回按两遍计，碾宜重叠 20 cm，碾压行走速度控制在 2 km/h 左右。

4）高程观测

用全站仪对填料基础面、表面埋设的钢板高程进行观测，测出填料松铺后，静碾后，振动碾压 2 遍、4 遍、6 遍、8 遍、10 遍、12 遍后的压缩沉降量，进而计算压缩沉降率。

5）检查测试

碾压试验测试项目次数如表 6-6 所示。

表 6-6 碾压试验测试项目次数

料区	试验场次	填筑方量(m^3)	密度试验次数	筛分试验次数	渗透试验次数
基础面	—	—	5	5	—
灰岩垫层料	4	288	30	32	4
灰岩过渡料	4	384	24	25	—
灰岩主堆石料	3	1 440	12	13	—
页岩次堆石料	4	1 560	19	1	—
灰岩次堆石料	3	1 344	12	12	—
砂卵石料	3	1 008	12	12	—
合计	21	6 024	114	100	4

(1)密度试验、筛分试验。用试坑灌水法在填料振动碾压 2 遍、4 遍、6 遍、8 遍、10 遍、12 遍后检测干密度和颗粒级配。密度试验采用套环直径及塑料薄膜厚如表 6-7 所示。

表 6-7 密度试验采用套环直径及塑料薄膜厚 (单位:mm)

料区	灰岩垫层料	灰岩过渡料	灰岩主堆石料	页岩次堆石料	灰岩次堆石料	砂卵石料
套环直径	500	1 000	1 800	1 000	1 800	1 000
塑料薄膜厚	仿丝绸台布(极薄)	0.08 ~ 0.12	0.08 ~ 0.12	0.08 ~ 0.12	0.08 ~ 0.12	0.08

灌水法密度试验:在选定的层面上放置钢制套环,套环要放稳放平,整个操作过程中不能移动,将隔水塑料薄膜放入环内灌入清水,当水从套环一边开始溢出时停止灌水,并记下灌入的水量 V_1 和溢水位置,取出塑料膜开始挖取试坑,分次称量湿试料质量 m。试坑挖好后,将塑料膜铺于试坑内,灌入清水,分次称量灌入的水量,直到水面溢出位置与套环灌水时相同,停止灌水,计算灌水总量 V_2,则试坑湿密度 $\rho = m/(V_2 - V_1)$。

(2)含水量测定。根据填料不同,将湿试样现场筛分至 10 mm 或 5 mm,按$D \leqslant 10$ mm,$D \geqslant 10$ mm 或$D \leqslant 5$ mm 分别取样,分别测定各自含水量,按级配加权平均,计算出试坑料的平均含水量。

(3)在过渡料和灰岩料复核层试验时,针对 0.12 mm、0.08 mm 两种塑料薄膜对干密度测值的影响进行比较试验,试验表明在试坑直径 1 000 cm 时用 0.12 mm 厚薄膜测得的干密度值比用 0.08 mm 厚薄膜测得的干密度值大 0.02 g/cm^3。

筛分试验:级配筛分试验与密度试验同时进行。从试坑中挖出的石料大于 800 mm 的颗粒用尺量计其粒径,小于 800 mm 的用大筛筛分至 10 mm 或 5 mm(视填料性质和含水量而定),小于 10 mm 或 5 mm 的细颗粒,经四分法取样进行室内筛分,最终计算级配组成。

(4)现场渗透试验。垫层料现场渗透试样使用的渗透环为单环,环刀直径 500 mm、高 300 mm,带供水筒、溢流管、水位管。将环刀嵌入试体 30 ~ 50mm,用湿黏土将环刀下口内外两侧密封,防止水流向环刀口外。加水后测记渗透速度,当渗透稳定后,在一小时内测记渗入量 5 ~ 6 次,计算平均渗透系数。

8. 碾压试验成果分析

(1)各种坝料碾压试验成果汇总如图 6-14 ~ 图 6-19 和表 6-8 ~ 表 6-13 所示。

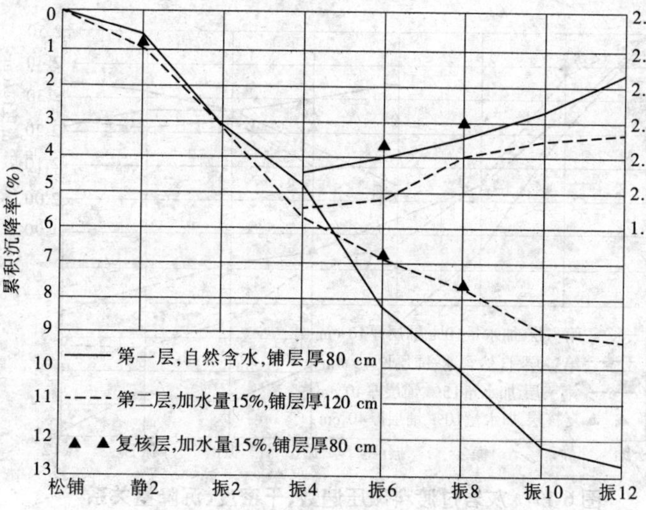

图 6-14　灰岩次堆石料碾压遍数、干密度、沉降量关系

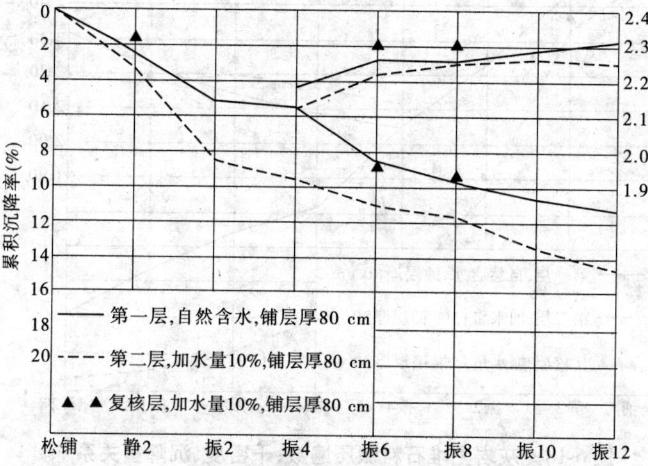

图 6-15　砂卵岩料碾压遍数、干密度、沉降量关系

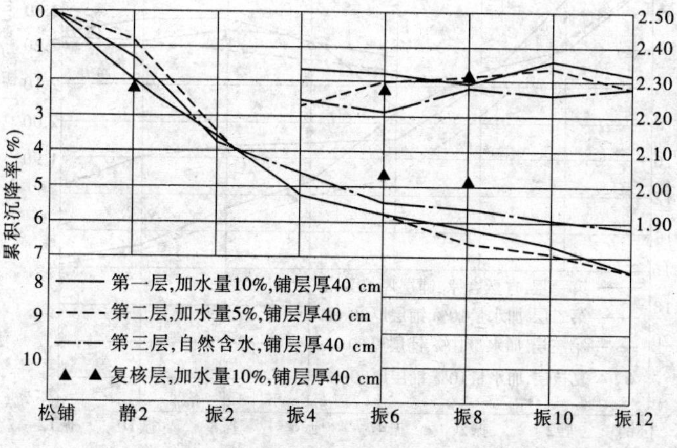

图 6-16　灰岩垫层料碾压遍数、干密度、沉降量关系

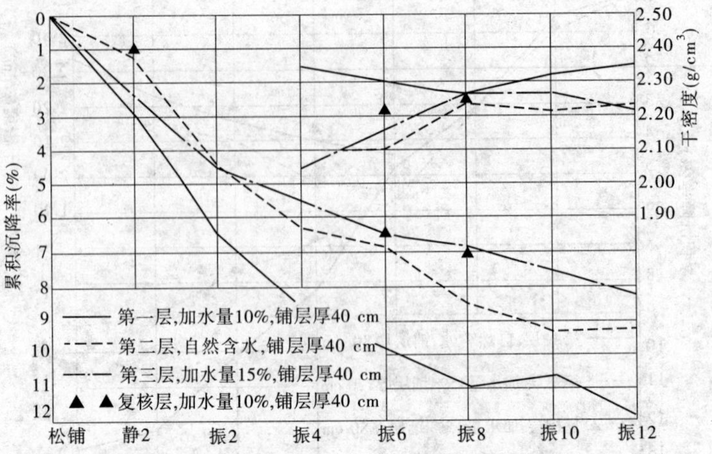

图6-17　灰岩过渡料碾压遍数、干密度、沉降量关系

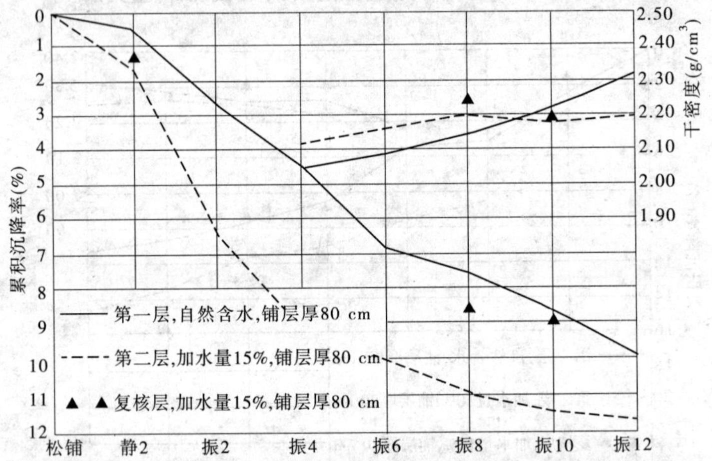

图6-18　灰岩主堆石料碾压遍数、干密度、沉降量关系

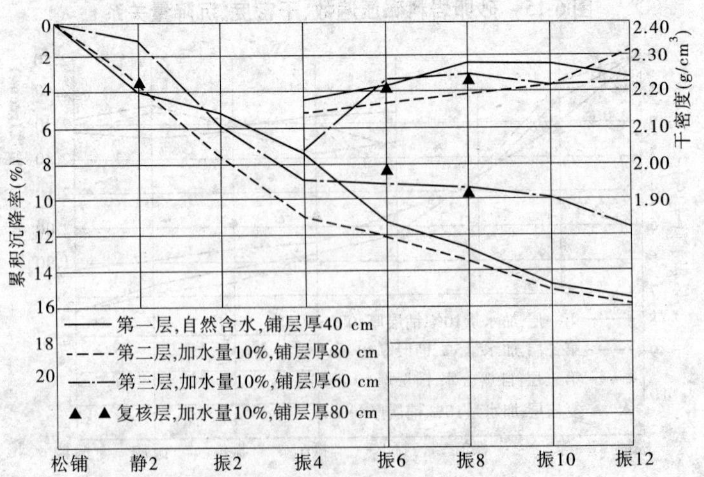

图6-19　页岩次堆石料碾压遍数、干密度、沉降量关系

表 6-8　灰岩次堆石料碾压试验成果汇总

试验层次	试验日期（年·月·日）	设计干密度（g/cm^3）	铺盖厚度（cm）	加水量（%）	碾压机械	碾压遍数	实测含水量（%）	实测干密度（g/cm^3）	孔隙率（%）	沉降量（mm）	沉降率（%）
第一层	2001.11.3	2.10	松铺 76.9 静压 76.4 压实 67.3	0	YZT－18	静 2	—	—	—	5	0.7
						振 2	—	—	—	24	3.1
						振 4	0.9	2.02	26.3	38	5.0
						振 6	0.8	2.15	21.5	64	8.4
						振 8	1.0	2.16	21.2	77	10.1
						振 10	1.0	2.18	20.4	93	12.2
						振 12	0.8	2.27	17.2	97	12.7
第二层	2001.11.10	2.10	松铺 144.8 静压 143.4 压实 131.3	15	YZT－18	静 2	—	—	—	16	1.0
						振 2	—	—	—	57	3.1
						振 4	2.2	1.94	29.2	84	5.9
						振 6	1.8	1.97	28.1	100	7.0
						振 8	1.4	2.09	23.7	112	7.8
						振 10	1.8	2.12	22.6	130	9.1
						振 12	1.7	2.15	21.5	134	9.3
复核层	2001.11.20	2.10	松铺 81.4 静压 80.8 压实 77.6	15	YZT－18	静 2	—	—	—	6	0.7
						振 2	—	—	—	—	—
						振 4	—	—	—	—	—
						振 6	2.0	2.13	22.3	56	6.9
						振 8	2.9	2.20	19.7	63	7.8
						振 10	—	—	—	—	—
						振 12	—	—	—	—	—

表 6-9　砂卵石料碾压试验成果汇总

试验层次	试验日期（年·月·日）	设计干密度（g/cm^3）	铺盖厚度（cm）	加水量（%）	碾压机械	碾压遍数	实测含水量（%）	实测干密度（g/cm^3）	孔隙率（%）	沉降量（mm）	沉降率（%）
						静 2	—	—	—	16	2.1
						振 2	—	—	—	40	5.1
			松铺 79.3			振 4	4.5	2.19	20.1	43	5.5
第一层	2001.11.13	2.20	静压 77.7	自然含水	YZT－18	振 6	4.3	2.26	17.5	65	8.4
			压实 71.6			振 8	3.8	2.26	17.5	73	9.4
						振 10	4.8	2.29	16.4	81	10.4
						振 12	4.3	2.31	15.7	85	10.9
						静 2	—	—	—	21	3.3
						振 2	—	—	—	53	8.3
			松铺 65.7			振 4	6.1	2.11	23.0	61	9.6
第二层	2001.11.16	2.20	静压 63.6	10	YZT－18	振 6	5.7	2.21	19.3	70	11.0
			压实 56.7			振 8	5.8	2.25	17.9	74	11.6
						振 10	5.8	2.27	17.2	85	13.4
						振 12	5.6	2.25	17.9	91	14.3
						静 2	—	—	—	15	1.9
						振 2	—	—	—	—	—
			松铺 80.8			振 4	—	—	—	—	—
复核层	2001.11.21	2.20	静压 79.3	10	YZT－18	振 6	6.3	2.30	16.1	68	8.6
			压实 76.1			振 8	6.1	2.29	16.4	72	9.1
						振 10	—	—	—	—	—
						振 12	—	—	—	—	—

表 6-10　灰岩垫层料碾压试验成果汇总

试验层次	试验日期（年·月·日）	设计干密度（g/cm^3）	铺盖厚度（cm）	加水量（%）	碾压机械	碾压遍数	实测含水量（%）	实测干密度（g/cm^3）	孔隙率（%）	沉降量（mm）	沉降率（%）	渗透系数（cm/s）
第一层	2001.10.27	2.25	松铺 45.6 静压 45.2 压实 42.3	加水＋自然含水＝10%（体积比）	BW202AD	静 2	—	—	—	4	0.9	—
						振 2	—	—	—	16	3.5	—
						振 4	5.1	2.33	15.0	23	5.1	—
						振 6	4.1	2.32	15.3	26	5.8	—
						振 8	4.1	2.30	16.1	30	6.6	—
						振 10	4.7	2.36	13.9	31	6.9	—
						振 12	4.4	2.31	15.7	33	7.3	—
第二层	2001.10.29	2.25	松铺 40.4 静压 39.6 压实 37.1	加水＋自然含水＝5%（体积比）	BW202AD	静 2	—	—	—	8	2.0	—
						振 2	—	—	—	14	3.5	—
						振 4	2.6	2.23	18.6	20	5.1	—
						振 6	3.1	2.30	16.1	23	5.8	—
						振 8	3.0	2.31	15.7	24	6.1	—
						振 10	3.0	2.34	14.6	26	6.6	—
						振 12	3.1	2.29	16.4	29	7.3	8.2×10^{-4}
第三层	2001.11.2	2.25	松铺 39.8 静压 39.3 压实 37.4	自然含水	BW202AD	静 2	—	—	—	5	1.3	—
						振 2	—	—	—	15	3.8	—
						振 4	2.4	2.24	18.2	18	4.6	—
						振 6	2.6	2.21	19.3	21	5.3	—
						振 8	2.5	2.28	16.8	22	5.6	—
						振 10	2.5	2.27	17.2	23	5.9	—
						振 12	2.6	2.29	16.4	24	6.1	1.2×10^{-3}
复核层	2001.11.18	2.25	松铺 46.3 静压 45.3 压实 43.2	加水＋自然含水＝10%（体积比）	BW202AD	静 2	—	—	—	10	2.2	—
						振 6	4.8	2.29	16.4	21	4.6	1.1×10^{-3}
						振 8	5.4	2.31	15.7	22	4.9	9.6×10^{-4}

表 6-11　灰岩过渡料碾压试验成果汇总

试验层次	试验日期（年·月·日）	设计干密度（g/cm^3）	铺盖厚度（cm）	加水量（%）	碾压机械	碾压遍数	实测含水量（%）	实测干密度（g/cm^3）	孔隙率（%）	沉降量（mm）	沉降率（%）	渗透系数（cm/s）
第一层	2001.10.16	2.20	松铺 35.4 静压 34.5 压实 31.3	10（体积比）	BW202AD	静 2	—	—	—	10	2.9	—
						振 2	—	—	—	22	6.4	—
						振 4	3.5	2.34	14.6	30	8.7	—
						振 6	3.4	2.30	16.1	34	9.9	—
						振 8	2.5	2.27	17.2	38	11.0	—
						振 10	2.8	2.31	15.7	37	10.7	—
						振 12	3.4	2.34	14.6	41	11.9	—
第二层	2001.10.20	2.20	松铺 43.9 静压 43.4 压实 40.0	自然含水	BW202AD	静 2	—	—	—	5	1.2	—
						振 2	—	—	—	19	4.4	—
						振 4	1.0	2.10	23.4	27	6.2	—
						振 6	1.3	2.10	23.4	30	6.9	—
						振 8	0.8	2.23	18.6	37	8.5	—
						振 10	0.7	2.21	19.3	40	9.2	—
						振 12	1.1	2.22	19.0	40	9.2	8.2×10^{-4}
第三层	2001.10.31	2.20	松铺 46.0 静压 44.9 压实 42.3	15	BW202AD	静 2	—	—	—	11	2.4	—
						振 2	—	—	—	20	4.5	—
						振 4	1.6	2.04	25.5	25	5.6	—
						振 6	1.8	2.15	21.5	29	6.5	—
						振 8	1.4	2.27	17.2	31	6.9	—
						振 10	2.4	2.26	17.5	34	7.6	—
						振 12	2.2	2.21	19.3	37	8.2	1.2×10^{-3}
复核层	2001.11.15	2.20	松铺 49.0 静压 48.5 压实 45.1	10	BW202AD	静 2	—	—	—	5	1.0	—
						振 6	2.0	2.21	19.3	31	6.4	1.1×10^{-3}
						振 8	2.8	2.26	17.5	34	7.0	9.6×10^{-4}

表 6-12　灰岩主堆石料碾压试验成果汇总

试验层次	试验日期（年·月·日）	设计干密度（g/cm^3）	铺盖厚度（cm）	加水量（%）	碾压机械	碾压遍数	实测含水量（%）	实测干密度（g/cm^3）	孔隙率（%）	沉降量（mm）	沉降率（%）
第一层	2001.10.20	2.15	松铺 70.9 静压 70.6 压实 63.3	0	YZT－18	静 2	—	—	—	3	0.4
						振 2	—	—	—	20	2.8
						振 4	0.9	2.04	25.5	32	4.5
						振 6	0.8	2.09	23.7	48	6.8
						振 8	0.9	2.14	21.9	53	7.5
						振 10	0.7	2.21	19.3	60	8.5
						振 12	1.5	2.31	15.7	70	9.9
第二层	2001.11.7	2.15	松铺 92.8 静压 91.2 压实 80.4	15	YZT－18	静 2	—	—	—	16	1.8
						振 2	—	—	—	57	6.3
						振 4	1.0	2.11	23.0	83	9.1
						振 6	1.3	2.16	21.2	90	9.9
						振 8	0.8	2.20	19.7	99	10.9
						振 10	0.7	2.19	20.1	104	11.4
						振 12	1.1	2.20	19.7	108	11.8
复核层	2001.11.21	2.15	松铺 84.7 静压 83.6 压实 76.2	15	YZT－18	静 2	—	—	—	11	1.3
						振 2	—	—	—	—	—
						振 4	—	—	—	—	—
						振 6	—	—	—	—	—
						振 8	2.7	2.25	17.9	72	8.6
						振 10	4.5	2.20	19.7	74	8.9
						振 12	—	—	—	—	—

表 6-13　页岩次堆石料碾压试验成果汇总

试验层次	试验日期（年·月·日）	设计干密度（g/cm³）	铺盖厚度（cm）	加水量（%）	碾压机械	碾压遍数	实测含水量（%）	实测干密度（g/cm³）	孔隙率（%）	沉降量（mm）	沉降率（%）
						静 2	—	—	—	17	4.0
						振 2	—	—	—	22	5.2
			松铺 43.7			振 4	3.8	2.18	20.7	31	7.4
第一层	2001.10.22	2.15	静压 42.0	自然含水	YZT－18	振 6	4.1	2.21	19.6	39	9.3
			压实 37.2			振 8	3.7	2.28	17.1	52	12.4
						振 10	3.7	2.28	17.1	61	14.5
						振 12	4.4	2.24	18.5	65	15.5
						静 2	—	—	—	25	3.3
						振 2	—	—	—	56	7.3
			松铺 79.5			振 4	4.5	2.15	21.8	81	10.5
第二层	2001.10.26	2.15	静压 76.9	10	YZT－18	振 6	5.1	2.18	20.7	92	12.0
			压实 67.2			振 8	5.6	2.20	20.0	103	13.4
						振 10	5.3	2.23	18.9	114	14.8
						振 12	4.8	2.33	15.3	122	15.9
						静 2	—	—	—	9	1.2
						振 2	—	—	—	44	5.9
			松铺 75.4			振 4	2.9	2.04	25.8	65	8.7
第三层	2001.11.7	2.15	静压 74.6	10	YZT－18	振 6	4.1	2.24	18.5	67	9.0
			压实 66.9			振 8	3.7	2.26	17.8	69	9.2
						振 10	2.8	2.23	19.3	74	9.9
						振 12	2.6	2.23	18.9	86	11.5
			松铺 77.6			静 2	—	—	—	26	3.5
复核层	2001.11.18	2.15	静压 75.0	10	YZT－18	振 6	4.0	2.21	19.6	62	8.3
			压实 69.9			振 8	4.9	2.23	18.9	71	9.5

(2)根据碾压试验成果汇总表及曲线,大坝填筑施工采用以下压实指标和碾压参数,作为质量控制的依据,见表6-14。

表6-14　大坝填筑施工参数

填料名称	干密度(g/cm^3)	孔隙率(%)	铺料厚度(cm)	碾压机械(t)	加水量(%)	碾压遍数	说明
灰岩垫层料	2.25	17.9	40	10.5	—	6	上坝前含水率5%~8%
灰岩过渡料	2.20	19.7	40	10.5	10~15	8	
灰岩主堆石料	2.15	21.5	80	18	10	8	
页岩次堆石料	2.15	21.8	80	18	15	6	
灰岩次堆石料	2.10	23.4	80	18	10	6	
砂卵石料	2.20	19.7	80	18			

三、夯板夯实的试验要求

(1)夯板试验时使用的夯板是加筋的混凝土板,它的规格如表6-15所示。

表6-15　加筋混凝土板规格要求

夯板重量(kg)	夯板底面尺寸(cm)	夯板底面面积(cm^2)	夯板作用于土壤单位面积上的静压力(kg/cm^2)
2.28	100×100	10.0	0.228
3.36	110×120	14.4	0.223

(2)基本原则,确定以下几项:①夯板在一个地点的最优下落高度;②夯板的最优下落高度;③最优夯实厚度;④夯实土壤的最优含水量。

(3)场地的要求:长度为20 m,宽为6 m,地面平坦、坚硬、宽阔。

(4)取样检查。检查土料的夯实程度时,从填土的表面开始,每隔20 cm深检查一次,为此在每个夯实段上都开挖了一条壕沟式的试坑,试坑的深度等于填土的高度。在每一点上都取两个土样(环刀法)。根据所得的试验结果绘制如图6-20所示的土料密度(干密度)随夯板落高而变化的关系曲线,及土料干密度的变化与夯板夯打次数的关系和用重2.28 t的夯板夯打时的干密度沿深度的分布情况如图6-21及图6-22所示。

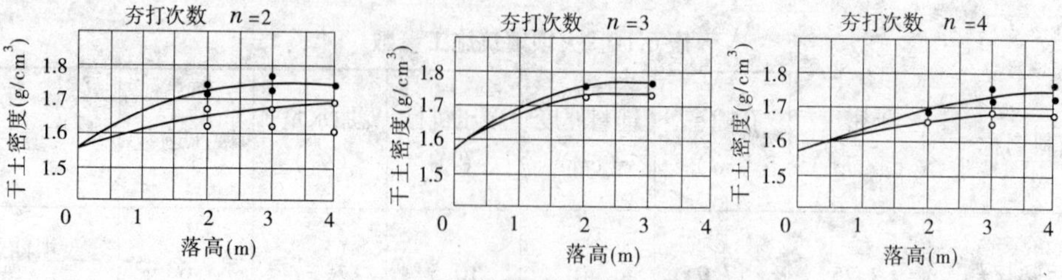

(a)使用重2.28 t的夯板时

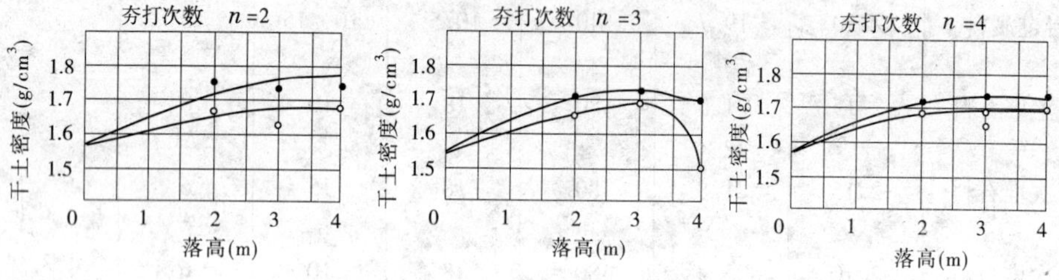

(b)使用重3.36 t的夯板时

图6-20　土料密度的变化与夯板落高的关系

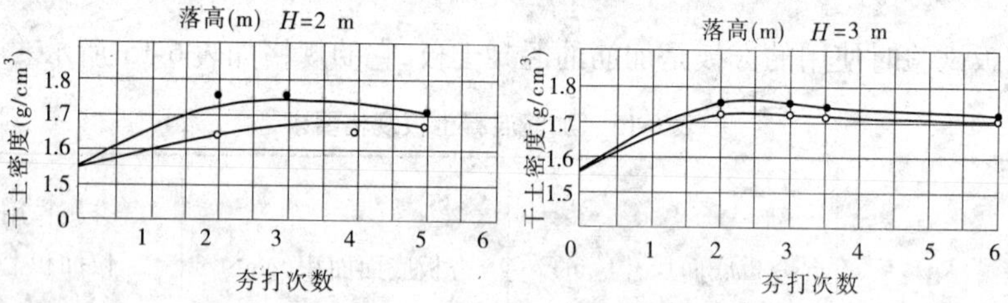

(a)使用重2.28 t的夯板时

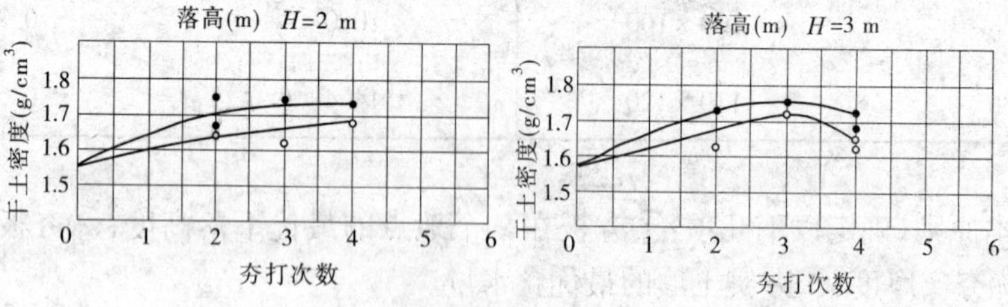

(b)使用重3.36 t的夯板时

图6-21　土料密度的变化与夯板夯打次数的关系

(5)对所绘制的曲线进行分析,可得出如下结论:①填土层的厚度从干密度状态来看,可以采取等于60 cm;②土料在夯打前的含水量应为15%~18%;③为了保证土壤的设计密度(干密度1.7~1.75 g/cm^3)当落高为3 m时,夯打次数应为3次。

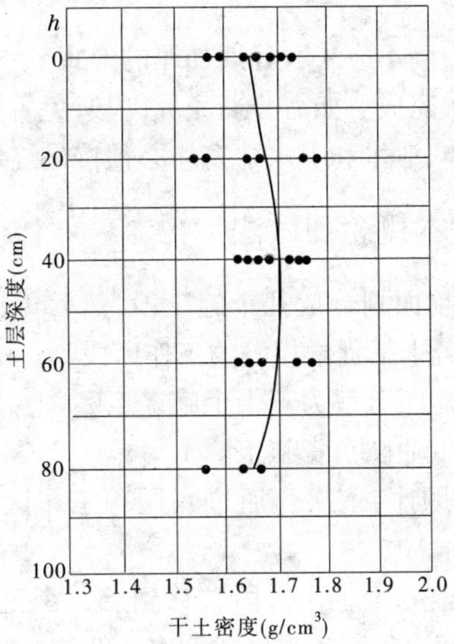

图 6-22　用重 2.28 t 夯板夯打时土料干密度沿深度的分布情况

第三节　土石坝体填筑与压实的要求

坝体填筑应在清基完成以后从最低洼处开始,尽快填出一个平整的坝面,然后将坝面划分成几个区段,进行流水作业施工。坝体是分层进行填筑的,土料运到坝面以后,经过铺土、平土、压实等工作,完成一个填筑层施工,所以坝面与各施工段可按此三个工序组织平行流水作业。因坝面作业包括铺土、平土、洒水或晾晒(控制含水量)、土料压实、修整边坡、修筑反滤层和排水体及护坡、质量检查等工序,且由于工作面狭窄,工种多,工序多,机具多,如施工组织不当,将产生干扰,造成窝工,延误施工进度,所以一般多采用流水作业法组织坝面施工。

一、分期施工的要点

(1)土石坝分期施工临时断面的填筑高程,应根据各时段的拦洪标准和蓄水要求确定。临时断面的分期划分应根据坝型、坝基地形地质条件、防渗排水设施的布置、总体施工进度,导流与度汛,枢纽建筑物的开挖料利用等具体情况拟定。

(2)分期施工时,临时断面上游坝面防护应与拦洪蓄水条件相适应,下游坝面应视分期施工间断时间的长短,做好坝面排水防护设施或设临时护坡。

(3)对龙口段和先期填筑段的施工应符合下列规定:

①均质坝和厚心墙坝,应核算合龙段的施工期稳定性。

②先填筑坝段的横向坝坡,土料填筑不宜陡于 1:3,砂砾石料不宜陡于 1:1.5,堆石料不宜陡于 1:1.3。

③对土质防渗体的高坝,应验算分期填筑坝体的不均匀沉降,进行发生裂缝的可能性分析,同时根据计算结果和工程类比确定分期填筑坝段的最大高差。

④龙口段两侧先期施工的坝体横向坡脚应采取防护措施,但在坝体合龙前必须将临时

防护设施全部清除。

(4)土质心墙、斜心墙和斜墙不应采取分期加厚的形式。

(5)清基、削坡工作宜一次完成。如需分期完成,应避免后期施工对前期施工的影响。

(6)对分期兴建的坝、坝体、泄水和引水建筑均必须按最终规模进行设计。

二、平行流水作业的基本概念和做法

(1)根据施工工序数目将坝面划分成几个施工段,然后再根据某一段的坝面面积及坝体填筑的强度,将坝面划分成若干工程量相等的工作区段。

(2)按工作区段数将整个施工分解为若干个施工工序。

(3)每一工序都由相应的专业队负责施工。

(4)各专业队按施工工艺顺序,依次先后进入同一工作区段,分别完成各自的施工任务。

(5)每一专业队连续地从前一个工作区段转移到后一个工作区段,重复进行同样的施工内容,所谓平行是指同一时间内每一工作区段均有专业施工队在施工,流水是指每一工作区段按施工工艺顺序依次进行施工。其结果是各专业区工作专业化,有利于工人技术的熟练与提高,在施工过程中保持了人、地、机具等施工资源充分利用,避免了施工干扰和窝工。各施工段面积的大小取决于各施工期土料上坝强度。

对于某控制高程的坝面,流水施工区段 m 可按下式计算:

$$m = W_{坝} / W_H \tag{6-5}$$

式中 $W_{坝}$——某施工时段坝面工作面积,m^2,可按设计图纸,由施工高程确定;

W_H——每个流水班次的铺土面积,m^2,$W_H = Q_{运}/h$;

$Q_{运}$——每个段面的运土方量,m^3;

h——铺土厚度,m。

对坝面流水作业的实施要求:

设流水工序数为 m',当划分的工作区段数 m 等于 m'时,表明流水作业是在人、机、地三不闲的情况下正常施工;当 $m > m'$时,表明流水作业是在"地闲",机、人不闲的情况下进行施工;当 $m < m'$时,表明流水作业不能正常进行。出现第三种情况是坝体升高,工作面减小,所划分的流水工序过多所致。解决的方法:①增大 m 值,可采用缩小流水单位时间的办法;②合并一些工序,以减小 m'值,使 $m = m'$。三个工作面的流水作业如图 6-23 所示。

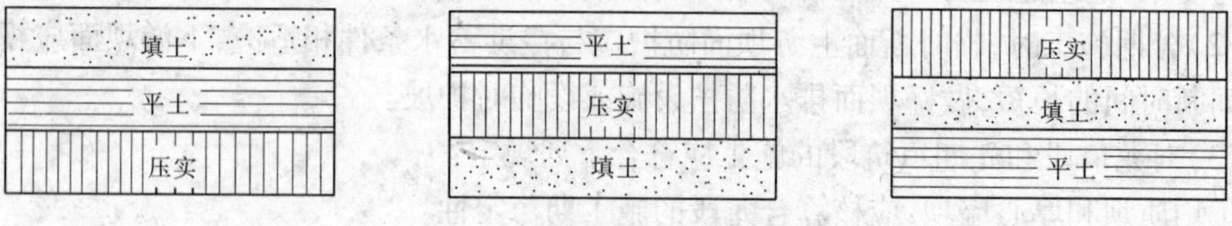

图 6-23 坝面流水作业示意图

三、坝面填筑施工

(一)铺土

铺土一般应沿坝轴线向上、下游方向一致延伸,土料必须铺填均匀和及时,并严格控制铺土厚度,误差应小于层厚的10%。超径不合格的土块应打碎,石块应剔除。防渗体土料应采用进占法卸料。汽车在进入防渗体填筑区铺土时,宜采用进占法倒退铺土,如图6-24所示。汽车在铺筑的松土上行驶,穿越的防渗体路口段经常变换,每隔40~60 m宜设专用道口,以免汽车因穿越反滤层将反滤料带入防渗体内,造成土料反滤料边线混淆而影响坝体质量。

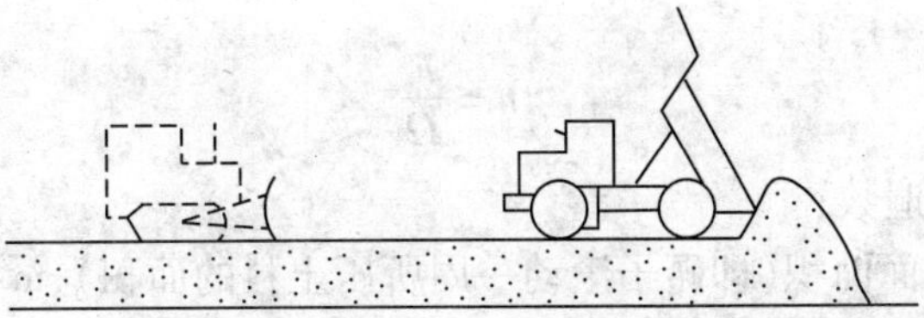

图6-24　汽车进占法卸料示意图

由于土料在压实时,其上下游边坡是处在无侧限情况,难以将边坡附近坝体压实,甚至在碾压机械作用下产生裂缝(当预留厚度不足时),为保证设计断面,在上下游边坡铺土时,应预留一定的富裕宽度,根据碾压机具的类型而确定,一般为0.5~1.2 m。防渗体分段碾压时相邻两段交接带应搭接碾压,垂直于碾压方向搭接宽度不小于0.3~0.5 m,顺碾方向的搭接宽度为1~1.5 m。

(二)平土

平土应按设计厚度分层进行平整。铺土的厚度应根据碾压工具在现场进行碾压试验来确定,以碾压后达到设计干容重标准。对于自卸汽车或皮带机上坝,由于卸料集中,多采用堆土机或平土机平土。一般可插钎检查,厚度合乎设计要求才准压实。为利于施工期间的雨水排泄,通常塑性心墙坝或塑性斜墙坝铺筑面(见图6-25)应向上游倾斜1%~2%的坡度;对于均质坝,可铺成中部凸起向上、下游倾斜1%~2%的坡度,在铺填的土层上不应有波浪形的表面或凹凸不平之处,以免雨后积水而影响施工。

(三)压实

压实必须按设计的厚度及压实参数进行碾压,使用拖拉机带各种类型的滚碾进行碾压时,碾压机具的开行方向必须平行坝轴线,碾压方法多采用进退错距法(见图6-26)。碾压遍数应严格控制,一般为避免漏压,在碾压带两侧先往复压够遍数后,再进行错距碾压。多压或过分重压,也会使土体发生剪切破坏,同样影响坝体的质量。碾压中注意控制拖拉机行驶速度不超过5 km/h(相当于三挡行车速度)。对于已发生剪切破坏的土体,如“橡皮土”

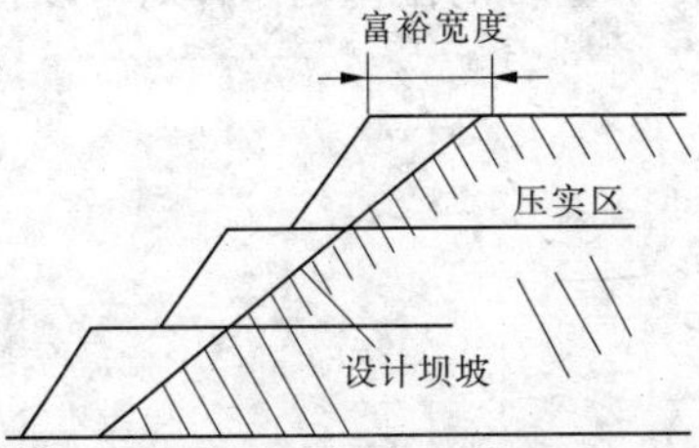

图6-25　边坡预留富裕宽度示意图

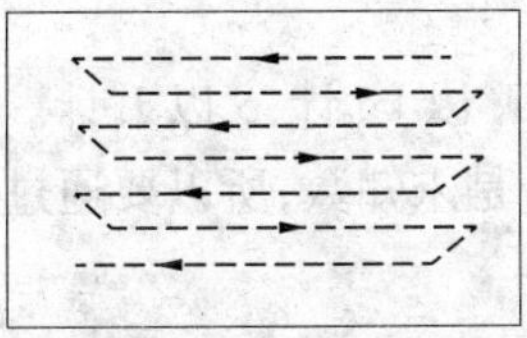

图6-26　进退错距法

都应清除,重新用好土回填压实。分段碾压时,顺碾压方向的搭接长度应不小于 0.3 ~ 0.5 m。对于坝面的边缘地带、与岸坡接合的部位及与混凝土结合的区域,应采用夯实机具仔细夯实。

(四)平足碾碾压遍数的确定

碾子的碾压遍数可自碾子滚压一周所压土料的面积被碾子上羊足的总支承面积除所得的商求得,即:

$$n = \frac{F}{\Omega} \tag{6-6}$$

式中 n——碾子碾压遍数;

F——碾子展开面面积(即碾子滚动一周所压土料的面积),m^2;

Ω——碾子上羊足的总支承面积,m^2。

(五)含水量的控制

当黏性土含水量偏低或偏高时,须进行洒水和晾晒。洒水或晾晒工作主要在料场内进行。如必须在坝面加水,为使水分能尽快地分布到填筑土层的填筑厚度内,可在铺土时洒 1/3 的水量,其余 2/3 待铺好后再洒。洒水后应停歇一段时间,使水分能尽快地分布均匀,再进行碾压。

在实际工作中,土壤的人工润湿,或是在采土场进行或是直接在坝上进行。由于多种原因,在采土场预先使土壤润湿的方法常是人们最乐于采用的,其中基本的原因,一是土体中水分的分布比较均匀,二是土壤的挖掘比较容易。

在采土场湿润可用两种方法来进行,一种方法是将采土场地用水盖淹起来,另一种方法是经由井孔直接将水压入或注入土层中。当采土场中存在着垂直的大孔隙时,第一种方法可以得到良好的结果。在这种情况下,先在采土场上铲除植物层,将土面弄平,勿使倾斜,并在四周堆起小围墙(20 ~ 25 cm),然后用 20 ~ 40 cm 高的水层将这块地面淹盖。此后,水将不断地渗入,一面不断地添水,直至土体吸够必需的水量为止。所加的水量,须按从被淹的地面起直到预计开挖的坑底为止的全部土体来计算。

直接在坝上湿润土壤比较简单,可以用洒水车来湿润或用喷灌机来人工降雨,其半径散开使水很好地喷洒开来,使全部土体中的水分分布更加均匀。

(六)确定最优含水量

首先利用装有测压仪器(气压计或动力测压计)的水压机或螺旋压缩机。在土壤成分不变、结构相同和压实层厚度一致的情况下,最优含水量是保持不变的。土壤的含水量将随气候情况而改变,因此在工地常常需将土壤弄干或润湿,如果使某一定容积的土壤润湿到最优含水量所必需的水量为 S,湿润前土重为 G_1,而最优含水量时的土重为 G_0,则可以按如下公式计算:

$$S = G_0 - G_1 \tag{6-7}$$

式中,G_0 和 G_1 以 kg 计,S 以 L 计。

因为 G_0 是未知数,所以要通过 G_1 来表示它,即:

$$G_0 = \frac{G_1}{1 + w_1}(1 + w_0) \tag{6-8}$$

式中 w_1——土壤原有含水量(%);

w_0——最优含水量(%)。

因
$$G_1 = \rho F h \tag{6-9}$$

式中 ρ——湿土的密度,kg/cm³;

F——润湿层面积,cm²;

h——润湿层厚度,cm。

以 G_1 的值代入式(6-8),则:

$$G_0 = \frac{1 + w_0}{1 + w_1}\rho F h \tag{6-10}$$

将式(6-10)中的 G_0 数值引入式(6-7),采用 $h = 1, F = 1$ 并加以化简,就可以得出:

$$S = \left(\frac{1 + w_0}{1 + w_1} - 1\right)1\ 000\rho \tag{6-11}$$

如果已知土壤中现有的含水量,要确定在最优含水量时,1 m³ 土壤不足或过剩的水量应用式(6-11)是很方便的。

(七)刨毛

对于汽车上坝或压实机具压实后的土料表层形成的光面,必须进行刨毛处理,以确保层间结合良好,一般要求刨毛的深度为 3 ~ 4 cm。中小型工程一般可使用履带式拖拉机或人工刨毛。

砂料或砾料在压实前必须充分洒水,利用渗水压力减小颗粒间的摩擦力,以增强压实效果,并防止碾压时产生拥砂现象。其用水量相当于砂砾石料体积的 15% ~25%,然后用拖拉机低速往返行驶,利用机身振动而达到压实的目的。

四、心、斜墙反滤料的施工

塑性心墙坝或斜墙坝的施工,如何保证土料与反滤料平起,是一个十分重要的问题,常采用的方法有如下几种:

(1)削坡法。先铺土料,然后削坡,再填筑反滤料。为了保证土料边线以内全部压实合格,每填 2 ~3 层土需将超厚部分削掉。此法工序多,干扰大,需用大量劳动力进行削坡,同时土料易与反滤料混杂,难以保证施工质量。

斜墙宜与下游反滤料及部分坝壳平起填筑,也可滞后于坝壳填筑,待坝壳修筑到一定高程或达到设计高程,削坡后经验收合格方可填筑斜墙,避免防渗体因坝体沉陷而裂缝。已筑好的斜墙应立即在上游铺好保护层防止干裂,保护层距填面小于 2 m。

(2)挡板法。即沿设计边线设置钢或木挡板,然后填料,待拆移挡板后再压实填料,以后循环上述工序。此法立模简单,土料与反滤料以及反滤料本身层间层次分明,减少了削坡和土砂混杂的现象,但是架立、拆除、倒运挡板仍需较多的劳力,在狭窄工作面进行的,施工干扰很大。

(3)在心墙施工中,应注意使心墙与砂壳平衡上升。因心墙上升快易干裂,影响质量,砂壳上升太快,则会造成施工困难,因此要求心墙填筑中心保持同上下游反滤料及部分坝壳平起,骑缝碾压。为保证土料与反滤料层次分明,采用土砂平起法施工,根据土料与反滤料填筑先后顺序的不同,又分为先土后砂法和先砂后土法。

先土后砂法是先填压三层土料,再铺一层反滤料与土料齐平,然后对反滤料的土砂边沿部分进行压实，如图6-27(a)所示。由于土料压实时，表面高于反滤料，土料的卸、铺、平、压都是在无侧限的条件下进行的，很容易形成超坡。在采用羊脚碾压实时，要预留 30 ~ 50 cm 松土边，避免土料被羊脚碾插入反滤层内，当连续晴天时，土料上升较快，应注意防止土体干裂。

先砂后土法(见图6-27(b))是先在反滤料的控制边线内，用反滤料堆筑一小堤，为了便于土料收坡，保证反滤料的宽度，每填一层土料，随即用反滤料补齐土料，收坡留下的三角区，进行人工捣实，这样对控制土砂边线有利。由于土料在有侧限下压实，松土边很少，故采用较多。

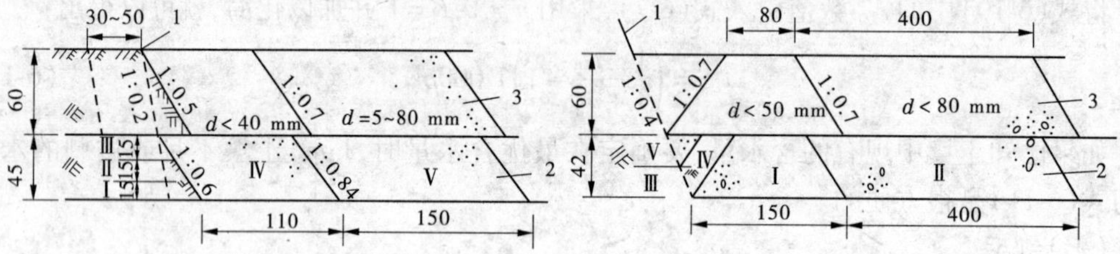

(a)先土后砂法　　(b)先砂后土法

图6-27　土砂平起法施工示意图　(单位:cm)

1—心墙设计线;2—已压实层;3—待压层;Ⅰ、Ⅱ、Ⅲ、Ⅳ、Ⅴ—填料次序

无论采用先土后砂法还是先砂后土法，土料边沿仍会有一定宽度未压实合格，所以需要每填三层土料用夯实机具夯压一次土砂结合部，先夯土料一侧，等合格后再夯反滤料，切忌交替夯实，影响质量。

另一种方法是反滤料与心墙完全平起施工，如图6-28所示，反滤料允许少量伸入心墙或斜墙内，此法最为简单，可优先采用。

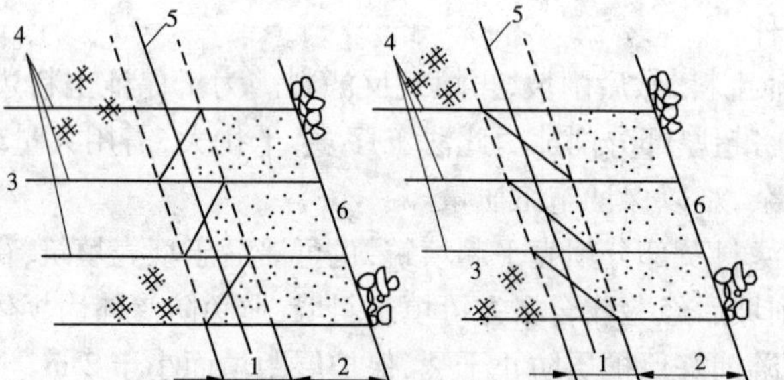

(a)先铺反滤后铺土　　(b)先铺土后铺反滤

图6-28　反滤料与心墙平起施工的另一方法

1—交错带;2—反滤料设计厚度;3—心墙;

4—心墙填筑分层;5—心墙设计边坡;6—坝壳

在塑性心墙坝施工中，应注意使心墙与砂壳平衡上升，因心墙上升太快易干裂，影响质量，砂壳上升太快，则会造成施工困难。

对于塑性斜墙坝施工，则宜待砂壳修到一定高度甚至达到设计高程后，再行填筑斜墙土料，以便使砂壳有较大的沉陷，避免因砂壳沉陷不均匀而造成斜墙裂缝现象。斜墙应留有余量(0.3～0.5 m)，以便削坡，已筑好的斜墙应立即在其上游面铺好保护层防止干裂，保护层应随斜墙增高而增高，其相差高度不大于1～2 m。

四、接缝处理

土石坝的防渗体要与地基、岸坡及周围其他建筑物的边界相接，由于施工导流、施工分期、分段分层填筑等要求，还必须设置纵向的接坡接缝。这些部位的结合是施工中的薄弱环节，质量控制应采取如下措施：

(1)土料与坝基结合面的处理。一般用薄层轻碾的方法施工，不允许用重碾或重型夯，以免破坏基础，造成渗漏。黏性土地基，将表层土含水量调至施工含水量上限范围，用与防渗体土料相同的碾压参数压实，然后刨毛3～5 cm，再铺土压实；非黏性土地基，先洒水压实地基，再铺第一层土料，含水量为施工含水量的上限。采用轻型机械压实岩石地基，先把局部不平的岩石修理平整，清洗干净，然后封闭岩基表面节理、裂隙，岩石面干燥时可适当洒水，边涂刷浓泥浆，边铺土边压实或夯压。填土含水量大于最优含水量1%～3%，用轻型碾压实。填筑2 m以后，方可用重型碾压机械。

(2)土料与岸坡及混凝土建筑物结合面处理要求。填土前，先将结合面的污物冲洗干净，清除松动岩石，然后在结合面上洒水湿润，涂刷一层黏土浆，厚约5 mm，以提高固结强度，防止产生渗透，搭接处采用黏土，小型机具压实。防渗体与岸坡结合带碾压搭接宽度不小于1 m，搭接范围内或边角处，不得使用羊脚碾等重型机械。

(3)当坝体分段分期施工时，坝体内将出现横向和纵向施工缝，接缝面必须认真处理，保证结合良好，防止形成渗水通道和因坝体不均匀沉降导致开裂。对于心墙或斜墙，为了保证防渗要求的整体性，一般不设纵向接缝(即平行于坝轴线的接缝)。对于横向接缝，当两边坝面高差在1 m以上时，其结合坡度不应陡于1:3，并在坡面上加设结合槽，以增加防渗效果，结合槽一般深0.25 m，底宽0.5 m，两侧边坡1:1，其间距约5 m。对于均质坝体，可允许有纵向接缝。当接缝两边坝面高差较小时要求其结合坡度不陡于1:2，坡面可采用斜坡与平台相间的形式，不论何种黏性土料的接缝在填筑新土时，均应将老土面刨毛，适当洒水湿润，使新老土紧密结合，对于非黏性土的纵向接缝，其结合坡度也应不陡于其稳定坡度。

(4)防渗体的铺筑作业应是连续进行的，如因故停工，表面必须洒水湿润，控制含水量。

五、土坝的冬雨季施工的质量控制

(一)土坝冬季施工的要求

当气温降至0 ℃以下时，土料中发生水分迁移，结冰形成硬土层，难以压实。由于体积膨胀，土料间的距离扩大，破坏了土层结构，化冻后的土料变得疏松，降低了施工质量。由于黏土受冻时，水分迁移慢，有一定的抗冻性。而非黏性土，土粒粗，水分迁移快，极易受冻，故规范规定，日平均气温低于0 ℃时，按低温季节施工。冬季一般采取露天施工方式，要求土料压实温度必须在－1 ℃以上。当日最低气温在－10 ℃以下，或虽在0 ℃以下但风速大于10 m/s时，应停工；黏土料的含水量不大于塑限的90%，粒径小于5 mm的细砂砾料含水量应小于4%；填土中严禁带有冰雪、冻块；土、砂、砂砾料与堆石不得加水，防渗体不得受冻。低温施工应采取如下措施：

(1)要求用含冻土不超过20%的融解土壤填筑。

(2)要求土壤含水量接近塑限。

(3)对取土场的要求:

①在冬季需要开挖的取土场,应在负气温来临之前,加以翻耕和耕松。翻耕的深度应达25 cm。

②在头几次降雪时,在翻耕过的地段应借助于木板、芦草、树枝、帆布篷覆盖。

③在冬季开挖取土场之前,应先将冻结土壤疏松,并将其中的主要部分抛弃。

④防冻措施:降低土料含水量或采用含水量低的土料上坝;挖取深层正温土料;加大施工强度,薄层铺筑,增大压实功能;快速施工,争取受冻前压实结束。

⑤保温措施:加覆盖物保温,如塑料布、帆布篷等;设保温冰层,即在土料面上修土埂放水冻冰,将冰层下的水放走,形成冰盖,冰盖下的空气夹层起到保温作用;在土料表面进行翻松等。

(二)土坝雨季施工的要求

雨季施工最主要的问题是土料含水量的变化给施工带来的不利影响。黏土对含水量反应敏感,应避开雨天施工,非黏性土可在小雨时施工,大雨停工。雨季施工应采取以下措施:来雨前用光面碾快速压实松土,防止雨水渗入;铺料时心墙向两侧、斜墙向下游铺成2%的坡度,以利排水;做好坝面防雨保护,如设防雨笼,覆盖苫布、帆布、油布等;做好料场周围的排水系统,控制土料含水量。

六、面板堆石坝施工的质量控制

(一)堆石坝材料的质量要求

根据施工组织设计,查明各料场的储量和质量。如果利用施工中挖方石料,要按料场要求增做试验,1、2级高坝坝料室内试验项目应包括坝料的颗粒级配、相对密度、抗剪强度和压缩模量,垫层料、砂砾料、软岩料的渗透和渗透变形试验。100 m以上的坝,应测定坝料的应力应变参数。

垫层料要求有良好的级配,最大粒径为80~100 mm,小于5 mm的颗粒含量为30%~50%,小于0.075 mm的颗粒含量不宜超过8%,中低坝可适当降低要求。用天然砂砾料作垫层料时,要求级配连续,内部结构稳定,压实面渗透系数为1/1 000~1/10 000 cm/s。寒冷地区垫层的颗粒级配要满足排水要求。

过渡料要求级配连续,最大粒径不宜超过300 mm,可用人工细石料、经筛分加工的天然砂砾料等。压实后的过渡料要压缩性小、抗剪强度高、排水性好。

次、主堆石料可用坝基、溢洪道输水洞、泄洪洞的开挖料或料场开采石料,要求级配良好,最大粒径不应超过压实层厚度,小于5 mm颗粒的含量不宜超过20%,小于0.075 mm颗粒的含量不宜超过5%,在开采前应做专门的爆破试验。

(二)堆石坝的坝体分区

堆石坝坝体应根据石料来源及对坝料的强度、渗透性、压缩性、施工方便和经济合理性等要求进行分区。在岩基上用硬岩堆石料填筑坝体如图6-29所示,依其工作性质将堆石坝填筑体分成三个主要区域:

1区称为防渗补强区,用防渗土料填筑或水下抛填而成,其目的是用不透水料或粉细砂

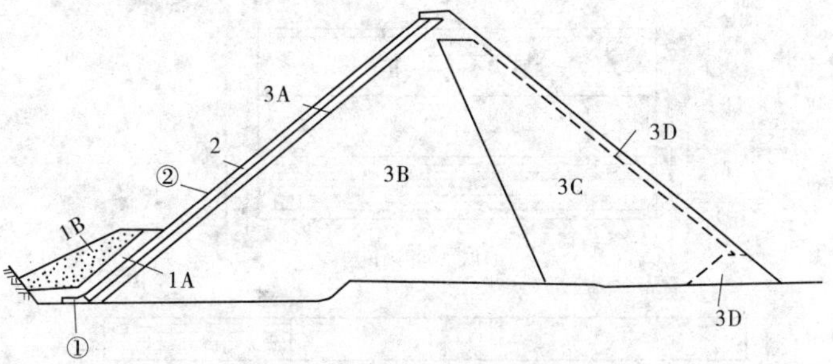

图 6-29　硬岩堆石分区

1A—防渗土料；1B—任意料；2—垫层；3A—过渡区；3B—主堆石区；3C—次堆石区；
3D—大块石护坡及坝趾；①—趾板；②—混凝土面板

去覆盖周边缝及高程较低处的面板，当面板出现裂缝和板间缝，周边缝张开时，这些防渗土料可以起辅助的防渗作用。而松散粒料将随水流进入缝中，并受面板下垫层料的反滤作用而淤堵裂缝，使其自愈而达到防渗性能。于其上再覆盖任意料以防防渗土料失稳。防渗补强区设置的高程通常可达死水位，对于某些坝因其死水位很高，也可以在死水位以下潜水员所能潜水的深度（一般小于 40 m）以下予以填筑。

2 区称为垫层区，该区直接位于面板下游侧，是混凝土面板堆石坝中最重要的部位之一，它既是防渗面板的基础，又是坝体防渗的第二道防线。垫层料一般都需要经过加工。周边缝下常用小区料。

3 区称为堆石区，该区是面板堆石的主体，是承受水荷载的主要支撑体，通过它将水荷载传达到地基中去，它的沉降变形，特别是蠕变变形将直接影响到面板的可靠程度，因此要求本区上游部分要用低压缩性、级配良好的坝料填筑，并要碾压到足够的密实度。下游部分的变形不影响面板变形，材料及压实要求可略低。

为了根据坝体不同的变形性状和充分利用当地材料，3 区又可分为 3A、3B、3C 和 3D 区，各区之间均应满足变形模量递减和水力过渡的原则，3A 区为过渡区，3B 区为主堆石区，3C 区为次堆石区，只起稳定边坡的作用，可用较差材料填筑或规定较低的压实密度。3D 区为大块石组成的下游护坡及下游坝趾。

（三）堆石坝体的填筑工艺要求

1. 堆石坝体填筑的流水作业法

堆石坝体填筑作业包括洒水、铺料、碾压三道主要工序，还有超径石处理、垫层上游坡面整坡、斜坡碾压及防护、下游护坡铺设等项工作。为提高工作效率，避免相互干扰，确保施工安全，坝料填筑作业应采用流水作业法组织施工，即把整个坝面适当地划分工作面，形成若干个面积大致相等的填筑块，在填筑块内依次完成填筑的各道工序，使各工作面上所有工序能够连续进行，如图 6-30 所示。工作面的划分应根据坝面面积大小、坝体分区、分段条件，并随坝的填筑高程来划分，各工作面之间应插上小旗或画线作为标志，并保持平起上升，避免出现高差，否则容易混乱，形成超压或漏压等事故。

2. 坝料铺筑要点

堆石坝料由自卸汽车运至坝面填筑区以后，采用推土机摊铺平整。铺填方法主要有进占法、后退法和混合法三种方式，如图 6-31 所示。

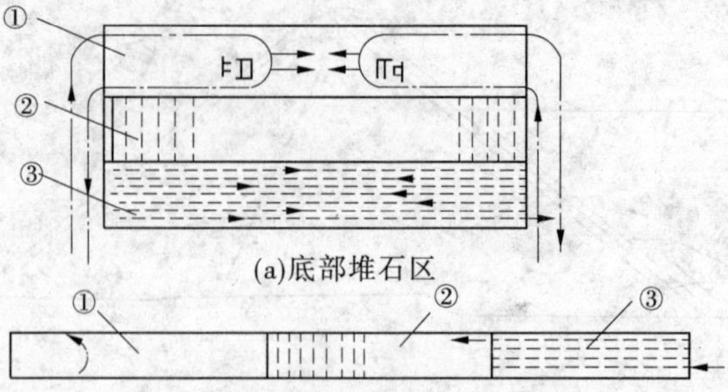

(a)底部堆石区

(b)顶部堆石区

图 6-30　坝体填筑分块示意图

①—铺料区;②—洒水区;③—碾压区

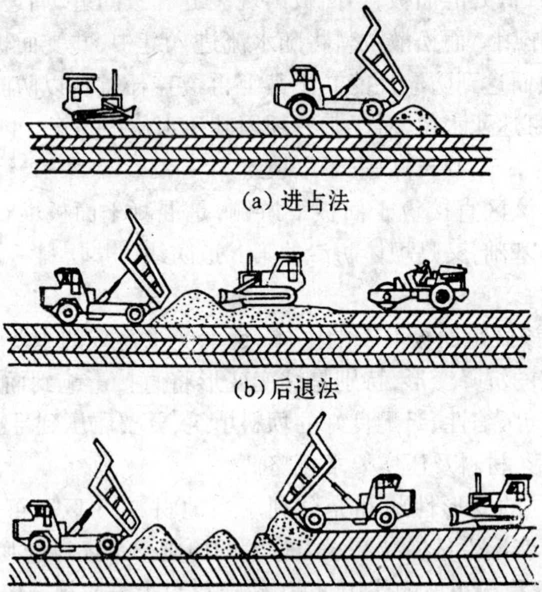

(a) 进占法

(b)后退法

(c)混合法

图 6-31　堆石的铺料方法

进占法铺料是运料汽车在新填的松料上逐步向前卸料,并且用推土机随时推平。这是最常用的铺料方法。其主要优点是容易整平,容易控制堆石的填筑厚度,为重车和振动碾行驶提供较好的工作面,有利于减少推土机履带、汽车轮胎和振动碾的磨损。但这种方法容易使石料分离。由于在每层已铺好的表面上用推土机推一小段距离,可以使大块石在填筑层的下部,小石及细料在填筑层的上部,压实密度也有不同,如图 6-32 所示。

过去有人担心这种分离会带来不利影响,现在因经验的积累而逐步改变了看法。出现分离的成层堆石可能使通过堆石体的渗流在水平方向比在垂直方向容易流走,这对于未浇面板的度汛挡水断面,可以增加下游边坡的稳定性,同样对于细料含量较高的石料,成层堆石的平均渗透系数要比均匀堆石大很多。但是对于垫层、过渡区料是不允许分离的,靠近过渡区的主堆石料也不允许有大块石集中、架空现象。

后退法铺料时运料汽车在已压实的层面上后退卸料,形成许多密集的料堆,再用推土机整平。这样做可以改善堆石分离的情况,却使堆石料层面不易平整,层厚也不易控制,为振

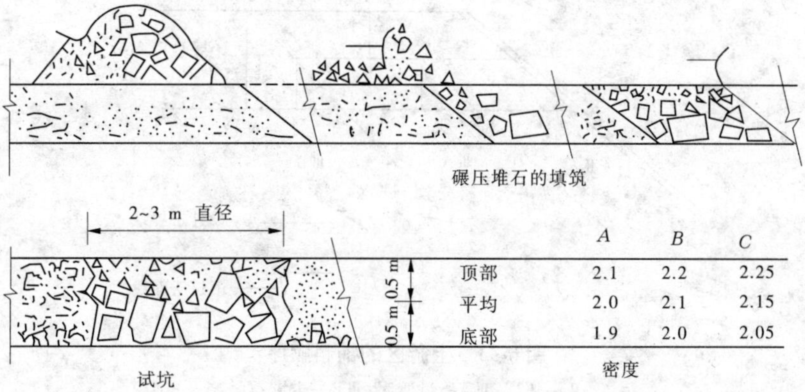

图 6-32　进占法铺料堆石分层情况

动碾压实带来一些困难，所以较少采用。但对细料含量较大的垫层、过渡层料，常采用后退法铺料，以减少分离。

混合法铺料是在已压实的层面上先用后退法卸料，组成一些分散的料堆，再用进占法卸料，用推土机整平，达到所要求的层厚，此法兼有进占法和后退法的优点，适用于层厚较大的情况。

铺料时必须采用大功率的液压式推土机，在刀片上施加压力，以便控制层厚。其生产能力应与汽车的运输能力相适应，做到随卸随平，并一次摊铺到设计厚度，积压太多或一次铺料不符合设计要求厚度，再要纠正是十分困难的，故质检人员应随时检查铺层厚度，如不符合要求应及时通知处理。对于特别坚硬的岩石，可以先用后退法铺料，然后用进占法在表面铺一层 10 cm 左右的细料、碎石或砂砾石均可，以改善层面的平整度，有利于机械运作和有效压实。

3. 坝体各区的填筑及接合部的处理

堆石坝体分为垫层料、过渡区、主堆石区和次堆石区，各种料物组成由于填筑碾压参数不同，根据目前国内外经验和规定，通常垫层、过渡区层厚取 0.4 ~ 0.5 m，主堆石区层厚取 0.8 ~ 1.0 m，次堆石区层厚取 1.0 ~ 1.6 m。主堆石区层厚是垫层和过渡层的 2 倍，以便使过渡区和堆石区有良好的搭接，保持上游坝面平起填筑。垫层区、过渡区至堆石区的铺料顺序应从上游往下游铺料，如图 6-33 所示。

允许垫层料占压过渡料区、过渡料占压主堆石料区，但不允许过渡料占压垫层料区、主堆石料占压过渡料区。

对于垫层料的摊铺方法，如采用自卸汽车卸料和推土机平料的方式，则其宽度取决于推土机刀片的宽度，一般需 3 m 左右。因垫层料薄，其摊铺方法应采用反铲或装载机的斗子沿上游边线铺料，并辅以人工整理，垫层料区摊铺时的上游边线应超出设计边线 10 ~ 15 cm（坡面法线方向），待坡面修整和斜坡碾压后达到设计边线。

过渡料区与垫层料区或主堆石区的界面不能有大块石集中或架空现象。为了保证质量，必须尽量降低过渡料的超径石率，少量的大块石可用推土机推到离界面较远的堆石区使用，或推到下游坡面用做护坡面。

主、次堆石区的界面虽不十分严格，但要求主堆石料可以占压次堆石区，次堆石料不能占压主堆石区。

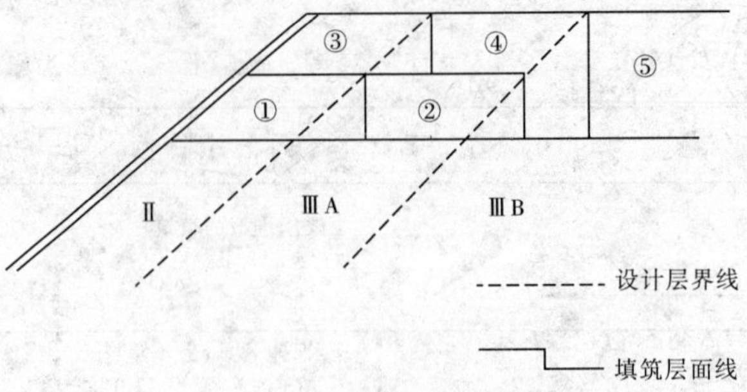

图6-33　上游区的铺料顺序

Ⅱ—垫层；ⅢA—过渡区；ⅢB—主堆石区

①～⑤—各层填筑顺序

4. 坝体分期分段填筑时接合部的施工控制

分期分段填筑的结合部位容易出现漏压与欠压的质量事故。因为振动碾碾压时，靠近外坡都存在一定厚度(30～50 cm)的松坡无法压实，另外在填筑上层料时很难避免上层料物不向下部溜滑，从而又增加了松坡带的厚度，如一次填料厚度为1.5 m时，外坡坡度1∶1.3，则底部约2.35 m处于未压实或半压实状态，故这部分料需在下一期填筑外部料时加以处理。

对于一坡到顶的，收坡的处理方法是进行削坡。利用装载机或反铲将松料挖下平铺，然后碾压，或利用推土机削坡，在后填筑区填新料时，靠近先填筑体边坡处留一槽，推土机在新填筑层上部削坡，边削坡边填至预先留下的槽中，如图6-34所示，即图中的Ⅰ(松方)削填至Ⅰ′沟槽中，削至水平宽度1.0～1.5 m，这时未压实或半压实的顶部露出，待碾压新填料时一并骑缝碾压结合部，然后依次边削边填边碾压到顶部，使先填筑区的外坡松散带得到处理。

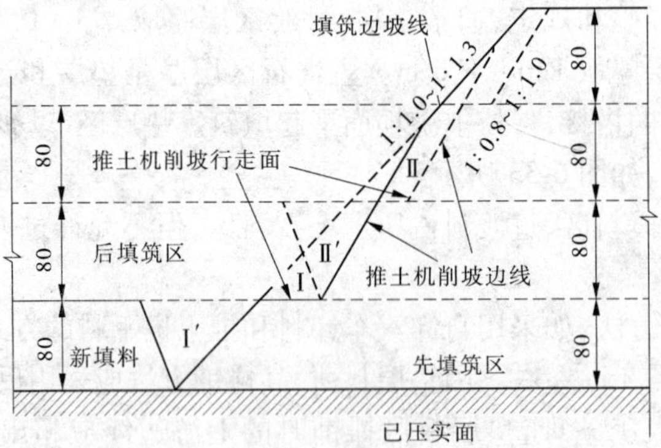

图6-34　削坡法处理松散边坡　(单位：cm)

如填筑场面较大，可采用台阶收坡法。下一期填筑接坡时不再削坡，仅用碾压机具骑缝压实即可，如图6-35所示，台阶宽度可视铺筑层厚度而定，层厚1.0 m时台阶宽度以1.0～1.5 m为宜。层厚1.6 m时台阶宽度以1.5～2.0 m为宜。这种方法可以简化工序，易保证质量，更能适应机械化快速施工的需要，故应优先选用。

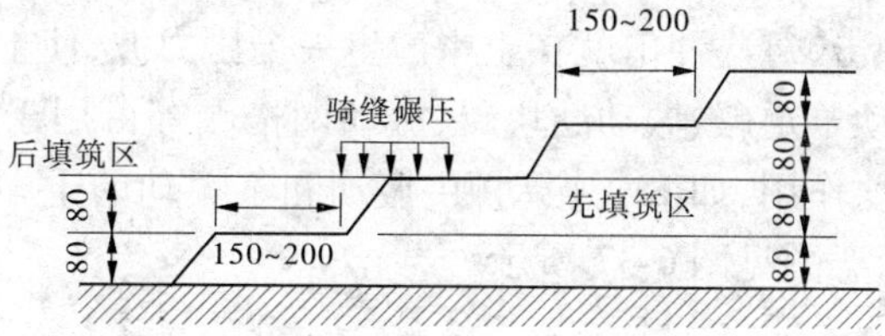

图 6-35　台阶收坡法填筑边坡　（单位:cm）

5. 坝体与岸坡接合部的填筑要求

堆石坝体地基要求不能有反坡,因在反坡的情况下坝料不易填满,也无法靠近边坡碾压,故反坡部位应予削坡,填混凝土(或浆砌石)处理,如图 6-36 所示。

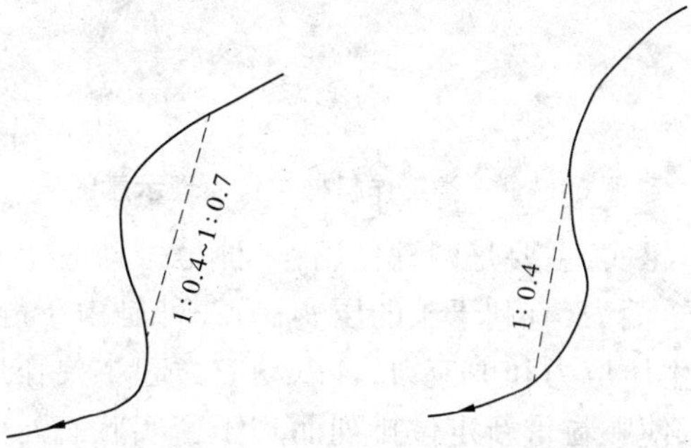

(a)削坡法　(b)填混凝土或浆砌石

图 6-36　岸坡的反坡处理

坝体与岸坡或混凝土建筑物接合部填筑时,如不采取适当措施,易出现大块石集中现象,加之振动碾不易靠近碾压,而该部位填筑质量的好坏对坝体及周边缝的变形有较大影响,故此部位一般采用的方法是填筑偏细的材料(垫层料或过渡料),减薄铺土层厚度,然后尽可能使振动碾沿岸坡方向碾压,压不到的局部地方,使用打夯机实行夯实,或用小型振动碾压实,同时应多洒水。

如岸坡残存坡积物,天然容重较大,中间不存在黏性土夹层,则除应清除草皮与腐殖土外,可不予清理,但必须设置反滤层,一般使用砂砾石料或过渡料作反滤料。填筑时先填堆石料,沿岸预留沟槽 20 ~ 30 cm,最后向沟槽中回填反滤料。

6. 坝料的压实方法的要点

坝料压实的原理是借助于压实机械的重复荷重,或振动作用,使堆石坝料的颗粒和块体位置得到重新排列,堆石体孔隙减少,密实度增加,并改善其物理力学性质,使压缩性降低,强度提高,稳定性增加。因此,坝体填筑时压实对大坝质量有极为重要的意义,它是控制堆石坝体质量的关键工序,对于坝体变形、边坡稳定等有重要影响,同时坝料压实还关系着坝体的填筑强度、土石料压实的方法可分为静压、冲击和振动三大类。静重压实机械主要有平碾、羊足碾、凸块碾、网格碾、气胎碾等,其工作原理是在填土表面施加静荷载,在土中产生压应力而使土石料压实。羊足碾、凸块碾等机具还有搓揉作用,同时可在土中产生剪力,与压力起共同作用。冲击式压实机械主要有夯板、电动夯、爆炸夯等,是靠重锤下落时在填土表面产生冲击力,从地表传入土中的压力波起压实作用,兼有静压力和振动作用,但振动产生的压力波是间歇性的，其效果较差。振动压实机械主要有振动板和振动碾，可在填土表面施加一种快速和连续的冲击，每次冲击就在土中产生一个压力波，使土得以压实。振动平碾用于压实无黏性土，而振动羊足碾、振动凸块碾、振动网格碾等可用于压实黏性土。在振动压实过程中，动应力起主要作用，如 13 t 振动碾，振动和不振动的土中应力比为 5∶1。这三类压实机械的工作原理示意图见图 6-37 所示。

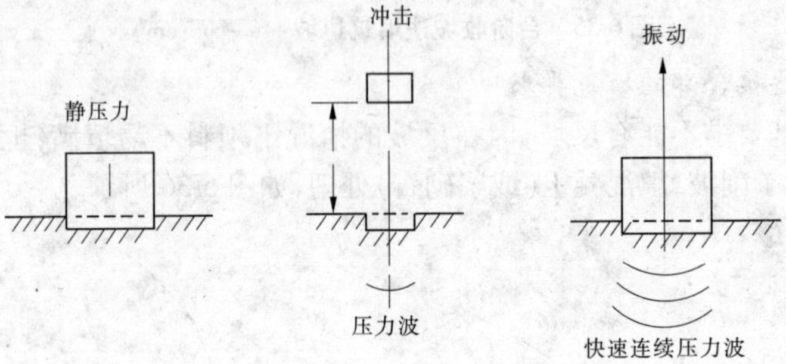

图 6-37　三类工作机械工作原理示意图

振动作用能促进更好压实，主要是两种作用：一种是振动时土石颗粒处于运动状态，土中粒间阻力大大减小，甚至消失，有利于土的压实；另一种是由于静重和压力波形式的动力作用，在土中粒间同时产生压应力和剪应力，且以动应力起主要作用，大大增加了压实的应力，更易于克服粒间阻力，使颗粒重新定位排列而趋于密实状态。此外，颗粒及棱角的破碎也可增加其密实度。

第四节　土石坝施工质量控制与检查

质量控制和检查是土石坝施工中极重要的一环，它应贯穿于各施工环节及施工全过程，一个完整的土石坝现场，其施工质量控制应包括坝基防渗与岸坡处理、料场作业、坝体填筑、反滤排水工程、护坡工程等。

一、坝基与岸坡的处理要求

坝基与岸坡清理、处理属隐蔽工程，质量好坏直接影响坝体的安全。坝基与岸坡清理的内容、要求和检查方法如表 6-16 所示。

表 6-16　坝基与岸坡清理的内容、要求和检查方法

坝基与岸坡清理的内容和要求	检查方法
1. 有机质含量不大于 2%	1. 清基后，进行全面检查，看是否符合设计要求 2. 一般布置 50 m 的方格网，在其角点挖坑取样，测定其物理力学性质，检查深度为 1 m，对有害地基部位，方格网可加密至 25 m，检查深度根据具体情况而定 3. 清理后，应进行地质描述，并作记录和绘制平面图
2. 凡草皮、树根、砖瓦、乱石、墓穴等均须清除，各种试坑钻孔等须堵塞	
3. 凡表层淤泥、泥炭、粉砂应予以清除	
4. 相对密度小于 0.67 的细砂或经压实处理后相对密度仍小于 0.67 者，应清除	

土石坝防渗体(心墙或斜墙)断面坝基范围内,当开挖处理达到设计标准后,应进行验收,其内容包括基岩的清理和断层等缺陷处理,嵌槽的宽度、坡度等是否符合设计规定,易风化的灵敏性土类的预留保护层是否彻底清除等。经验收合格,并作出隐蔽工程正式验收记录后,方准开始填筑。

二、料场的质量控制和检查

对土料料场应经常检查所取土料的土质情况、土块大小、土料含水量和砂砾料的颗粒级配是否符合上坝要求。若土料含水量偏高,一方面应改善料场排水系统和防雨措施,另一方面应采取降低含水量措施,如翻晒处理、轮换开挖工作面,使土料含水量降低到规定范围以内再开挖。当含水量不均匀时,可考虑堆筑土牛,使含水量均匀后,再运送上坝。当含水量偏低时,对黏性土应在料场加水,以提高含水量。料场土料含水量的控制,还应根据运输条件、气象因素和施工开采方法,来测定土料含水量变化情况,并作适当调整。如一般在天气干燥和风速较大季节,运输过程中土料水分损失较多,土料在土场的含水量可控制得稍高些;反之,如在夜间、雾天或湿度较大的天气施工,土料含水量应控制得稍低些。

土料含水量检查,经常由质量控制人员于现场用手试估测,有疑问时才进行试验,一般每 500 ~ 1 000 m^3 应做一组试验测定其含水量。

对于砂砾料场及堆石料场,应对级配小于 0.1 mm 颗粒含量及小于 0.075 mm 颗粒含量进行试验,对大于 5 mm 颗粒含量(亦称砾石含量)及允许最大粒径等方面进行控制。

三、坝体填筑的质量控制

(一)施工动态控制

填筑前,认真审查每个填筑作业面的新项目开工申请单,同时对填筑各项准备工作进行全面检查,内容包括施工总体布置、基础处理检查验收、料场备料、材料加工、临时施工道路布置、机械设备及人员状况,以及相关项目作业的可能干扰等,在确认现场已具备填筑条件并且符合已批准的施工计划、方法和程序,以及规范要求,通过验收后才签发项目开工令。

针对土石坝施工过程复杂、工序烦琐、技术问题多等特点,认真控制填筑每一道工序质量,特别是每一道工序中,均设有质量控制点进行重点控制,保证按照预定的施工工艺及流水作业方式进行。同时,填筑过程中,定期统计分析填筑工程量和绘制形象进度图,并认真审签当班的各项填筑记录,班报表,做到随时控制现场施工动态。

(二)现场质量控制

坝体填筑过程中在现场进行质量控制,就是组织监督和检查承包商根据合同及技术规范、图纸规定的标准进行施工的全过程,这个过程包括了对填筑各道工序质量进行控制、对质量资料及填筑记录图表的审核,对设计变更和图纸的审核,对填筑作业的质量监督、检查和验收以及现场填筑质量信息反馈等内容。

在坝体填筑过程中,还应分别检查和控制铺土厚度,土块大小、含水量、干容重及压实层间结合是否符合设计及施工要求,其中现场质量控制主要是检查控制含水量和干容重。对于经碾压后达不到标准或压实层间产生光面和剪切破坏现象的应分析原因并采取措施及时处理。此外,还要检查坝基、岸坡及结合部等处理是否满足设计和施工规范要求。坝体每升高 5 m 左右,应于坝体各已填筑压实部位取代表性土样进行物理力学性质试验,在每压好一层取样 2 ~ 3 组合格后,才能进行下一道工序。不同坝体部位、不同土料,现场质量控制取样数量可参考表 6-17。

表 6-17　土石坝坝体取样要求

坝料类别、部位			试验项目	取样试验次数
防渗体	黏性土	边角夯实部位	干容重、含水量	(2 ~ 3)次/层
		碾压部位	干容重、含水量、结合层描述	1 次/(100 ~ 200 m^3)
		均质坝	干容重、含水量	1 次/(200 ~ 400 m^3)
	砂质土	边角夯实部位	干容重、含水量、砾石含量	(2 ~ 3)次/层
		碾压部位		1 次/(200 ~ 400 m^3)
反滤料、过渡料			干容重、砾石含量、颗粒分析、含泥量	1 次/(1 000 m^3),1 次/(1 ~ 2 m 厚)
坝壳砂砾料			干容重、砾石含量、颗粒分析、含泥量	1 次/(400 ~ 2 000 m^3),1 次/(5 m 厚)
坝壳砾质土			干容重、含水量、颗粒分析、含泥量、<5 mm颗粒含量	1 次/(400 ~ 2 000 m^3)
碾压堆石			干容重、<5 mm 颗粒含量、颗粒分析	1 次/(10 000 ~ 50 000 m^3) 1 次/(5 ~ 10 m 厚)

对于截水槽的填土取样,纵向不少于两排,每排取样间距不得超过 30 m,除在每个碾压段有代表性的地点取样外,还必须在所有压实可疑部位或重要的结合部位(土质变化,含水量过高或过低,铺土厚度不均匀,漏压及坝体与岸坡、坝体与混凝土建筑物防渗体及坝壳结合部位,坝体内施工缝接缝处等)进行重点取样检查。

四、多种坝料的施工要求

因填筑坝料种类多,因此合理地安排材料的填筑次序、控制施工偏差及保证设计断面,对保证填筑质量及施工进度不受影响是相当重要的。多种坝料的施工要求主要有:

(1)平起填筑。均衡坝体的填筑速度,尽可能平起上升填筑。这种方法能减少施工接缝、接坡、削坡等工序,有利于大机械作业。

(2)填筑次序。按材料分区的不同区间,确定各种坝料填筑的先后次序。

(3)控制边界偏差。采用先进、精密的测量仪器,并在工区内建立合理的大地测量控制网点,对每一填筑层的材料边界均测量放样,减小施工偏差,保证设计断面。

(4)对相邻料界及施工缝削坡后一律采用跨缝碾压的方法。

五、防渗料的控制检查

防渗料填筑过程中重点检查的项目有:

(1)压实度。每一填筑层的压实度必须大于或者等于 100%。

(2)含水量及水分调节。上坝前土料的含水量必须调节至规范要求和设计要求的允许范围内。坝面上仅对运输过程中有少量水分损失的土料进行水分调节,采用配有雾状喷头的 20 m^3 洒水车对土层表面洒水湿润,以利于上下填筑层的结合。

(3)填筑层厚。通过观察、采用有刻度钢钎分区定点测量等手段检查填筑层厚。统计心墙区定点测量结果、坝体上升高度。

(4)碾压。按规定的参数和方向碾压,任何时候发现"弹簧土"、脱空、起皮及剪切破坏的情况,一律返工处理。

(5)上下结合层填筑处理。随时保持土料表面湿润,并对光滑表面刨毛处理。特别是雨、雪天气后恢复填筑时或寒冷天气出现冻土时,对表面的不合格土料必须清除至坝外,检查合格后方可继续填筑。

(6)界面处理。相邻料区、边界料区必须控制在规范允许偏差范围内,对污染料一律予以清除。

(7)冬季施工。冬季施工即每年的12月至次年的2月期间的施工。由于冬季日气温变化较大,夜间周围气温均在0 ℃以下,故冬季施工中容易出现质量问题,将会影响防渗土料的填筑进度及填筑质量,危及大坝的安全。为此,应根据国内外有关土石坝冬季施工的经验,并依据技术规范的相关要求,提出详细的施工方法来指导现场施工。一般的要求如下:

①料场应优先在向阳、背风处取土,开采前应清除表面冻土,保证装料时的土料为正温且符合上坝土料要求。

②有专人在料场进行土温、含水量的测试,要求上坝土料在控制范围内,并且不大于塑限含水量的90%。

③对表面风干冻土必须进行剔除处理,含水量合适,无风干的轻微冻土,迅速翻耙、整平,并用凸块碾击碎石,快速铺料,接坡处、基础面以上1 m厚填土范围(蛙夯区)不允许含有冻土,在任何情况下不允许含有冰雪。

④碾压前的松土温度不得低于-1 ℃。

⑤气温低于-10 ℃,或0 ℃以下而风速超过10 m/s时停止施工。

⑥合理分区填筑,加强现场施工管理,集中施工设备,搞好流水作业,做到快铺、快压、快检,随铺、随压、随检。

⑦如因下雪停工,复工前须将坝面积雪、不合格土层清理干净,检查合格后方可复工。同时,要求随时掌握气候变化,做好寒潮预报,在寒潮到来之前,做好压实土的防冻工作,当发现被冻结之后,要立即进行处理。

六、反滤料及砂砾石料的控制检查

反滤料及砂砾石料填筑过程中重点检查的项目有:

(1)材料质量。通过填筑前的控制试验和填筑后的记录试验测其级配、密度。

(2)填筑层厚。施工时在填筑面上各点插钢筋标明填筑层厚度,并通过观察、尺量及测量等手段检查层厚。

(3)碾压质量。按规定遍数和方向碾压。

(4)界面处理。严格按多种料施工法施工,控制边界偏差及注意对污染料的及时处理。

(5)冬季施工要点:

①控制上坝反滤料的含水量不大于4%。

②控制冻块粒径小于15 cm,如出现整层结冻,应首先用凸块碾击碎,再用平碾碾压。

③任何情况下反滤料中不允许含有冰雪。

七、过渡料及堆石料的控制检查

过渡料及堆石料填筑过程中重点检查的项目有：

(1)材料质量要求坚硬、完整、有棱角，按规范要求进行填筑前的级配控制试验，重点控制小于0.1 mm和5 mm的粒径含量。

(2)填筑层厚。通过观察、尺量等手段检查层厚。

(3)碾压。使用规定的振动碾压机械，按规定的碾压参数、严格规定的碾压遍数压实，并注意检查振动碾的行走速度和振动频率，保证碾压质量。

(4)界面及接缝处理。避免在相邻料界处出现大块石集中、架空的现象，界面处应及时平整并跨缝碾压，对施工缝处填筑每一层时进行削坡处理，坡度不陡于1:1.75，亦要求剔除界面处的集中大石块，平整并跨缝碾压。

八、对垫层料的要求

对高坝垫层料的要求：应具有连续级配，最大粒径为80～100 mm，粒径小于5 mm的颗粒含量为30%～50%，小于0.075 mm的颗粒含量宜少于8%，压实后应具有内部渗透稳定性、低压缩性，高抗剪强度，并应具有良好的施工特性。

级配的连续性要求：细颗粒的连续级配。其主要优点如下：

(1)细料能起到填充粗料孔隙的作用，容易得到较高的密度和变形模量，能对混凝土面板有良好的支撑作用。

(2)透水性小于早期的均匀垫层，具有半透水性时，面板一旦开裂，能对面板上游设置的防渗铺盖和抛投的土料起反滤保护作用，达到堵塞渗漏通道而自愈。

(3)级配连续的垫层料便于整平坡面。

(4)施工期可直接利用垫层挡水度汛，可以限制进入坝体的渗流量，保证堆石体的稳定，这样就可以降低围堰和导流建筑物的规模，节省投资。

(5)坝料压实后具有内部渗透稳定性、低压缩性、高抗剪强度，并具有良好的施工特性。

(6)对周边缝下游特殊垫层区，采用最大粒径小于40 mm且内部稳定的细反滤料，薄层碾压密实，可减少周边缝的位移，同时对缝顶粉细砂、粉煤灰等能起到反滤作用。

第五节　土石坝填筑现场质量检测的方法与内容

土石坝的填筑质量现场检测，是施工管理的重要内容。为切实保证坝体的填筑质量，必须按有关的规程、规范及设计的具体要求，对每一个施工环节进行严格的全面质量管理。控制坝体填筑质量应对坝体填筑的各个环节(包括坝料、铺填、洒水、碾压等)进行抽样检查，并把检查的结果反馈给施工人员，以便及时控制施工质量。

土石坝在施工中应严格按照试验确定的压实参数进行施工过程控制，最后通过高精度的试验来检测每个区段的施工质量，确保大坝的施工符合设计、规范要求。以下主要介绍土料干密度的测定检查。

干密度的检查方法一般有以下几种：环刀法、试坑注水法(灌砂法或灌水法)、压实计法、面波仪法、核子密度仪法等。

一、环刀法

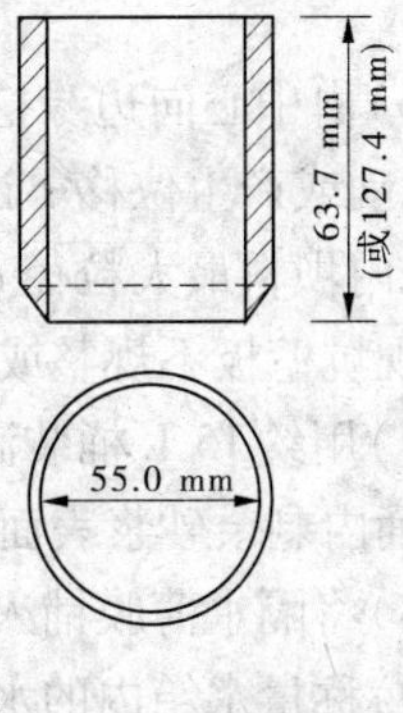

图6-38 环刀示意图

环刀法适用于各种土质坝的检测，环刀是用内径5.5 cm、高6.3 cm的无缝钢管制成，其容积(V)约为150 cm^3，下端制成刃口，上端另加一个活络套环，如图6-38所示。取样时，先将压实土层的表面刮去5 cm，四周挖成临空土柱，然后把环刀加上套环套在土柱上，用平头木锤垂直打下，直至环刀装满和套环上口间保留少量空隙，最后把环刀上下两端从土柱上取下，用刀刮平，抹净量筒外表的松土，称其重量，扣除环刀重，即得湿土样重($W_{湿}$)，该土样的湿密度$\rho_{湿}=W_{湿}/V$，单位为g/cm^3，$W_{湿}$经烘干至恒重即得土样干密度$\rho_{干}=W_{干}/V$($W_{干}$为烘干至恒重的重量)。砾质土取样的环刀容积要根据土料中含砾的最大粒径而适当加大环刀直径和高度，一般要求环刀容积为500～1 000 cm^3。

二、试坑注水法(即灌砂法或灌水法)

采用试坑注水法主要测定砂砾料和堆石料的干密度及颗粒级配，该法的试验仪器设备主要有：

钢环：内径$D=1\ 000\sim2\ 000$ mm，高度$h=20$ mm。为保证钢环的钢度，钢环两沿口应焊接宽度为100 mm的环板，并在环外侧设加劲板。

套筛：方或圆孔，孔径为150 mm、80 mm、40 mm、20 mm、10 mm等的套筛，自制尺环(ϕ6钢筋制成)，内径为300 mm、600 mm(方口尺环最大内径为1 000 mm，活口尺环最大内径为1 000 mm)。

磅秤：称量500 kg，感量0.2 kg。

方木尺：长度等于加劲环板的外径，即$D+200$ mm(D为加劲环板的直径)，中间钉钉。钉长出尺面50～100 mm。

水箱：容积约为400 L，底部设放水阀，亦可采用高精度流量计。

橡皮板：平面尺寸为1 m×2 m厚2～3 mm。

其他还有直尺、水桶(15 L)、量筒(2 000 mL)、带盖小桶(3 L)、人字扒杆等。

试验步骤如下：

(1)将钢环放在欲检测的压实层面上，并用块石沿钢环外缘将环压紧，使其固定。

(2)检环内表面松动石块和锐利的碎片。

(3)将隔水薄膜铺放在环内，并使隔水薄膜尽可能与环内边角及石块表面相接触。

(4)将水箱放在磅秤上并充满水，同时称量水及水箱重W_1(kg)，打开下阀门放水入环，当水面恰好达到放置在环上木尺中心的钉尖处，停止放水，称量水及水箱的总重W_2(kg)。计算试坑初始体积V_0：

$$V_0=\frac{W_1-W_2}{\rho_w} \tag{6-12}$$

式中 ρ_w——水的密度，取1 kg/L。

(5)将水除去,掀去隔水薄膜,并检查薄膜是否漏水,若有漏水则需重复步骤(3)、(4)另做。

(6)由中心向边缘挖出环内石料,如遇大块石,可借扒杆从试坑中取出,整个过程严防钢环扰动或产生位移。试坑深度应与所检验的填筑层厚度(压实后)相近。其直径 D 应不小于坑内坝料最大粒径 d_{max} 的 3 倍,试坑应近似呈等径圆柱状,当因块石分布影响试坑形状,出现坑壁极不规整或越出钢环外沿时,此坑应予废弃。

(7)用约 15 L 桶装满黏土砂浆,沿桶缘刮平,然后取桶内砂浆涂抹填补坑内部分凹陷边壁,将桶内剩余砂浆表面抹平,用量桶量水注入桶内,以测出抹入试坑内砂浆的体积 V_2。

(8)将隔水薄膜铺入试坑,并注意该膜在钢环外的预留余量。

(9)称量水箱内的水重 W_3,打开下阀向试坑注水,使水面至木杆中心钉尖处,然后称水箱及剩余水量 W_4(有时因试坑容积大于水箱容积,应累计计量)。计算试坑体积 V:

$$V = \frac{W_3 - W_4}{\rho_w} \tag{6-13}$$

(10)重复步骤(5)。

(11)对试坑中取出的坝料,过套筛分级并称重,再用尺环、活尺环测量大粒径,并分别称重记录,以求自试坑中挖出的坝料总重量 W_5。

(12)粒径小于 10 mm 者应筛在橡皮板上,并用苫布覆盖,以防水分蒸发,筛分完毕后用四分法取样约 3 kg,装入带盖桶内,速送实验室进行含水量及颗粒分析试验。

按下式计算湿密度 ρ 与干密度 ρ_d。

$$\rho = \frac{W_5}{V_2 + V - V_0} \tag{6-14}$$

$$\rho_d = \frac{\rho}{1 + 0.01w} \tag{6-15}$$

式中 W_5——自试坑中挖出的坝料总质量,kg;

w——坝料含水量(%);

V_0——试坑初始体积,L;

V——修整后的试坑体积,L;

V_2——涂入试坑壁的黏土砂浆体积,L。

坝料含水量 w 可采用烘干法将试坑挖出的全部料烘干求得,或由小于 10 mm 料的含水量,按下式修正得到:

$$w_{10} = (I_{10} + 0.5I_{20} + 0.25I_{40} + 0.125I_{80}) \times 100\% \tag{6-16}$$

式中 w_{10}——粒径小于 10 mm 颗粒的含水量(%),由实验室测得;

I_{10}、I_{20}、I_{40}、I_{80}——0 ~ 10 mm、10 ~ 20 mm、20 ~ 40 mm、40 ~ 80 mm 各粒组相对含量,对于粒径大于 80 mm 颗粒含量可忽略不计。

试坑注水法对块石测定的操作过程见图 6-39。

三、压实计法

压实计是近来发展起来的一种控制碾压质量的一种新型仪器,将压实计安装在振动碾上,如图 6-40 所示,可以对整个碾压作业面进行全面的实时的质量控制。在碾压过程中,驾

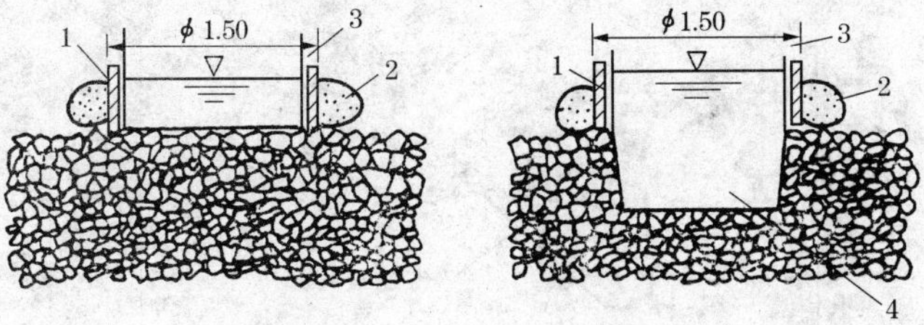

(a)第一次注水过程　　(b)第二次注水过程

图 6-39　注水法对块石测定的操作过程　(单位:m)

1—钢环;2—砂袋;3—软质薄膜;4—试坑

驶员通过指示仪表,即可随时了解工作面的压实情况,并可根据仪表的指示确定是否增加压实遍数。

一般情况下,压实计读数只表示坝料的压实程度,而不表示一定的工程参数,有些厂家生产的压实计经过率定后,其读数可以表示工程参数(干密度、沉降率、孔隙率等)。在后一种情况下,应尽可能保持施工参数与率定时的施工参数相同。

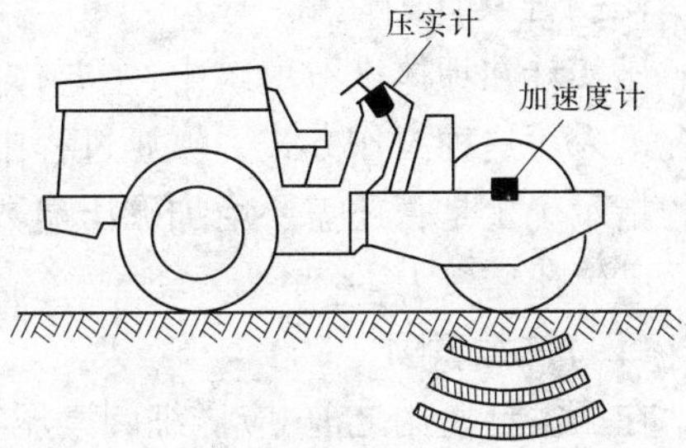

图 6-40　安装在振动碾上的压实计

(一)压实计的组成与安装

压实计由传感器、信号处理器、指示仪表、电源、电缆、记录仪表等部件组成。

(1)传感器:安装在振动碾振动轮轴上方,以保证测量时传感器随振动轮上下运动。

(2)信号处理器:安装在驾驶室内。

(3)指示仪表:安装在操作台上。

(4)电源:一般采用振动碾所带的 +12 V 蓄电池。

(5)电缆:按说明要求将上述(1)~(4)项各部件用动力电缆和信号电缆连接起来。

(6)记录仪表:各种型号压实计所配的记录仪表不同,有打印机或笔绘记录器等,平时记录仪表安装在振动碾上,需要记录时,按说明书将记录仪表与信号处理器连接。

(二)压实计的率定

压实计的率定就是找出压实计读数与填筑干密度或孔隙率的对应关系的过程,其方法与碾压试验大致相同,尽可能结合施工前的现场进行碾压试验。

压实计率定时,若压实计具有频率选择功能,则碾压前应将其频率选择开关调到与振动碾压工作频率相同处。碾压过程中应保持振动碾的行进速度恒定,率定的速度一般以 0.5 ~1 km/h 为宜。碾压必须采用分道方式,不能采用错距方式。

在碾压过程中,每碾压 1 遍或 2 遍后退进行一次沉降测量。每道碾压应选择 10 ~15 个测点,在碾压过程中或碾压结束后,采用试坑注水法测定堆石体的干密度(或孔隙率)。

资料分析与整理,计算同一碾压遍数的压实计读数、沉降率、干密度(孔隙率)的算术平均值,然后绘制压实计读数、沉降率、干密率与碾压遍数的关系曲线,如图 6-41 所示,并由所绘出的关系曲线确定符合设计施工标准的干密度(孔隙率)所对应的压实计读数和碾压遍数。

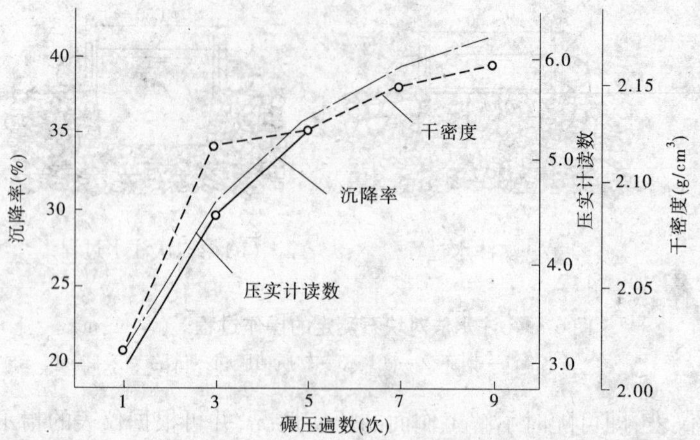

图6-41　压实计读数、干密度、沉降率与碾压遍数的关系曲线

(三)压实计的使用

压实计在坝体堆石填筑中,主要作为压实指示仪表(见图6-40)。压实计在未作率定的情况下采用这种工作方式。碾压过程中,压实计的读数指明堆石碾压密实的程度,可根据仪表的指示确定是否还需要增加碾压遍数。当仪表读数不再增加或增加量很小时,即表示作业面已碾压密实。

(四)注意事项

在压实计使用之前,应详细阅读压实计的使用说明书,了解压实计的适用范围和标准方法。注意有些压实计可以测量混合料、堆石料、砂砾料等,有些压实计只适用于均质体。

在施工中还应尽量减少下列因素对测试结果的影响:

(1)频率。振动碾振动频率应保持恒定,压实计的工作频率应调整到与振动碾的振动频率相同,其偏差最好不大于100次/min。

(2)振动碾速度。测试时振动碾行进速度应保持恒定。速度变化将影响压实计读数。速度快,压实计读数偏小。

(3)振动碾方向。由于振动碾在前进与后退时激振力的变化,因而压实计读数不同,应在振动碾前进时读数。

(4)含水量。黏土、淤泥、粉砂等细颗粒材料的含水量对压实计读数影响很大。含水量较大时,压实计读数较小,且指示一个常数。但此时材料仍能被压实。含水量等于或略小于最佳含水量时,压实计能较好地工作。

四、面波仪法

用面波仪原位检测堆石体的干密度是“七五”、“八五”国家科技攻关成果之一。在利用激振设备在半无限弹性介质表面进行垂直激振时,介质中质点产生相应的纵向和横向振动,介质表面质点的振动沿表面传播,产生表面波。表面波在介质中的传播速度 V_R 与介质的密度、强度等特性参数存在良好的相关性。通过率定建立起相关方程式以后,即可用现场检测表面波传播速度的方式,换算成堆石体的质量参数,快速并无损地在现场对碾压质量进行监测和评估。这种质量监测技术开发以来,已在十三陵、上池、莲花等面板坝工地实际应用,取得较好效果。

表面波压实密度仪由控制检查装置、发射激振装置、接收传感器组成。使用时将仪器安装在已压实的堆石体表面进行检测，如图 6-42 所示。当控制检测装置③按给定频率控制激振器①对被测材料进行垂直激振时，被测材料中产生表面波振动信号，沿填筑层表面传播，经距离 L 后由传感器②接收，由控制检测装置测量到表面波传播速度 V_R(m/s)值，然后根据 V_R 与压实干密度 ρ_d(g/cm^3)的相关方程式计算出压实干密度。

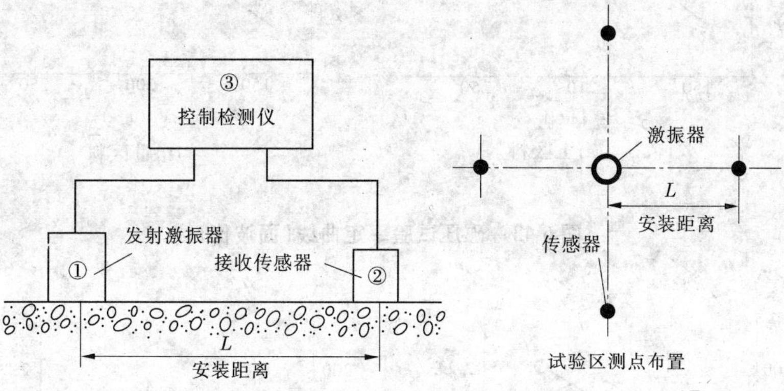

图 6-42　表面波无损检测仪测试布置图

中国水利水电科学研究院仪器研究所开发的 BZJ－3A 型表面波压实密度仪，频率范围 50～4 000 Hz，检测深度为 0.2～1.5 m，检测水平范围 0.6～2 m，仪器质量 14 kg，便于在现场使用。

在这种压实密度仪中，存入了 $V_R \sim \rho_d$ 的相关方程式：$\rho_d = a + bV_R$ 及计算程序。实际应用前，应使用原型材料在碾压试验或初期填筑阶段对面波速度与试坑注水法测得的干密度进行检测，建立相关关系，并进行回归分析，确定相关方程中的 a、b 值，输入到仪器中供实际应用。

在现场检测时，为使仪器与堆石体表面有良好接触，对表面凸凹不平处要用砂土垫平，并根据粒径大小和铺层厚度确定仪器发射频率 f，检测水平距离 L 及采样次数 T 等参数。如对堆石料，铺层厚度 1 m，可选用 f = 100 Hz，L = 0.5 m 或 0.75 m；T = 7；对垫层料等较细材料，铺层厚度 0.3～0.5 m 可选用 f = 200 Hz，L = 0.3 m，T = 7 等。通常以激振器为中，在互为 90°的四个方向布置传感器，得出半径为 L 范围内堆石体的平均压实干密度值。

如在十三陵、上池面板堆石坝的实际检测结果见图 6-43 及图 6-44。面波仪法的检测结果与试坑注水法的对比见图 6-45，由图可见，在碾压 4 遍以上时，两者十分接近。

五、核子密度仪法

利用核子密度仪测定土石等材料原位密度和含水量是一种迅速发展起来的无损、快速检测新技术，并成为质量检测和控制的一种重要工具。

核子密度仪可分为表层型核子密度仪和深层型核子密度仪两种类型。

(一)核子密度仪仪器主机的组成

(1)γ 射线源：常为铯－137(^{137}Cs)，为双层不锈钢封焊的固体密封源。

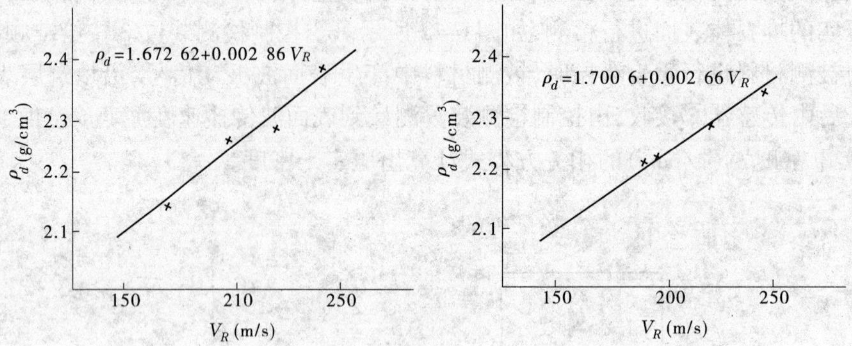

(a) Ⅰ区料　　(b) Ⅲ区料

图 6-43　碾压试验率定曲线(面波仪)

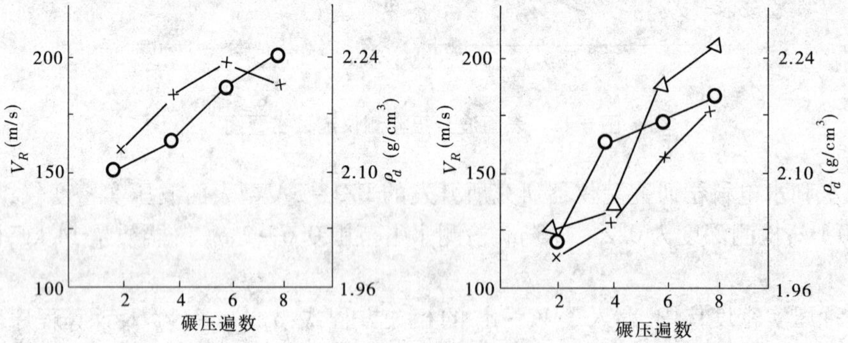

(a)垫层料　　(b)主堆石料

图 6-44　不同碾压遍数的 V_R 与 ρ_d(面波仪)

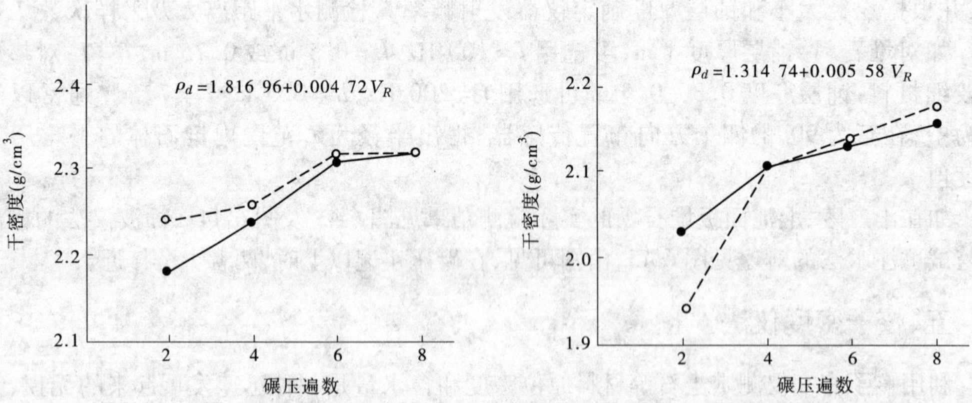

(a)垫层料　　(b)主堆石料

图 6-45　碾压遍数—压实干密度关系

——试坑法　　┈┈面波仪法

(2)γ射线探测器：通常为盖革－弥勒气体计数管（C－M计数管）或由碘化钠闪烁体和光电倍增管所组成的闪烁探测器。

(3)热中子探测器：通常为氦－3（^3He）正比气体计数管，也可为三氟化硼（BF_3）正比气体计数管或锂玻璃闪烁探测器。

(4)定标器电子线路：提供给γ射线探测器和热中子探测器工作的高、低电压电源，并对来自探测器的测试信号进行放大和记录的相关电子线路。

(5)微机处理和液晶显示器：用于处理、记录、存储测试数据，并显示测试参数和测量结果。

(6)电源：一般为可充电电池组，或干电池。

(7)仪器机箱：用于放置以上放射源，探测器，电子线路组件和电源的防潮、防尘，为坚固的金属或工程塑料箱体。

(二)主要附件和器具的组成

(1)标准块，通常由聚乙烯原板制成。

(2)钢钎。

(3)导板：焊有垂向套管的铝合金或钢质平板。

(4)铁槌、充电器、运输箱和个人辐射剂元件。

(三)核子密度仪使用时的一般规定

(1)在现场测试前，或对仪器工作状态产生怀疑时，都应对仪器标准计数进行测量和检验，检验合格后方可使用。

(2)每次测量标准计数所采用的方式和测量条件应完全相同，并符合仪器使用说明书的有关要求。

(3)标准块可放置在干燥、平坦的压实土石、混凝土、沥青混凝土和其他建筑材料表面，其密度不宜小于1.6 g/cm^3，含水量不宜大于0.24 g/cm^3，对某些型号仪器，标准块也可放在所配置的运输箱上。

(4)进行标准计数测量时，应将仪器放置在标准块上，并将仪器源杆放在安全位置，标准块表面和仪器底面应无油垢、尘土，两者应有良好的接触。

(5)进行标准计数测量时，仪器周围8 m以内不应有放射源，3 m以内不应有大型建筑物，测量人员应与仪器保持2 m以上的距离。

(6)当室内外温差很大时，仪器应在现场放置大约20 min后再进行标准计数测量，测取标准计数的环境温度与现场测量的环境温度应相近。如测试当日温度变化很大，宜在现场测试过程中适当增加标准计算测量次数。

(7)在仪器整个使用期间，应完整记录和保留仪器标准计数及有关资料（如时间、地点、条件和环境等），并建立档案，长期保存。

(四)核子密度仪标准计数检验的规定

(1)手动单次测量方法测取标准计数的检验应符合下列规定：

①用手动单次测量方法测取新的标准计数，如新测取的密度或水分标准计数符合式(6-17)为合格，否则视为不合格。

$$|n-n_0| \leqslant 2.0\sqrt{n_0/f} \tag{6-17}$$

式中 n——新测取的密度或水分标准计数；

n_0——仪器先前已测取的 4 个密度或水分标准计数的平均值；

f——预置比例因子。

②用手动单次测量方法测取新的标准计数，如新测取的密度和水分标准计数分别符合

$$|n - n_0| \leqslant 0.01n_0 \tag{6-18}$$

和

$$|m - n_0| \leqslant 0.02n_0 \tag{6-19}$$

的规定范围，则该新测取的密度或水分标准计数为合格，否则视为不合格。

③如仪器还没有测取和存储过合格的标准计数或者已有，但是在 2 个月以前测取的，或者新的测量地区其环境放射性有明显异常，则都应先重新测取 4 个密度或水分标准计数，并取其平均值，按①或②的规定对以后新测取的标准计数进行检验。

(2)自动连续多次测量方法测取标准计数的检验应符合下列规定：

用自动连续多次测量方法测取新的标准计数，如新测取的密度或水分标准计数符合公式

$$0.75 \leqslant \frac{\sigma}{\sqrt{n/f}} \leqslant 1.25 \tag{6-20}$$

的规定范围，则该新测取的标准计数为合格，否则视为不合格。

式中 σ——该组单次测取的密度或水分标准计数的标准差；

其他符号含义同前。

(3)不同型号的仪器均按(1)、(2)的规定方法进行标准计数的检验。如第一次检验不合格，可再次检验，其间可让仪器开机继续稳定一段时间，达到规定检查标准计数测取条件。如不合格应及时纠正后再继续检验。如多次检验仍不合格，则认为仪器不能正常工作，需要检查和修理。

(五)核子密度仪现场标定

1. 一般规定

(1)对不同的被测材料和不同测量条件，仪器在现场测试前，应进行现场标定。相同被测材料在相同测量条件下，进行现场连续测试时，每隔 3 ~ 6 个月应进行一次现场标定。

(2)仪器现场标定所采用的被测材料和所处的测量条件应与仪器现场测试时的被测材料和测量条件相同。被测材料的密度和含水量范围应包含现场测试中被测材料的密度和含水量变化范围。

(3)仪器现场标定可采用密度和水分标样法，也可采用原位取样法。

(4)现场标定时仪器应距其他放射源 8 m 以上，应距大型建筑物 3 m 以上，仪器操作人员在测量过程中应与仪器保持 2 m 以上距离。

(5)现场标定时仪器测量时间应采用 4 min。

2. 密度和水分标样法现场标定

(1)密度和水分标样的制作应符合下列规定：

①应采用现场被测材料和使用钢模板制作密度和水分标样。标样应不小于以下尺寸：

背向散射法密度测量：600 mm × 450 mm × 250 mm；

透射法密度测量：600 mm × 450 mm × 350 mm；

水分测量：600 mm × 1 450 mm × 350 mm。

②密度和水分标样数量分别应有3个。

③土石材料密度标样制备,应准备3个容器,其尺寸应符合上述的规定。分别向容器内充填现场被测土石材料,充填时应保持材料原有级配和分布均匀,并分层充填和夯实,分层厚度可为50 mm或100 mm,直至将容器填满,夯实到容器顶面并最后刮平。测量容器充填体积和称量所充填的土石材料质量,可计算出每个密度标样的密度。密度值误差在±0.005 g/cm^3 范围以内。

④混凝土材料密度标样制备,应准备3个容器,其尺寸应符合上述规定。分别向容器内充填混凝土材料,该混凝土材料和级配应与现场浇筑使用的混凝土材料相同。充填时应分层充填和压实,分层厚度可为50 mm或100 mm,直至将容器填满,压实到容器顶面并最后刮平。测量容器充填体积和称量所充填的混凝土质量,可计算出每个密度标样的密度。密度误差应在±0.005 g/cm^3 范围以内。

⑤土石材料水分标样制备,应准备3个容器,其尺寸应符合上述规定。分别向容器充填现场被测土石料,充填时应分层充填和压实,并使其密度与现场情况大体相同,分层厚度可为50 mm和100 mm,直至容器填满、压实,到容器顶面并最后刮平。充填完成后应采用塑料薄膜覆盖其表面。当仪器对以上各个水分标样测量完成后,应取样并采用烘干法测出每个水分标样的含水量。含水量值误差应在0.005 g/cm^3 范围以内。

(2)标样法密度现场标定应符合下列要求:

①仪器开机,经预热和自检程序后进入工作状态,按规定测取和输入合格密度标准计数。

②应将仪器分别放置在已制作好的土石或混凝土材料的3个密度标样表面,使仪器底面与标样表面在长边方向相一致,并且其位置前与后及左与右对称。

③根据土石或混凝土材料标样不同,应分别按规定对每个标样采用现场测试所选择的测量深度,并采用4 min测量时间,启动仪器测取3次密度值,取这3次密度值的平均值,作为仪器测量结果。

④计算每个密度标样的仪器密度测量结果与标样实际密度值的差值,取这3个差值的平均值作为仪器在采用该测量深度时密度测量结果的校正偏差。

(3)标样法水分现场标定应符合下列要求:

①仪器开机,经预热和自检进入工作状态,应按规定测取和输入合格的水分标准计数。

②应将仪器分别放置在制作好的3个土石材料水分标样表面,使仪器底面与标样表面在长边方向相一致,并且其位置前与后及上与下对称。

③按规定分别对每个标样采用4 min测量时间,启动仪器测取3次含水量值,取这3次含水量的平均值作为仪器测量结果。

④计算每个水分标样的仪器含水量测量结果与标样实际含水量的差值,取这3个差值的平均值作为仪器含水量测量结果的校正偏差。

(4)原位取样法现场标定:

根据被测材料种类和性质可采用不同的原位取样方法。对土石材料的密度测量,可采用灌砂法和环刀法,含水量测量可采用烘干法;对于混凝土和沥青混凝土密度测量,可采用灌砂法和钻孔取芯法。

现场标定应选择有代表性的测点。仪器测试与原位取样应在相同位置进行,并在仪器测量后立即进行原位取样。

原位取样法所取芯样应为直径 200 mm 的圆柱体,该圆柱体应正好坐落在仪器 γ 射线源和 γ 射线探测器连线中间位置。当采用背向散射法密度测量时,圆柱体高度可为 75 mm 左右;当采用透射法密度测量时,圆柱体高度应为仪器测量深度;当进行含水量测量时,圆柱体高度可为 150 mm 左右。

可采用相关法确定仪器密度和含水量测量结果分别与原位取样法密度和含水量测量结果的相互关系。对比测点不应少于 30 个,且相关曲线的相关系数应不小于 0.9。

(5)原位取样法现场标定应符合下列要求:

①仪器开机,经预热和自检后进入工作状态,应按规定测取和输入合格的密度和水分标准计数。

②应在选定的测量位置上放置好仪器,对被测材料分别为土石、混凝土和沥青混凝土则分别按相应规定,采用现场测试所选择的测量深度和采用 4 min 测量时间,启动仪器进行密度和含水量测量,记录相应的密度和含水量测量结果。

③应按规定进行原位取样,并将所取试样送实验室测定其密度和含水量。

④应按规定整理和绘制原位取样法密度和含水量测量结果分别与仪器密度和含水量测量结果的相关曲线。

⑤计算所有测点的原位取样法密度测量结果的平均值和仪器密度测量结果的平均值,取两者的差值作为仪器在采用该测量深度时密度测量结果的校正偏差。

⑥计算所有测点的原位取样法含水量测量结果的平均值和仪器含水量测量结果的平均值,取两者之差作为仪器含水量测量结果的校正偏差。

(六)现场测试规定

1. 一般规定

(1)现场测试前应检查仪器电源储电状况。如不能满足现场测试需要,应及时充电或更换干电池。

(2)现场测试前应对仪器的各项测量功能进行检查,检查结果应符合仪器使用说明书要求。

(3)现场测试前仪器应按规定进行现场标定。

(4)现场测试前应按规定,测取和检验仪器的标准计数,检验合格方可使用。

(5)现场测试前应按被测材料种类、碾压层厚度、现场标定所确定的校正偏差和测量精度要求等设计和设置仪器相关测量参数。

(6)现场测试时仪器测量地点周围 8 m 以内不应有任何放射源,3 m 以内不宜有大型建筑物。仪器测量人员在测试过程中宜与仪器保持 2 m 以上距离。

(7)当仪器放在沟渠内测试时,应按仪器说明书要求确定适合仪器测量的沟渠最小宽度。当沟渠宽度小于规定宽度时,仪器测量结果应按仪器说明书要求进行校正。

(8)对土石和混凝土密度测量,仪器测量深度应稍大于或等于碾压层厚度。对薄面层压实密度测量,仪器背向散射法测量深度应稍小于或等于该薄面层厚度。如仪器背向散射法测量深度大于该薄面层厚度,应按仪器使用说明书要求,对仪器测量结果进行校正。

(9)当碾压层厚度大于或等于 100 mm 时,宜采用透射法密度测量方式。如被测材料不宜或不易成孔时,则可采用背向散射法密度测量方式。

(10)采用背向散射法测量密度时,测量时间不应小于 1 min。无论采用背向散射法或是透射法，只要是包含有含水量测量，测量时间均不应小于4 min。如进行单一的含水量测量，仪器源杆宜设置在背向散射法测量位置。

(11)仪器测量精度和测量误差应符合工程实际要求。仪器测量精度和误差分析可按相应规定执行。

(12)现场测试中的仪器使用、保管和运输中有关辐射防护安全要求应按有关规定执行。

2. 土石材料密度和含水量现场测试

(1)仪器测试前应按相应规定做好仪器现场测试前的检查和准备工作。

(2)背向散射法测量应符合下列规定：

①测量场地准备：

a. 选择和确定测量位置。

b. 将测量表面浮土清除干净，使其露出被测土石材料表面。

c. 用导板等工具平整好测点表面，平整面大小应以能安放下仪器底面为宜。

d. 对不易平整的凹凸不平处，应使用相同细粒土或细砂填补，填补料厚度不宜大于3 mm，填补面积不宜大于仪器底面积的10%，最后用导板刮平。

②仪器测试：

a. 将仪器放在已准备好的测量表面，仪器底面应与测量表面有良好接触。

b. 检查和确认仪器测量参数设置后，将仪器源杆设置到背向散射法测量位置。

c. 启动仪器进行测试，在测试过程中测量人员应退到离仪器2 m以上距离。

d. 可按相关要求记录和填写密度及含水量测试结果数据、相关参数和有关内容。测试结束后应立即将仪器源杆退回安全位置。

(3)透射法测量应符合下列规定：

①应按有关规定做好测量场地准备。

②测孔准备和仪器安放位置标记：

a. 用导板、铁锤和钢钎，在已准备好的测量表面上，按预定测量深度造一个测孔，该测孔应垂直于测量表面。

b. 在钢钎没有拔出的情况下，以导板四角为定位标志，画好仪器安放位置定位标记线。

③仪器测试：

a. 参照已画好的定位标志线，将仪器准确地放在测点位置。

b. 检查和确认仪器测量参数设置后，将仪器源杆缓慢向下插入测孔至预定测量深度。在源杆下插过程中应避免扰动孔壁和防止测孔坍塌。

c. 以源杆为轴左右稍微转动仪器，使仪器平稳地坐落在测面上，其底面应与测面有良好接触。再轻轻挪动仪器，使源杆紧贴最靠近仪器 γ 射线探测器一侧的孔壁。

d. 启动仪器进行测试，在测试过程中测量人员应退到离仪器2 m以上距离。

e. 可按相关要求记录和填写密度及含水量测量结果数据、相关参数和有关内容。测试结束后应立即将仪器源杆退回安全位置。

④当采用背向散射法和200 mm以内深度的透射法密度测量时，被测土石材料最大粒径不宜大于20 mm。当采用200 mm以上深度的透射法密度测量时，被测土石料最大粒径不宜大于40 mm。

⑤当被测土石材料中存在个别超大粒径颗粒或空洞时，应采用以下方式进行校正：在同

一测点，将仪器沿源杆转动 180°进行第二次测试。如两次干密度读数差值在 ±0.03 g/cm^3 范围以内，取该两次读数的平均值作为仪器测量结果；如两次干密度读数差值超出 ±0.03 g/cm^3 范围，则应将仪器分别转动到 90°和 270°位置再进行两次测试，取其 4 次读数的平均值作为仪器测量结果。

（七）混凝土密度现场测试

（1）仪器测试前应按有关规定做好仪器现场测试前的检查和准备工作。

（2）背向散射法测量应符合下列规定：

①测量场地准备：

a. 选择和确定测量位置。对钢筋混凝土材料，测点处混凝土保护层厚度应不小于仪器测量深度。

b. 对尚未硬化的混凝土，可用导板等工具将测量表面修整抹平。

c. 对已硬化的混凝土，则应选择较平整表面，清除其上松散砂粒。若有凹凸不平处，应使用细砂充填，但充填料厚度不应大于 3 mm，充填面积不应大于仪器底面的 10%，最后用导板抹平。

②应按有关规定进行测试，并按相关要求记录和填写密度测试结果数据、相关参数和有关内容。

（3）对于未硬化混凝土用透射法进行测量应符合下列规定：

①可按相关规定做好测量场地准备。在钢筋混凝土测点位置的下面，预定的测量深度内，γ 射线所穿过的路径上不应有钢筋存在。

②应按相关规定做好测孔准备和仪器安放位置标记。

③应按相关规定进行仪器测试，并按相关要求记录和填写密度测试结果数据、相关参数和有关内容。

（八）沥青混凝土密度现场测试

（1）仪器测试前应按相关规定做好仪器现场测试前的检查和准备工作。

（2）背向散射法测量应符合下列规定：

①测量场地准备：

a. 测量位置应选择在经碾压并已冷却后的较为平整的表面。

b. 用毛刷清洁测量表面。

c. 如测量表面仍有凹凸不平处，应使用细砂填补，但填补厚度不宜大于 3 mm，填补面积不应大于仪器底面积的 10%，最后用导板抹平。

②应按相关规定进行测试，并按相关要求记录和填写密度测试结果数据、相关参数和有关内容。

第七章 护坡及反滤层排水设施施工质量控制

一般情况下，土石坝坝表面必须设立护坡，目的是防止波浪淘刷、冰层和漂浮物撞击、顺坝水流冲刷等。坝表面为土、砂、砂砾石等材料时应设专门护坡，堆石坝可采用堆石材料中的粗颗粒料或石墩护坡。

护坡的耐久性与选用岩石的耐风化能力关系密切，设计施工时应引起重视。耐风化能力主要与岩性、强度和使用时的风化程度有关。

第一节 护坡的基本要求

(1)护坡的形式、厚度及材料粒径应根据坝的等级、运用条件和当地材料情况，根据以下因素经技术经济比较确定。

①上游护坡：波浪淘刷；顺坝水流冲刷；漂浮物和冰层的撞击及冻冰的振压。

②下游护坡：冻胀，干裂及蚁、鼠等动物破坏；雨水、大风、水下部位的风浪、冰层和水流作用。

(2)有条件时上游护坡宜采用堆石护坡，在波浪较大的坝段和坡面，可采用与其他部位不同的护坡厚度和形式。下游护坡的水上、水下可采用不同的护坡厚度和形式。

(3)护坡覆盖范围应按以下要求确定。

①上游面：上部自坝顶起，如设防浪墙时应与防浪墙连接，下部至死水位以下不宜小于2.50 m，4 级、5 级坝可减至 1.50 m，最低水位不确定时应护至坝脚。

②下游面：应由坝顶护至排水棱体，无排水棱体时应护至坝脚。

③堆石、干砌石护坡与被保护料之间不满足反滤要求时，护坡下应按反滤要求设置垫层。

(4)现浇混凝土或钢筋混凝土、沥青混凝土和浆砌石护坡应设排水孔。

(5)寒冷地区的黏性土坝坡，当有可能因冻胀引起护坡变形时，应设防冻垫层，其厚度不小于当地冻结深度。

(6)除堆石坝护坡外，应在马道、坝脚和护坡末端设置基座。

(7)护坡厚度应根据波浪计算和护坡计算的方法来确定。

①波浪计算：

a. 最大风速应采用水面上空 10 m 高度处 10 min 的平均风速，当仅能获得距水面其他高度的风速时，应按下式计算：

$$W_{10} = K_Z W_Z \tag{7-1}$$

式中 W_{10}——水面上空 10 m 处高度 10 min 平均风速，m/s；

K_Z——风速修正系数，见表 7-1；

W_Z——距水面高度 Z 处的平均风速，m/s。

表 7-1　风速修正系数

高度 Z(m)	2	5	10	15	20
修正系数 K_Z	1.25	1.10	1.00	0.96	0.90

b. 风向宜按水域计算点处 8 个方位角确定，其允许偏差为 ±22.5°。

c. 风区长度的确定应符合下列要求：

ⅰ. 当沿风向两侧的水域较宽广时，可采用计算点到对岸的距离。

ⅱ. 沿风向有局部缩窄且缩窄处的宽度 B 小于 12 倍的计算波长时可采用 $5B$，同时不小于自计算点到缩窄处的长度。

ⅲ. 当沿风向两侧水域较狭窄，或水域形状不规则，或有岛屿等障碍物时，应采用等效风区长度，按下式计算：

$$D_C = \frac{\sum_i D_i \cos^2\alpha_i}{\sum_i \cos\alpha_i} \tag{7-2}$$

式中　D_C——等效风区长度，m；

D_i——计算点至水域边界的距离，i 取 0，±1，±2，±3，±4，±5，±6；

α_i——第 i 条射线与主线的夹角，等于 $i \times 7.5°$，如图 7-1 所示。

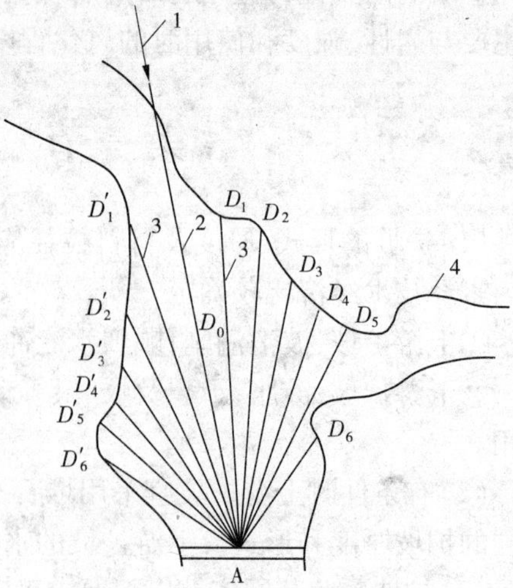

图 7-1　等效风区长度计算示意图

1—主风向；2—主射线；3—射线；4—水域边界

d. 风区内水域平均深度 H_m 宜沿风向作出地形剖面图求得，计算水位应与相应设计状况下的静水位一致。

e. 波浪的平均波高和平均波周期宜采用莆田试验站公式，即：

$$\frac{gh_m}{\omega^2} = 0.13\,\mathrm{th}\left[0.7\left(\frac{gH_m}{\omega^2}\right)^{0.7}\right]\mathrm{th}\left\{\frac{0.0018\left(\frac{gD}{\omega^2}\right)^{0.45}}{0.13\,\mathrm{th}\left[0.7\left(\frac{gH_m}{\omega^2}\right)^{0.7}\right]}\right\} \tag{7-3}$$

式中　h_m——平均波高，m；

T_m——平均波周期，s；

g——重力加速度，$g = 9.81\ \mathrm{m/s^2}$；

ω——计算风速，m/s；

D——风区长度，m；

H_m——水域平均水深，m。

平均波长可按下式计算：

$$L_m = \frac{gT_m^2}{2\pi}\mathrm{th}\left(\frac{2\pi H}{T_m}\right) \tag{7-4}$$

对于深水波，即当 $H \geq 0.5L_m$ 时可简化为：

$$L_m = \frac{gT_m^2}{2\pi} \tag{7-5}$$

式中　L_m——平均波长,m;

　　　H——坝迎水面前水深,m。

f. 对于丘陵、平原地区水库,当 $\omega < 26.5$ m/s,$D < 7\ 500$ m 时,波浪的波高和平均波长可采用鹤地水库公式:

$$\frac{gh_{2\%}}{\omega^2} = 0.006\ 25\omega^{1/6}(\frac{gD}{\omega^2})^{1/3} \tag{7-6}$$

$$\frac{gL_m}{\omega^2} = 0.038\ 6(\frac{gD}{\omega^2})^{1/2} \tag{7-7}$$

式中　$h_{2\%}$——累积频率为2%的波高,m。

g. 对于内陆峡谷水库,当 $\omega < 20$ m/s,$D < 20\ 000$ m 时,波浪的波高和平均波长可采用官厅水库公式:

$$\frac{gh}{\omega^2} = 0.007\ 6\omega^{-1/12}(\frac{gD}{\omega^2})^{1/3} \tag{7-8}$$

$$\frac{gL_m}{\omega^2} = 0.331\omega^{-1/2.15}(\frac{gD}{\omega^2})^{1/3.75} \tag{7-9}$$

式中　h——当 $gD/\omega^2 = 20 \sim 250$ 时,为累积频率5%的波高 $h_{5\%}$,当 $gD/\omega^2 = 250 \sim 1\ 000$ 时,为累积频率10%的波高 $h_{10\%}$,m。

h. 不同累积频率 P 下的波高 h_P,可由平均波高与平均水深的比值和相应的累积频率,按表7-2中规定的系数计算求得。

表7-2　不同累积频率下的波高与平均波高比值(h_P/h_m)

h_m/H_m	P(%)										
	0.01	0.1	1	2	4	5	10	14	20	50	90
<0.1	3.42	2.97	2.42	2.23	2.02	1.95	1.71	1.60	1.43	0.94	0.37
0.1~0.2	3.25	2.82	2.30	2.13	1.93	1.87	1.64	1.54	1.38	0.95	0.43

i. 有效波高 h_s 可取累积频率为14%的波高 $h_{14\%}$。

j. 风壅水面高度可按下式计算:

$$e = \frac{k\omega^2 D}{2gH_m}\cos B \tag{7-10}$$

式中　e——计算点处的风壅水面高度,m;

　　　D——风区长度,m;

　　　k——综合摩阻系数,取 3.6×10^{-6};

　　　B——计算风向与坝轴线法线的夹角(°);

　　　其他符号含义同前。

k. 设计波浪爬高值应根据工程等级确定,1级、2级和3级坝采用累积频率为1%的爬高值 $R_{1\%}$,4级、5级坝采用累积频率为5%的爬高值 $R_{5\%}$。

l. 正向来波在单坡上的平均波浪爬高可按下式或有关规定计算:

i. 当 $m=1.5\sim5.0$ 时：

$$R_m = \frac{K_\Delta K_\omega}{\sqrt{1+m^2}}\sqrt{h_m L_m} \tag{7-11}$$

式中 R_m——平均波浪爬高，m；

m——单坡的坡度系数，若坡度为 α 即等于 $\cot\alpha$；

K_ω——经验系数，由表 7-3 查得；

K_Δ——斜坡的糙率渗透性系数，由表 7-4 查得。

表 7-3 经验系数 K_ω

$\frac{\omega}{\sqrt{gH}}$	≤1	1.5	2	2.5	3	3.5	4	≥5
K_ω	1.00	1.02	1.08	1.16	1.22	1.25	1.28	1.30

表 7-4 糙率及渗透性系数 K_Δ

护坡类型	K_Δ
光滑不透水护面（沥青混凝土）	1.00
混凝土或混凝土板	0.90
草皮	0.85～0.90
砌石	0.75～0.80
抛填两层块石（不透水基础）	0.60～0.65
抛填两层块石（透水基础）	0.50～0.55

ii. 当 $m\leqslant1.25$ 时：

$$R_m = K_\Delta K_\omega R_0 h_m \tag{7-12}$$

式中 R_0——无风情况下平均波高，当 $h_m=1.0$ m 时，光滑不透水护面（$K_\Delta=1$）的爬高值，由表 7-5 查得。

表 7-5 R_0 值

m	0	0.5	1.0	1.25
R_0(m)	1.24	1.45	2.20	1.50

iii. 当 $1.25<m<1.5$ 时，可由 $m=1.25$ 和 $m=1.5$ 的计算值按内插法确定。

m. 不同累积频率下的波浪爬高 R_P 可由平均波高与坝迎水面前水深的比值和相应的累积频率 P 按表 7-6 规定的系数计算求得。

n. 正向来波在带有马道的复坡上的平均波浪爬高按下列规定计算：

i. 马道上、下坡度一致，且马道位于静水位上、下 $0.5h_{1\%}$ 范围内，其宽度为 $(0.5\sim2.0)h_{1\%}$ 时，波浪爬高应为按单一坡计算值的 0.9～0.8 倍；当马道位于静水位上、下 $0.5h_{1\%}$ 以外，宽度小于$(0.5\sim2.0)h_{1\%}$时可考虑其影响。

表 7-6　不同累积频率下的爬高与平均爬高比值(R_P/R_m)

h_m/H	$P(\%)$									
	0.1	1	2	4	5	10	14	20	30	50
<0.1	2.66	2.23	2.07	1.90	1.84	1.64	1.53	1.39	1.22	0.96
0.1~0.3	2.44	2.08	1.94	1.80	1.75	1.57	1.48	1.36	1.21	0.97
>0.3	2.13	1.86	1.76	1.65	1.61	1.48	1.39	1.31	1.19	0.99

ⅱ. 马道上、下坡度不一致且位于静水位上、下$0.5h_{1\%}$范围内时，可先按下式确定该坝坡的折算单坡坡度系数，再按单坡计算：

$$\frac{1}{m_e}=\frac{1}{2}\left(\frac{1}{m_{上}}+\frac{1}{m_{下}}\right) \tag{7-13}$$

式中　m_e——折算单坡坡度系数；

$m_{上}$——马道以上坡度系数，$m_{上}\geqslant1.5$；

$m_{下}$——马道以下坡度系数，$m_{下}\geqslant1.5$。

o. 当来波波向线与坝轴线的法线成β夹角时，波浪爬高等于按正向来波计算爬高值乘以折减系数K_P。K_P应按表 7-7 确定。

表 7-7　斜向来波折减系数K_P

$\beta(°)$	0	10	20	30	40	50	60
K_P	1.00	0.98	0.96	0.92	0.87	0.82	0.76

p. 作用在坡度系数为 1.5~5.0 的坝坡护面板上的波浪压力可按下式计算：

i. 最大压力强度：

$$P_Z=K_PK_1K_2K_3\gamma_wh_s \tag{7-14}$$

$$K_1=0.85+4.8\frac{h_s}{L_m}+m\left(0.028-1.15\frac{h_s}{L_m}\right) \tag{7-15}$$

式中　P_Z——最大压力强度，kN/m^2；

K_P——频率换算系数，取 1.35；

K_2——系数，按表 7-8 确定；

K_3——作用在点Z的波浪压力相对强度系数，按表 7-9 确定；

γ_w——水的容重，kN/m^3；

h_s——有效波高，m。

表 7-8　系数K_2值

L_m/h_s	10	15	20	25	35
K_2	1.00	1.15	1.30	1.35	1.48

表 7-9　波浪压力相对强度系数 K_3

h_s(m)	0.5	1.0	1.5	2.0	2.5	3.0	3.5	≥4
K_3	3.7	2.8	2.3	2.1	1.9	1.8	1.75	1.7

ⅱ.最大压力强度作用点距水面的距离 Z_Z 计算：

$$Z_Z = A + \frac{1}{m^2}(1 - \sqrt{2m^2 + 1})(A + B) \tag{7-16}$$

$$A = h_s(0.47 + 0.023\frac{L_m}{h_s})\frac{1 + m^2}{m^2} \tag{7-17}$$

$$B = h_s\left[0.95 - (0.84m - 0.25)\frac{h_s}{L_m}\right] \tag{7-18}$$

当计算 $Z_Z < 0$ 时，取 $Z_Z = 0$。

ⅲ.斜面上各计算点到点 Z 的距离：

$$\left.\begin{aligned} L_1 &= 0.0125S \\ L_2 &= 0.0325S \\ L_3 &= 0.0265S \\ L_4 &= 0.0675S \\ S &= \frac{mL_m}{\sqrt[4]{m^2 - 1}} \end{aligned}\right\} \tag{7-19}$$

坝坡护面板上的波浪压力如图 7-2 所示。

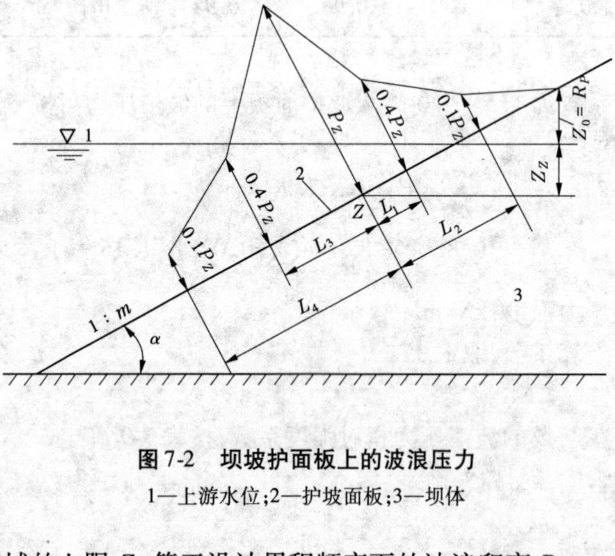

图 7-2　坝坡护面板上的波浪压力

1—上游水位；2—护坡面板；3—坝体

ⅳ.波浪作用区域的上限 Z_0 等于设计累积频率下的波浪爬高 R_P。

②护坡计算：

a.砌石护坡在最大局部波浪压力作用下石块所需的换算球形直径和质量、护坡厚度可按下列公式计算：

$$D = 0.85D_{50} = 1.018K_t \frac{\rho_w}{\rho_k - \rho_w} \cdot \frac{\sqrt{m^2+1}}{m(m+2)} h_P \tag{7-20}$$

$$Q = 0.85Q_{50} = 0.525\rho_k D^5 \tag{7-21}$$

当 $L_m / h_P \leqslant 15$ 时：

$$t = \frac{1.67}{K_t} D \tag{7-22}$$

当 $L_m / h_P > 15$ 时：

$$t = \frac{1.82}{K_t} D \tag{7-23}$$

式中 D——石块的换算球形直径，m；

Q——石块的质量，t；

D_{50}——石块的平均粒径，m；

Q_{50}——石块的平均质量，t，

t——护坡厚度，m；

K_t——随坡率变化的系数，由表 7-10 查得。

表 7-10　系数 K_t 值

m	2.0	2.5	3.0	3.5	5.0
K_t	1.2	1.3	1.4	1.4	1.2

b. 采用经过整理的堆石（抛石）护坡的石块质量和护坡厚度可按下式计算：

$$Q_{50} = \frac{\rho_k h_s^3}{K(G-1)^3 m} \tag{7-24}$$

$$Q_{\max} = (3 \sim 4) Q_{50} \tag{7-25}$$

$$Q_{\min} = (\frac{1}{4} \sim \frac{1}{5}) Q_{50} \tag{7-26}$$

$$t = 1.10 (\frac{Q_{\max}}{A}) \tag{7-27}$$

式中 $Q_{\max}$、$Q_{\min}$——石块的最大、最小质量，t；

h_s——有效波高，m；

K——系数，取 4.37；

G——石块比重。

c. 对只有明缝的混凝土或钢筋混凝土板护坡，当坝坡坡度系数 $m = 2 \sim 5$ 时，板在浮力作用下稳定的面板厚度可按下式计算：

$$t = 0.07nh_P \sqrt[3]{\frac{L_m}{b}} \frac{\rho_w}{\rho_c - \rho_w} \frac{\sqrt{m^2+1}}{m} \tag{7-28}$$

式中 n——系数，对整体式大块护面板取 1.0，对装配式护面板取 1.1；

h_P——累积频率为 1% 的波高，m；

b——沿坝坡向板长，m；

ρ_c——板的密度，t/m^3。

第二节　护坡的形式及材料要求

护坡可在以下几种形式中选择。

一、上游护坡

(1)堆石(抛石)护坡,如图7-3所示。

(2)砖造护坡,如图7-4所示。

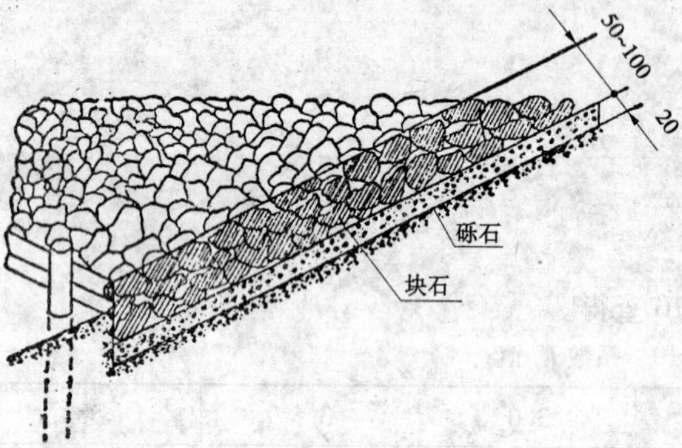

图7-3　堆石护坡　(单位:cm)

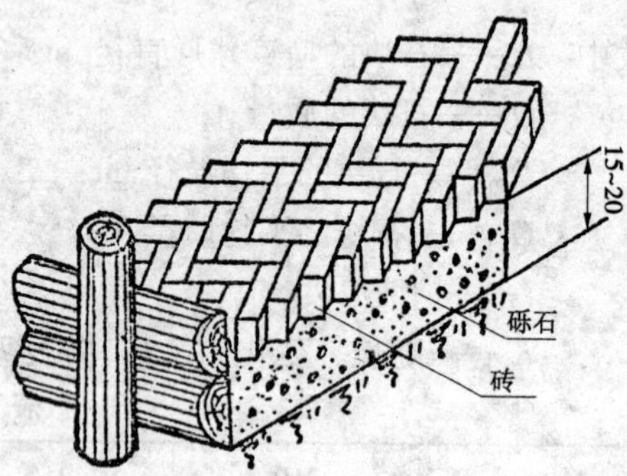

图7-4　砖造护坡　(单位:cm)

(3)干砌石护坡,如图7-5所示。

(4)浆砌石护坡,如图7-6所示。

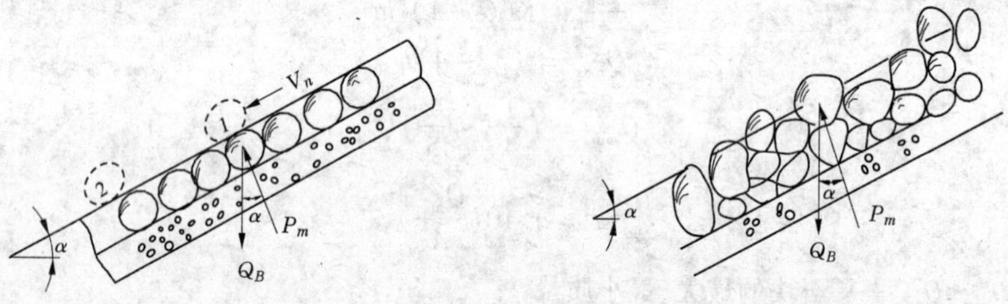

(a)铺石　　(b)堆石

图7-5　干砌石护坡稳定性作用略图

(5)预制式混凝土或钢筋混凝土板(或方板块)及现浇混凝土护坡,如图7-7及图7-8所示。

(6)钢筋混凝土框格及砌石护坡,如图7-9所示。

(7)柳编框抛石护坡,如图7-10所示。

(8)砾石护坡,如图7-11所示。

(9)石笼护坡,如图7-12所示。

(10)水泥土护坡等。

(11)钢筋混凝土面板护坡,如图7-13所示。

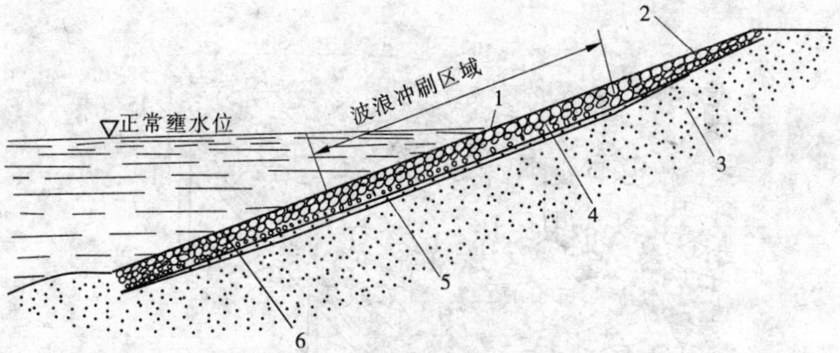

图 7-6　浆砌石护坡

1—用直径为 25～40 cm 的碎石所砌的护面；2—用直径为 10～25 cm 的碎石所做成的填层；
3—不同粒径的砂子；4—用直径为 5～15 cm 的石块所做成的厚度为 25～30 cm 的填层；
5—15～20 cm 厚的砂和砾石垫层；6—用直径为 10～25 cm 的石块所做的填层

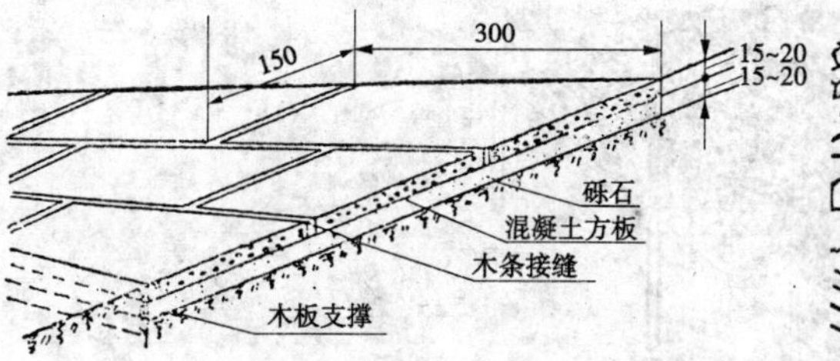

图 7-7　混凝土方板护坡　（单位：cm）

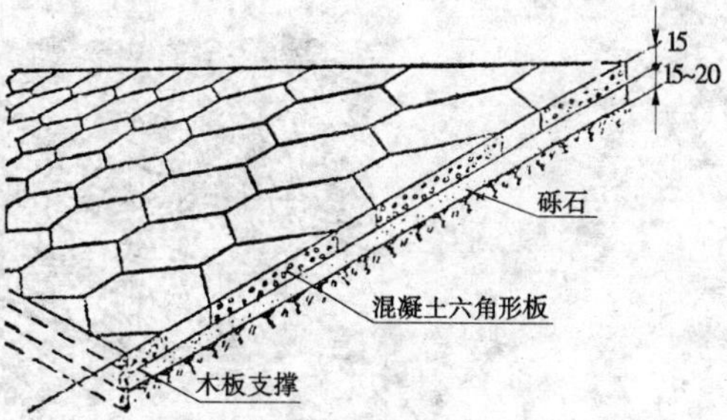

图 7-8　混凝土六角板护坡　（单位：cm）

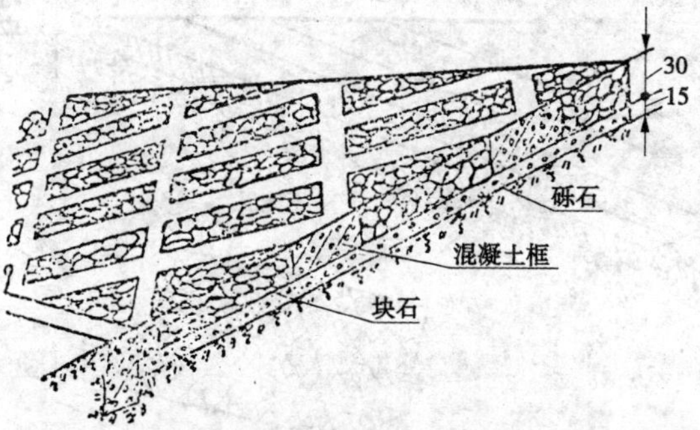

图 7-9　钢筋混凝土框格及砌石护坡　（单位：cm）

二、下游护坡

（1）干砌石护坡。

（2）堆石、卵石或碎石护坡。

（3）草坡或草皮格子（植草）护坡。

（4）钢筋混凝土框格填石。

（5）其他形式（如土工合成材料）。

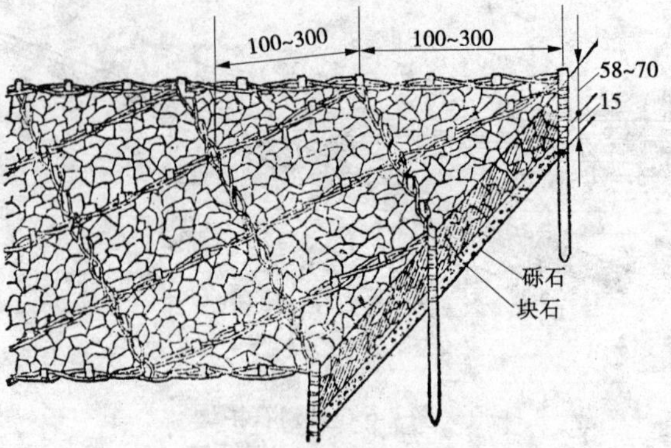

图 7-10　柳编框抛石护坡　（单位:cm）

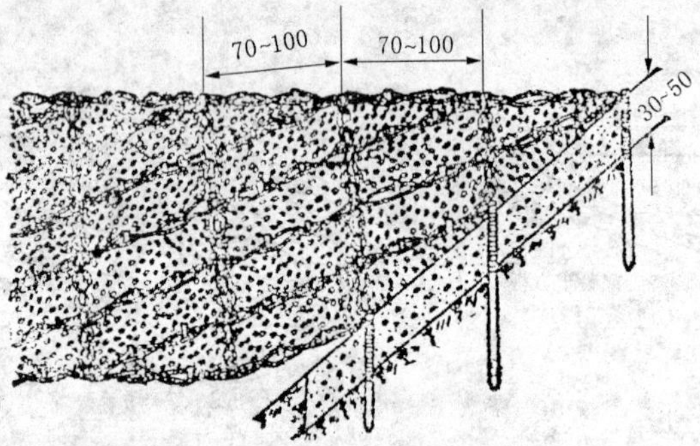

图 7-11　砾石护坡　（单位:cm）

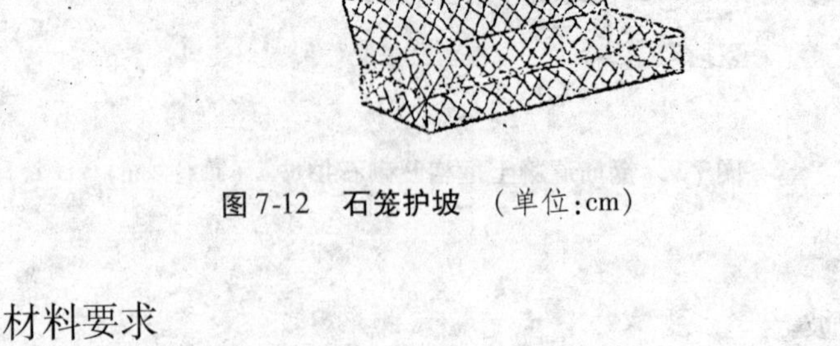

图 7-12　石笼护坡　（单位:cm）

三、护坡的材料要求

(1)护坡的材料最好是就地取材,并须经济适用,善于抵抗冲刷,同时要能起渗滤作用,以阻挡受动水压力影响而浮动的土粒。

(2)做坝护坡所用的石料须具有下列特性:①在水中能保持其强度;②摩擦硬度;③耐寒性。

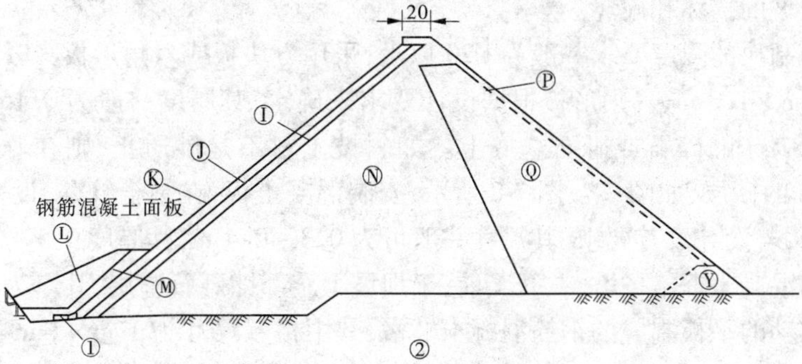

图 7-13　钢筋混凝土面板护坡

四、各种形式护坡的技术要点

(一)土石坝施工的特点

(1)从结束坝体填筑的主要工作时起到水库蓄满水止的时间内,应及时铺设护坡。因此,护坡工作期限非常紧迫。

(2)可根据材料和劳动情况,全面展开工作。

(3)所有各种护坡有着不同的费工费料情况,并需要采用大规模的手工操作,使用机械程度很小。

(4)护坡的工作质量要求很高,因为:①土石坝的寿命与护坡的安全关系很大;②水库蓄满水时护坡破坏处的修理甚为复杂。

(二)土石坝各种护坡的技术要点

1. 砖造护坡

所采用的护坡用砖必须是透化硬砖或刚砖(一种烧制得很好的硬砖)做成,以厚为 15 ~ 20 cm 的砾石垫底,砌成人字形排列,如图 7-4 所示。

2. 砾石护坡

在斜坡上,做编柳方格,规格为 0.7 m×0.9 m 或 1 m×1 m,高不超过 0.5 m。方格的各边与坝轴成 45°角。方格间填以砾石,厚 30 ~ 50 cm,小砾石填在下层,而较大的则填在护坡表面处,如图 7-11 所示。

3. 堆石护坡

在斜坡上通常采用 30 cm 以上的大小石料堆积,层厚 50 ~ 100 cm,周边用浆砌石固定,其底部用砾石垫底,厚为 20 cm,如图 7-3 所示。

4. 编柳方格内抛石护坡及石笼护坡

编柳方格内石料用 30 cm 以上的大小石,其厚度为 50 ~ 70 cm,其垫底砾石层为 20 cm。如用圆石铺成的单层石,其厚度为 25 ~ 35 cm,其垫底层厚同样为 20 cm。双层的堆石厚度每层为 40 ~ 50 cm,其垫层卵石或碎石层厚为 20 cm。用石笼护坡与上述要求相同。但石笼护坡是用铁丝框中盛块石做成护坡,铁笼尺寸是 2 ~ 6 m,其高度在 0.5 m 左右。

5. 混凝土或钢筋混凝土护坡

这类护坡应有砾石及砂垫底,并要具有安全且能顺利排水的基础,因为冲刷式基础的沉陷都能引起护坡的损坏和破坏。

混凝土预制块的强度要求一般为 C20 以上，采用方块板或六角形板，其尺寸为 1.5 m×1.0 m 或 1.0 m×1.0 m，六角形板根据设计要求来确定，其厚度一般为 0.15 ~ 0.2 m，铺建在厚 0.15 ~ 0.2 m 的碎石或砾石垫底上。如斜坡土料不是砂质土，则在砾石层下另铺厚 0.12 ~ 0.15 m 的砂层，如图 7-7、图 7-8 所示，安装混凝土板，在结合缝处，设置止水沥青板，六角混凝土板，若设计没有要求，其尺寸一般可为 0.3 ~ 0.4 m，其厚度 0.5 ~ 0.2 m。

采用钢筋混凝土框格护坡，在开工前，于坝坡上全部铺砾石垫层，其厚为 0.15 ~ 0.2 m，而后利用可移动的平板制成的钢筋混凝土框格，其中格室尺寸为 1 m×1 m 至 1.5 m×1.5 m，厚为 0.15 ~ 0.2 m，高 0.3 m，格墙内放置Φ6 的钢筋两层在其断面的上、下底。后按照框格的尺寸填以块石，如图 7-9 所示。

6. 草皮铺盖全部护坡

铺成草皮格子，中间种植草。当草皮充足时，草皮护坡是坝背水坡护坡的基本类型。草皮层厚 10 ~ 15 cm，铺草皮时，用刀子将草皮边切斜，以使铺盖时无缝，用 30 cm 长、直径 2 cm 的木棒将草皮钉在坝坡上。

7. 混凝土面板护坡

混凝土面板施工包括混凝土拌和、运输、钢筋绑扎、滑模浇筑、养护等几个过程。

由于面板属薄板结构，料物稍不均匀，就会造成面板物理力学性能的差异而影响面板的整体质量，甚至出现局部集中裂缝。因此，混凝土的配料和拌和，要求严格按规程执行，要做到以下几点：

(1)各种材料的称量必须准确，砂石料称量误差不超过 2%，水泥及外加剂称量误差不应超过 1%。

(2)下料顺序应符合操作规程，先加入砂石骨料，再加入所拌和的水量的 65% ~70%，在搅拌短时间之后，再加入水泥以及掺有外加剂的剩余水。

(3)外加剂溶液的浓度必须保持均匀，底部不得有沉淀，使用前应搅拌均匀，至少在使用前一天配制待用，不得现配现用。

(4)在混凝土拌和过程中，应根据气候、供料的变化情况测定砂石料的含水量(尤其是砂子的含水量)，以便随时调整砂石用量及加水量。

(5)混凝土必须搅拌均匀才能卸料，搅拌时间不得少于 2 min。

(6)拌制成的混凝土当和易性较差时，在其他材料用量不变的条件下允许增加 10 ~ 20 kg/m^3 水泥量，以改善混凝土拌和物的和易性。

(7)抽样试验除在机口进行外，还要求在浇筑仓面取一定数量的试件，以便更正确地对面板混凝土进行评价。

(8)混凝土运输分为由拌和楼(站)至坝面集料斗的场外运输及由集料斗至仓面的入仓运输两大类。场外运输，经过类比，搅拌运输车、自卸汽车、皮带机等，一致认为搅拌车运输可以避免受气温、湿度、阴晴、时间及其他因素影响，还有重复搅拌之利。混凝土入仓方式主要有斜溜槽输送和混凝土泵泵送两大类。斜溜槽输送混凝土，设备简单，安装、操作、清理、拆卸方便，同时，设备费用少，不需要动力，比较经济。斜溜槽一般采用 1 ~ 2 mm 钢板卷制，溜槽尺寸一般为 40 mm×30 mm×175 cm(依各工程经验和材料而定)。斜溜槽布置在面板钢筋网上，上接集料斗，下至离滑模前缘 0.8 ~ 1.5 m 处，浇筑过程中摆动末端溜槽下料。在滑模滑动过程中按需要取下末一节溜槽。溜槽应分别系在钢筋网上，以保证安全。对 12 ~ 15 m 宽的板块，应使用 2 条溜槽，6 ~ 7.5 m 宽板块使用 1 条。溜槽输送时，应防止溜槽脱节而漏浆，尽量避免混凝土堵塞流出。在混凝土下滑过程中应将溜槽尾端左右摆动，避免溜槽尾端混凝土堆积过多而给平仓振捣带来困难。为保证钢筋与混凝土的良好结合，对仓面以上附着于钢筋上的水泥砂浆应及时予以清除。混凝土运输总的要求是：应使混凝土在运输过程中不致发生离析、漏浆、严重泌水或过分降低坍落度等，运输过程中砂浆损失应控制在 1.5% 以内。

面板钢筋的架设。面板钢筋的架设方式有两种：一是现场绑扎和焊接的方法，即用人工或钢筋台车将钢筋送至坡面，然后用人工自下而上绑扎或焊接；二是预制钢筋网片，现场拼接的方法，即钢筋网在坝顶或坝脚等其他位置上预制加工后吊送到指定位置，用钢筋台车沿坝面输送到安装位置。第一种方法简单，故较常用。架设钢筋应在垫层坡面上打设架立筋，架立筋一般采用Φ20 ~ 25 的螺纹钢筋，打入保护层内不少于 30 cm，架立筋数量不宜太多，以免增加面板基础的约束力。混凝土面板浇筑使用的模机具，一般包括滑动模板、侧模板、牵引机具等。根据其支撑和行走方式可分为有轨滑模和无轨滑模两种。在施工中，经验证明，无轨滑模比有轨滑模优越，表现在如下方面。

有轨滑模有如下问题：①滑模质量大，加工投资大，使用不太方便；②面板浇筑混凝土前准备工作时间较长，占用直线工期；③在靠近趾板处需先用人工浇筑一起始三角块，填补成平面后才能用滑模浇筑主面板。

无轨滑模的优点：①滑模质量较轻；②坝顶使用设备较少，一套滑模仅需 2 台卷扬机牵引，用普通吊机就位即可，工作场地宽度只需 2 ~ 8 m；③由于减少了架设轨道的工作量，浇筑前的准备工作简单；④使用方便，浇筑速度较快；⑤起始块和主面板可以用滑模同时浇筑，不必先浇起始块后再用滑模浇筑；⑥行走无侧向约束；⑦对于不同坡角的岸坡混凝土板块，均可转向上升浇筑，甚为方便。

无轨滑模施工流程如图 7-14 所示。

滑模的滑升与混凝土的浇筑要点：混凝土浇筑应严格掌握分层浇筑程序，每层浇筑厚度为 25 ~ 30 cm，卸料宜距模板上口 40 cm 范围内均匀布料，以使模板受力均匀。仓面振捣器采用直径不大于 50 mm 的插入式振捣器，不宜平行于坝坡插入浇筑层，而应沿模板前缘垂直插入模板内，以免滑模为流态混凝土的浮托力抬升。其间距不大于 40 cm，插入深度应达新浇混凝土的底部。严禁在提升模板时振捣。振捣时间为 15 ~ 25 s，且视混凝土不显著下沉，不出气泡，并开始泛浆为准。对于接缝止水处的振捣，由于接缝止水处钢筋较密，并设有止水片，故接缝止水处振捣器宜选用小直径的，一般不宜大于 30 mm，振捣时应使止水片周围密实。

模板滑升前，须清除模板前沿超填混凝土，以减小滑升阻力。滑升时两端提升应平稳、匀速、同步。每浇完一层混凝土滑升一次，其高度为 25 ~ 30 cm，不得超过一层混凝土的浇筑高度。做到层次分明，脱模混凝土易于控制，有利于抹面压光。

对于周边倾角小的三角块，浇筑时，先将滑模平行于周边趾板，在滑动模板的上沿从低端到高端逐步浇满混凝土，并逐步提升滑动模板较低的一端，高端不提升，使滑模旋转，如此下去直到低端滑升到高端相平齐后即转入正常滑升。

面板混凝土施工缝的处理对防渗至关重要，处理时要认真地进行凿毛、冲洗、清除污物

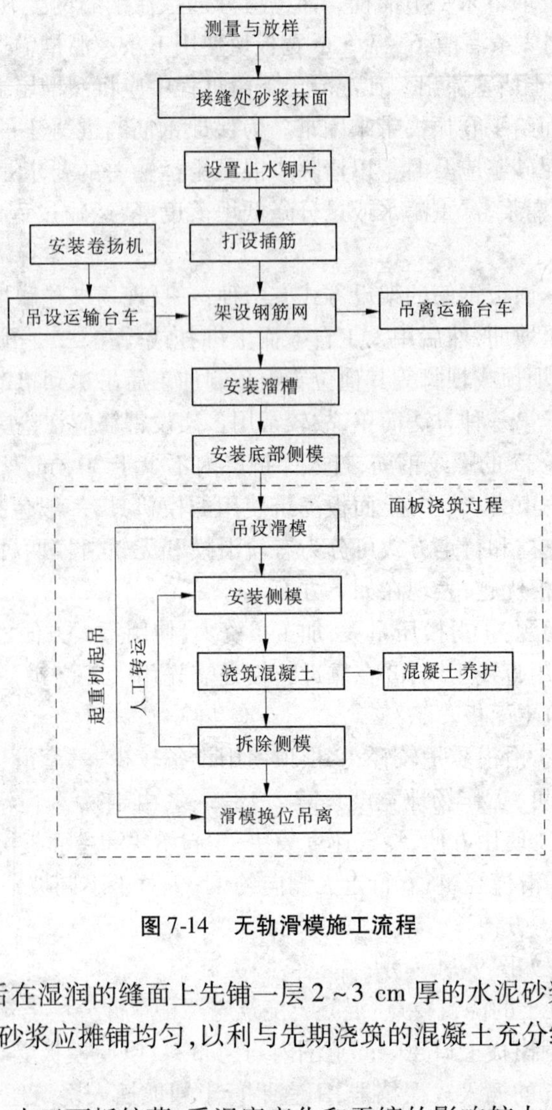

图 7-14　无轨滑模施工流程

和排除表面积水，然后在湿润的缝面上先铺一层 2 ~ 3 cm 厚的水泥砂浆，其水灰比不得高于所浇筑混凝土。水泥砂浆应摊铺均匀，以利与先期浇筑的混凝土充分结合，然后在其上再浇筑混凝土。

面板混凝土养护，由于面板较薄，受温度变化和干缩的影响较大，因此及时做好脱模后的混凝土的养护工作极为重要。刚脱模的混凝土，因无强度，不能进行洒水养护，最好的办法是在滑模后拖一块长 8 ~ 10 m 的塑料布保护，防止表面水分过快蒸发而产生干缩裂缝，特别是在炎热干燥气候条件下浇筑混凝土时，这一措施非常有效。混凝土初凝以后对混凝土面应进行不间断的洒水养护，并以淋湿的草袋或麻袋全面覆盖达到保温、保湿，有利于防止裂缝的发生。养护时间最少应为 28 d，有条件时多养护一段时间更好，国内外有不少面板一直养护到蓄水为止。

8. 干砌石护坡

干砌石是指不用胶结材料而将石块砌筑起来。干砌石包括干砌块（片）石和干砌卵石，由于干砌石主要依靠石块之间的相互摩擦力及单个石块本身重量来维持稳定，故不宜用于砌筑墩台或其他主要受力的结构部位，一般仅用于护坡（坝坡、渠系建筑物进出口护坡等）及河道防冲部分的护岸等工程。

1）干砌石的工艺流程

干砌石的工艺流程为：备料—削坡—放样—铺设垫层—选石—试放—修凿—安砌。

（1）备料：将石料及反滤料按适当砌筑段长所需的数量分别堆放，以减少运距，节省人力。

（2）削坡：以利铺砂和砌石工作。

（3）放样：沿建筑物轴线方向每隔5 m钉立坡脚、坡中和坡顶木桩各一排，并在其上画出铺砂、铺砾石和砌石线，顺排桩方向，拴竖向细铅丝，再在两竖向铅丝之间，用活结拴横向铅丝一根，便于此横向铅丝能随砌筑高度向上平行移动，铺砂砌石即以此线为准。

（4）铺设垫层：在干砌石的下面铺设砂砾反滤层料作为垫层，以便砌石表面平整，减小对水流的摩阻力，同时防止地下水逸出时把基础的土粒带走，避免护坡砌石下陷变形。

2）干砌石的砌筑方法

干砌石常用的砌筑方法有两种，即平缝砌筑法和花缝砌筑法。

（1）平缝砌筑法。这种砌筑方法适用于砌块石施工，石块宽面长向与坡面方向垂直，水平分层砌筑，同一层仅有横向缝，但竖向纵缝必须错开（如图7-15所示）。

（2）花缝砌筑法。这种砌筑方法多用于干砌毛石砌工，砌石水平向不分层，大面朝上，小面向下，相互填充挤实砌成，如图7-16所示。

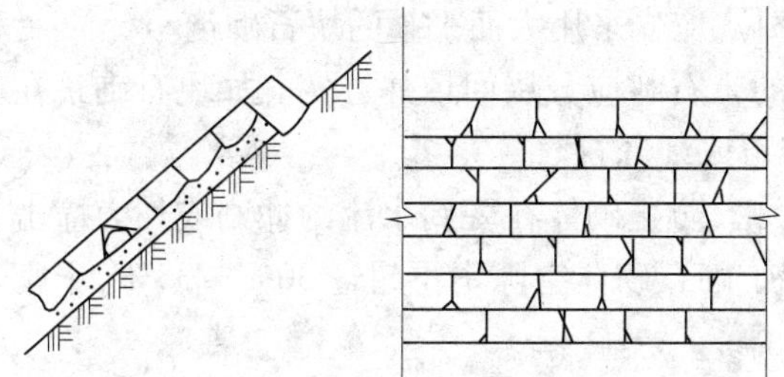

图7-15　平缝砌石

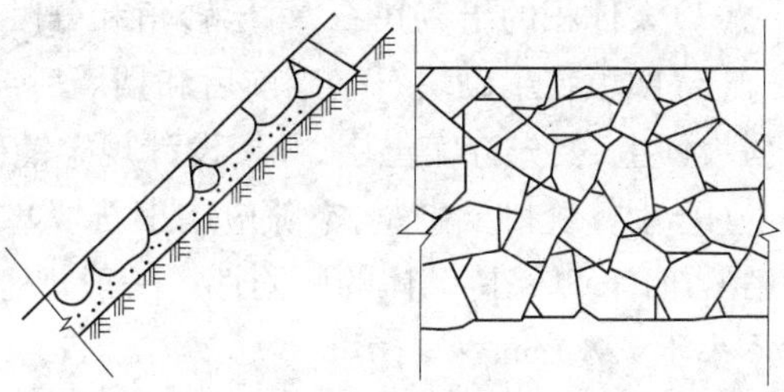

图7-16　花缝砌石

3）干砌石的封边要求

干砌石的封边是指干砌石砌筑到坡面或坡面顶结束时对砌石的处理。由于干砌石块是依靠石块之间的摩擦力来维持其整体稳定的，若局部发生移动或变形，将会导致整体破坏，边口部位属最薄弱之处，所以必须认真做好封边工作，以保证砌石整体性。一般工程中，对护坡水下部分的封边常采用深、宽均为0.8 m左右的大块石单层或双层干砌封边，对护坡水上部分的顶部封边，常采用较大而方正块石砌成0.4 m左右宽的平台，块石后面用黏土夯实，如图7-17所示。

4）干砌石的砌筑要点

（1）干砌石工程在施工前应进行基础清理工作。

（2）凡受水流冲刷和浪击作用的干砌石工程，应采用块石的长边与水平面或斜面呈垂直方向的竖立砌法砌筑。

（3）坝体施工，严禁采用先砌好面石，中间用乱石充填并留下空隙和蜂窝等错误施工方法。

（4）干砌块石的砌体露出面必须设丁石（拉结后），丁石要均匀分布。同一层的丁石长

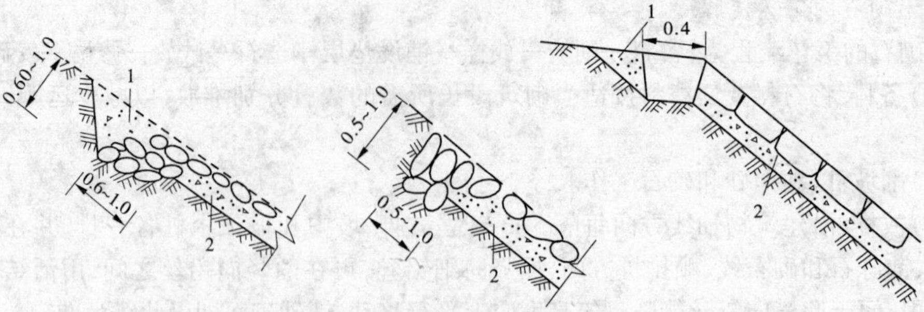

(a)坡面封边　(b)坡面封边　(c)坡顶封边

图 7-17　干砌块石封边　（单位:m）

1—黏土夯实;2—反滤层

度,如砌石等于或小于 40 cm 应等于砌体厚,如砌石大于 40 cm,则要求同一层内外的丁石相互交错搭接,搭接长度不小于 15 cm,其中一块的长度不小于砌体厚的 2/3。

(5)如用料石砌筑,则两层顺砌石应有一层丁砌,同一层采用丁顺组合砌石,丁石间距不宜大于 2 m。

(6)用干砌石作基础,一般下大上小呈阶梯状,底层应选择比较方整的大块石,上层阶梯至少压住下层阶梯块石宽度的 1/3。

(7)大体积的干砌块石,每层转角和分段部位,应先采用大而平整的块石砌筑。

(8)回填在干砌块石基础前后和挡墙后部的土石料应分层回填并夯实。如块石砌筑在土质坡面上,要先夯实土层,并按设计规定铺碎石或细砾石。

(9)砌体缝口要砌紧,空隙应用小石填塞紧密,防止砌体在受到水流的冲刷或外力撞击时滑脱沉陷,以保持砌体的坚固性。一般规定,干砌石砌体空隙率不超过 30% ~35%,干密度不小于 1.8 t/m^3。

(10)干砌石护坡的每块石面一般不应低于设计位置 5 cm,不高出设计位置 15 cm。砌筑时应自坡脚开始自下而上进行。

(11)干砌石在砌筑时应防止出现任何缺陷。

(12)护坡之下垫层材料应按反滤层铺筑规定施工。铺砌块石或其他面层时不得破坏垫层。

(13)下游块石护坡的砌石应做到认真挂线、自下而上、错缝竖砌、紧靠密实、塞垫稳固、大块封边、表面平整,注意美观,坡面采用砂浆勾缝时,必须注意预留排水孔。

(14)砌体缝口应砌紧,底部应垫稳、填实,严禁架空。

(15)不得用翘口石和飞口石及尖角或薄边石。

(16)宜采用立砌法,不得叠砌和浮塞,石料最小边厚度不宜小于 150 ~200 mm。应选用质地坚硬、不易风化的石料,其抗水性、抗压强度、几何尺寸等均应符合设计及规范要求。

(17)严禁出现通缝和浮塞,不得在外露面用块石砌筑,而中间以小石填心,不得在砌筑层面以小块石、片石找平。

(18)具有框格的干砌石工程宜先修筑框格,其框格常用浆砌石或混凝土建造,其基底一般低于相邻干砌石护坡垫层的底,要求先砌筑或浇筑框格结构,后砌筑框格内的干砌石护坡,以便块石干砌时有依循的标准。

(19)干砌石护坡砌筑,坡向、水平挂线是为了控制设计坡度和护坡大面的平整度,错缝竖砌、紧靠密实、塞垫稳固、大块封边、上下左右不得形成通缝等,是为了确保砌石护坡的整体稳定性,因此要在施工中严格要求,以确保干砌护坡的施工质量。当设计有水泥砂浆勾缝要求时,必须预留排水孔,以便坝体内的水能够迅速排出。

9. 浆砌石护坡

1)对石料的要求

(1)用于砌石工程的石料,其石质应新鲜、坚硬、密实、无裂纹,不含易风化的矿物颗粒,遇水不易泥化和崩解,含水饱和极限抗压强度应符合设计要求,软化系数宜在0.75以上。

(2)块石:应有两个基本平行的面,且大致平整,无尖角、薄边,块厚宜大于20 cm。

(3)毛石:无一定规则形状,单块重宜大于25 kg。

(4)所用材料应符合下列规定:配制砌筑用的水泥砂浆应按设计强度等级提高15%,配合比应通过试验确定,同时应具有适宜的和易性。砂浆随拌随用,常温拌成后3~4 h内使用完毕。如气温超过30 ℃,则应在2 h内使用完毕。使用中如发现泌水现象,应在砌筑前再次拌和。胶结材料的施工配制强度:

$$f_{cu,0} = f_{cu,k} + 0.84\sigma \tag{7-29}$$

式中 $f_{cu,k}$——设计胶结材料强度标准值,N/mm^2;

σ——施工单位的胶结材料强度标准值,N/mm^2。

2)浆砌石的砌筑要点

(1)砌筑前,应在砌体外将石料上的泥垢冲洗干净,砌筑时保持砌石表面湿润。

(2)砌体石块间应用胶结材料黏结、填实。

(3)应采用坐浆法分层砌筑,铺浆厚宜3~5 cm,随铺浆随砌石,砌缝需用砂浆填充饱满,不得无浆直接贴靠,砌缝内砂浆应采用扁铁插捣密实,严禁先堆砌石块再用砂浆灌缝。

(4)上、下层砌石应错缝砌筑,砌体外露面应平整美观,外露面上的砌缝应预留约4 cm深的空隙,以备勾缝处理,水平缝宽应不大于2.5 cm,竖缝宽应不大于4 cm。

(5)砌石应平整、稳定、密实和错缝。

(6)砌筑过程中如遇中雨或大雨,应停止砌筑,并将已砌石块的空隙用砂浆或细石混凝土填实,然后加以遮盖,雨后应清除积水再继续砌筑。

(7)砌筑因故停顿,砂浆已超过初凝时间,应待砂浆强度达到2.5 MPa后才可继续施工,在继续砌筑前,应将原砌体表面的浮渣清除;砌筑时应避免振动下层砌体。

(8)勾缝前必须清缝,用水冲净并保持缝槽内湿潮,砂浆应分次向缝内填塞密实,勾缝砂浆标号应高于砌体砂浆,应按实有砌缝勾平缝,严禁勾假缝、凸缝,砌筑完毕后应保持砌体表面湿润,做好养护。

(9)砂浆配合比、工作性能等,应按设计标号通过试验确定,施工中应在砌筑现场随机制取试件。

(10)砌石的质量检验应符合下列规定:

①材料和砌体的质量应符合设计要求。

②砌缝砂浆应密实,砌缝宽度、错缝距离应符合要求。

③砂浆、小石子混凝土配合比应正确,试件强度不应低于设计强度。

④砌体尺寸、位置的允许偏差应符合表7-11的规定。

表 7-11　砌体尺寸、位置的允许偏差　　(单位:mm)

项目	允许偏差	
	浆砌块石护坡、护底	干砌块石护坡、护底
断面尺寸或厚度	砌体厚度的 ±15% 且在 ±30 之间	砌体厚度的 ±15% 且在 ±30 之间
顶面高程	—	—
护底高程	+30，-50	+30，-50
护坡坡面平整度	每 10 m 长范围内 100	
护底砌石厚度	厚度的 15%	

⑤砌缝的允许宽度如表 7-12 所示，错缝距离，粗料石砌筑不少于 10 cm，块石砌筑不小于 8 cm，这些规定可通过砌筑现场施工中直观检查量测进行控制。对砌缝砂浆密实程度的检验，可在砌筑过程中对已砌好的石料抽样翻起，检查砌体是否符合砌筑工艺要求，或在砌缝胶结材料初凝后终凝前，以钢钎插孔，注入清水，观察 5 ~ 10 min，如水面无明显变化，则说明砌缝灌筑饱满密实。

表 7-12　砌体砌缝允许宽度　　(单位:cm)

类别		砌缝宽度		
		粗料石	块石	毛石
砂浆砌石体	平缝	1.5 ~ 2	2 ~ 2.5	
	竖缝	2 ~ 3	2 ~ 4	

10. *堆石护坡*

施工堆石护坡时，先铺筑一层厚度为 0.1 ~ 0.2 m 的砂垫层，上铺一层厚为 0.1 ~ 0.2 m 的卵石或砾石层，其上铺一层厚为 0.15 ~ 0.2 m 的小石块，再在其上堆一层厚为 0.25 m 以上的大石块(见图 7-3)。

第三节　土石坝排水设备的施工质量控制

土、石坝的土石料不管碾压或夯打如何坚实，也很难保证土石坝绝对不渗水。水库蓄水后，坝体受到水压力的影响，会在某种程度上产生渗水现象，坝体愈高，所受压力愈大，渗水也就愈多，这种渗水如不设法排出，则坝体背水坡较低，部分的土壤易达到饱和，极可能发生隆起与脱坡的危险。所以，通常在 6 m 以上的土石坝，都设有排水设备，有计划地将渗入坝体的水排出，降低浸润线，避免坝址土饱和所引起的滑塌，并可防止坝体和地基土被渗水冲走的危险。但在下列情况下，土石坝可以不设排水层：

(1)若坝高在 6 m 以下，而坝基透水性大于坝体透水性时。

(2)在设计中能够证明坝体浸润线的位置在任何情况下不会与背水坝坡相交时。

(3)背水坝址是由砾石、卵石或堆石等材料所组成时。

一、对土石坝排水设备的要求

良好的排水设备应符合下列要求：

(1)排水设备在任何时间都应具有充分排水能力，并能保证将渗入的水及所带的极细颗粒彻底排走。

(2)每层内部颗粒不发生移动。

(3)坝体土料不会通过排水层被冲走。

二、土石坝排水设备的型式

土石坝的排水设备主要有下列三种型式：

第Ⅰ型表层排水：是用堆石或铺石做成的，斜卧于背水边坡之上。表层排水的优点是易于观察和修理，需用石料较少。但这种排水只能保护背水坡不受渗透水流冲刷，并使颗粒小的土壤也不因渗漏而流走，对坝体及坝基内的渗透水流的性质没有影响，并不改变浸润线的位置。这种排水方式，仅在当地石料缺乏和下游有水时才采用。

第Ⅱ型内部排水：用堆石做成的棱柱体、排水褥垫、排水带或排水管。这种排水设备的主要优缺点如下：

(1)(a)种型式除排水有反滤作用外，并有防护坝坡不受下游水流冲刷的作用，在当地有石料可供采用时，是一种最好的排水型式。

(2)(b)、(f)两种型式施工比较简单容易，但当坝料的质量不好时，渗流可以从上面溜走，排水有时会不甚可靠。

(3)(c)、(d)、(e)三种型式在作用方面比较可靠，但是施工条件较为复杂。

第Ⅲ型混合式排水：通常由内部排水及表层排水结合组成，同时起着排水设备所有可能发生的作用。在当地有大量石料可供采用时，是一种很有效的排水型式。

土坝下游有水的，以用第Ⅰ型、第Ⅱ型(a)及第Ⅲ型为宜。只在为节省石料或在小型坝上才可采用其他几种排水。

土坝下游无水的最好用第Ⅱ型的几种排水。

第Ⅱ型的内部排水设备，根据它的结构和外形可分为下列几种：

(1)坝下游部分的排水坝址。

(2)排水管和泄水带(纵向的或横向的)，为具有不同几何形状(矩形、三角形、多角形等)横断面的管或者整片的垫、带。

(3)外表排水设备，常做成完整的盖面形式。

三、排水设备的型式、结构、尺寸和布置的选择原则

排水设备的型式和结构的选择，应根据技术经济的条件，并考虑如下几点：

(1)当地是否具备排水设备的材料。

(2)在既定的土料渗透系数的条件下，土坝横断面的型式、坝身和坝基渗流的性质。

(3)施工条件。

(4)建筑物的运用情况。

(5)地区气候特征。

同时大多数情况下，一般采用以下几种型式：

对于河床部分的坝，用第Ⅱ型(a)或第Ⅲ的排水设备。

对于河滩部分的坝：用砂土做的坝用第Ⅱ型(b)、(d)、(f)的排水设备，用黏土做的坝用第Ⅱ型(b)、(c)、(d)的排水设备。

除一般情况外，还应该考虑到以下条件：

(1)第Ⅰ型：仅在当地没有足够数量适用的石料和下游有水时才建议采用。

(2)第Ⅱ型(a)：堆石排水坝趾是最好的，它有许多功用，如可作为排水设备，也可作为压坡坝趾，防护坝不受下游水流的冲刷，防止冻结等。而且在许多情况下建筑这种排水设备时可不做围埝，但是这种型式不经济。

(3)当工地缺乏石料且下游无水时，可以采用第Ⅱ型的(b)、(c)、(d)、(e)、(f)。当下游在短时间内有水时，第Ⅱ型可与第Ⅰ型结合起来而成为第Ⅲ型。

(4)采用第Ⅱ型的哪一种应取决于下列施工条件：

第Ⅱ型(b)：水平排水带，比起所有其他的型式，可使由于安设排水设备而造成的坝体施工复杂化的程度为最小。然而当填土的质量和墙体的层理不能令人满意时，渗流可能从上面溜过去，所以它的工作不甚可靠。

第Ⅱ型(c)、(d)、(e)：在工作方面可靠，但却使施工有一定程度的复杂化。

第Ⅱ型(c)：可以做得很经济，特别是在用黏性土料做的土坝中，但是它的铺设要求在坝筑成后挖沟来进行。

第Ⅱ型(e)：在围埝和坝身相结合的情况下采用它是适宜的。

第Ⅱ型(f)：与第Ⅱ型(b)一样，对于用砂土做在砂土河滩上的土坝，它也是一种最合理的型式。

四、各种型式排水设备的施工控制

每一种排水设备通常都由两个基本部分组成：

(1)集水部分：为一层或数层粒径逐渐增大的材料做成的反滤层。

(2)导引部分：它的用途是将渗水引至下游，它由大粒径的材料组成。

①第Ⅱ型(a)及第Ⅲ型的堆石棱柱体的顶宽一般不小于1.0 m，其顶部高于下游水位不小于0.5～1.0 m，棱柱体的斜坡，上游坡率采用1.25～1.5，下游坡应采用1.5～2.0。

②排水带、排水沟边坡，第Ⅱ型和第Ⅲ型的排水设备中，应不陡于1:1。

③在没有水处铺设排水层时，排水层各层的厚度应不小于0.2～0.3 m，而在水中铺设时，则采用0.5～1.0 m。

④第Ⅰ型的排水层高度应该高于下游最高水位时的浸润线出逸点0.5～1.0 m，顶宽一般不小于1.0 m，其边坡一般与坝的背水坡相等。

⑤第Ⅱ型(c)、(d)、(e)排水层(竖立部分)的高度应高于浸润线最高出逸点1.0 m。

⑥第Ⅱ型(b)的排水层长度应大于由渗流计算所得的理论长度1.5～2.0 m。

⑦第Ⅱ型(f)的排水带的顶部应有足够的宽度，以承泄该段内的渗水至排水管。排水管可用陶管做成，位于下游坡内，管径尺寸应按渗透计算有足够的排水能力(直径不小于20 cm)，能排除坝内渗漏水，管内的流速不小于0.20～0.25 m/s，不应大于1 m/s，充水度应采用不大于0.8。

⑧第Ⅱ型(b)、(f)的排水层或排水带,沿坝长每隔 20 m 应设排水暗沟一道,以承泄排水带或排水层的渗水并排至坝址以外。

⑨各类型排水设备,应由 2 ~ 3 层非黏性颗粒做成,大小颗粒分层位置应视渗透水流方向而定。即渗水方向由下而上,较大粒料层应放在较小粒料层之上;渗水方向由上而下,较小粒料层应放在较大粒料层之上。排水各层所采用的材料,应符合$\frac{D_i}{d_i}=7\sim8$(式中 D_i 为相邻两层中较粗一层颗粒的计算直径,d_i 为相邻两层中较细一层颗粒的计算直径),且每层排水层内,其粒径的不均匀系数不应大于 5(即$\frac{d_{60}}{d_{10}}\leqslant5$)。

第四节　反滤层级配的要求及坝体排水设备的施工要求

反滤层、过渡层和排水层土石料的要求应按下列规定:

(1)具有要求的颗粒级配,且粒径小于 0.1 mm 颗粒含量不大于 5%。

(2)具有要求的透水性。

(3)质地致密坚硬,具有高度的抗水性和抗风化能力。风化料一般不能用做反滤料,如必须应用时应有充分论证。

(4)反滤料宜用天然砾石经筛选,在缺乏天然砂砾料时也可采用人工砂或碎石料,但应选用抗水性和抗风化能力强的母岩轧制。

(5)级配要求。即是按照设计要求的级配,对于反滤层,应采用连续级配,即对于 D_{60} 以下的颗粒,要求下包线与上包线的 D_n($n\leqslant60\%$)之比不大于 5,其目的是防止由于下包线与上包线范围过宽,在施工中发生粗细颗粒分离。

(6)抗水性和抗风化能力要求。若抗水性差,在渗透水的作用下,粗颗粒会进一步软化破碎,若抗风化能力差,在填筑过程中和填筑于表层时,可能会因颗粒进一步风化,使颗粒变细,这两种情况,均会导致级配不满足要求,反滤料透水性减小,质地致密坚硬的材料对提高抗水性和抗风化能力有利,故要求具有高度的抗水性和抗风化能力,风化料一般不能用做反滤料。

(7)反滤层厚度、铺筑位置及反滤料的粒径、级配不均匀系数、含泥量等均应符合设计要求。

(8)对已铺好的反滤层应作必要的保护,禁止车辆行人通行、抛掷石料及以其他物体,防止土料混杂及污水侵入。

在反滤层上堆砌石料时,不得损坏反滤层,与反滤层接触的第一层堆石应仔细铺筑,其块径应符合设计要求,且应防止大块石集中。

(9)反滤层的设置。土质防渗体(包括心墙、斜墙、铺盖截水墙等)与坝壳或坝基透水层之间,以及下游渗流逸出处,都必须设置反滤层,当坝基或坝壳为砂性土,层间关系满足反滤要求时,经过论证也可不设置专门的反滤层。

(10)坝体排水设备的要求。坝体排水设备必须满足以下要求:①应有充分的排水能力,以保证自由地向下游排出全部渗水;②应按排水反滤原则设计,以保证坝体及地基土不发生渗透破坏;③便于观测和检修。

从保护被保护料细颗粒不流失而言,排水与反滤层是相同的。从透水性要求而言,对反滤层的要求是能通畅地排出渗透水流,对排水的要求是能自由地排出全部渗水。设计时,施工过程中要满足能自由地排出全部渗水的要求,除排水料应具有较大的透水性外,排水体的断面尺寸最好参照渗流计算结果确定,并留有一定的安全裕度。

(11)坝面排水的要求。为避免雨水浸流而造成坝坡坡面冲刷,应在坝面排水,其范围包括坝顶、坝坡、坝端及坝下游等部位的集水、节水和排水设施,对于均质土坝和砂砾石坝壳,设置坝面排水是十分重要的。设置坝面排水后,应确保排水沟牢固不渗水,排水沟一旦损坏,集中的水流从排水沟损坏处对坝面的冲刷可能要比雨水浸流冲刷坝坡严重得多。坝面与岸坡连接处是集水量相对较大的部位,更应引起重视,在施工过程中不得马虎,必须严格控制施工质量。

第八章　土石坝施工质量和安全技术

水利水电工程中的土石坝工程，地处江、河、湖、库水域，其水文、地质条件复杂，工程地理位置险要，无论是防洪除涝，还是蓄水发电都关系到城乡人民生命财产的安全，不但其专业性较强，其工程质量要求也高。其质量好，则富国利民，造福后代；其质量劣，则伤天害理，祸国殃民，所以说“百年大计，质量第一”，“质量是水利的生命”，全水利行业，乃至全社会都应为搞好水利工程质量贡献力量。

在水利水电工程的施工中，土石坝施工必须从单位工程或分部工程的建筑及结构特点、施工条件、技术要求和安全生产出发，拟定保证工程质量和施工安全的技术措施及工程质量保证体系，遵循相关的各种规范、规程。它是进行施工作业交底，明确施工技术要求、质量标准，预防可能发生的工程质量事故和生产安全事故的一项重要内容，也是施工管理中不可缺少的重要环节。

第一节　工程施工质量控制的基本要求

水利工程质量是指，在国家和水利行业的有关法律、法规、技术标准、设计文件及合同中，对水利工程的安全、适用、经济、美观等特性的综合要求。也就是说，土石坝施工的质量是指，通过工程建设过程所形成的工程项目，其应满足并符合国家有关法规、技术标准和合同规定。

一、工程项目实体质量的要求

土石坝工程项目是由单位工程、分部工程和单元工程所构成的，工程项目的建设又是由一系列相互联系、相互制约的工序所构成的，而工序质量是创造工程项目实体质量的基础。因此，工程项目实体质量应包括工序质量、单元工程质量、分部工程质量和单位工程质量，它们之间的相互关系如图 8-1 所示。

二、土石坝工程的施工质量控制

施工质量控制是指在施工中积极推行全面质量管理，一般是指设计、施工和管理部门将施工项目作为整体，综合运用现代管理方法和科学技术，建立一套有效的质量管理工作体系，以保证最经济地完成工程项目，满足高质量工程的所有管理活动的总体。全面质量管理的特点，集中表现在“全面质量管理，全过程质量管理，全员质量管理”三个方面。

（一）全面质量管理

1. 施工准备阶段的质量检查要求

主体工程开工前，施工单位应组织人员对施工准备工作进行全面检查，并经建设（监理）单位确认合格后才能进行主体工程的施工。因水利工程一般都是包括很多工序的系统工程，施工准备工作对主体工程的施工质量、进度及投资等均有很大影响，因此对施工准备

- 土石坝工程项目实体质量
  - 工序质量
  - 单元工程质量
  - 分部工程质量
  - 单位工程质量
    - 建筑工程质量
    - 安装工程质量
    - 设备本身质量
  - 总体工程项目质量

图 8-1　土石坝工程项目实体质量系统

检查应给予充分的重视。施工单位在主体工程开工前就应对施工准备工作进行全面检查，而且还应由建设单位（项目法人）或根据合同委托监理单位，对施工单位自查结果进行复查，只有确认合格后，才能发布开工令。确认合格的依据是有关技术标准、规范及施工单位签订的合同。

2. 对中间产品与原材料质量检查要求

施工单位应按有关技术标准对中间产品与水泥、钢材等原材料的质量进行全面检查，不合格产品不得使用。根据以上规定，对施工中所使用的产品与原材料的质量应进行严格把关，因为这也是保证水利工程施工质量的关键性步骤。中间产品是指砂石骨料、石料、混凝土拌和物、砂浆拌和物及混凝土预制构件（块）等需加工生产的原材料及半成品，施工单位负有对中间产品与原材料质量进行全面检验的责任，并要做好检验记录，检验不合格的中间产品或原材料不得使用。

3. 对水工金属结构、启闭机及机电产品质量检查要求

对水工金属结构、启闭机及机电产品在安装前，施工单位应检查其是否有出厂合格证、设备安装说明书及有关技术文件，对无出厂合格证或不符合质量标准的产品不得用于工程中。根据以上要求，对水工金属结构、启闭机以及机电产品，施工单位应该检查其出厂合格证、设备安装说明书及有关技术文件是否齐全，并按照合同要求进行必要的质量检测，只有具备出厂合格证并经检验质量合乎标准的产品才能安装，对在运输或存放过程中发生的变形、受潮、损坏等问题则应做好记录，同时进行必要的维修和处理，达到合格标准才能安装，没有出厂合格证或不符合质量检测标准的产品，不能在工程施工中使用。

4. 对重要隐蔽工程及关键部位施工质量检查的要求

隐蔽工程是指地基开挖、地基处理、基础工程、地下防渗工程、地基排水工程、地下建筑工程等所有在完工后被覆盖的工程，这些工程施工完毕，一旦被覆盖就很难对其施工质量进行检查；工程关键部位是指对工程安全或效益有显著影响的部位，这些部位施工质量的好坏，将对整个水利工程质量能否达到设计要求起到决定作用。因此，在重要隐蔽工程和工程关键部位施工中，不仅施工单位要严格控制，精心施工，自评合格，而且还要报请项目法人（或监理单位）组织设计、施工、管理运行、质量监督等单位组成联合检验小组，共同检验并核定其质量等级，达不到质量要求的要坚决返工。当然，工程项目的重要隐蔽工程及关键部位需在施工合同中加以明确。

5. 单元工程质量检验要求

施工单位应严格按评定标准，检验工序及单元工程质量，做好施工记录，并填写“水利

水电工程施工质量评定表”，建设（监理）单位根据自己抽检的资料，核定单元工程质量等级，发现不合格单元工程，应按设计要求及时进行处理，合格后才能进行后续单元工程施工。对施工中的质量缺陷要记录备案，进行统计分析，并记入相应单元工程质量评定表“评定意见”栏内。

根据上述要求，在单元工程施工中要注意以下几个方面的问题：

(1)单元工程是指水利工程中由数个工种、工序施工组成的工程体，是水利工程质量考核的基本单位。施工单位在单元工程质量自检时，应严格按照《评定标准》的要求操作，检验工序和数量都应符合规定，及时做好检验记录并认真填写“水利水电工程施工质量评定表”。

(2)对单元工程施工中出现的质量缺陷，施工单位要详细记录备案，并记入相应单元工程质量评定的“评定意见”栏内，以便统计分析时应用。质量缺陷是指还构不成一般质量事故的质量问题。质量事故的界定应按《水利工程事故处理暂行规定》中的标准来划分。

(3)建设（监理）单位应及时做好单元工程质量的抽检工作，并根据抽检资料记录，核定该单元工程质量等级。如果没有抽检资料记录，就不能核定单元工程的质量等级。当发现单元工程质量不合格时，应及时通知施工单位按设计要求进行处理，只有达到合格后才能进行后续单元的施工。

6. 质量事故后工程质量的检查要求

工程质量事故处理后，应按照处理方案的质量要求，重新进行工程质量的检测和评定。

根据上述规定，在遇到工程质量事故时应特别注意以下几个方面的问题，以保证水利工程的质量符合设计要求：

(1)质量事故是指在工程建设过程中，由于建设、管理、监理、勘测、设计、施工、材料、设备等原因造成隐患和危害的事件。如不进行处理，必然会对整个工程的安全运行带来极大的隐患。近几年来，全国许多地区工程失事的重要原因之一就是对已经发现的质量事故不加处理，最终酿成重大伤亡惨案，所以对工程施工中的质量事故决不能掉以轻心，必须进行处理。

(2)质量事故的处理应坚持“事故原因不查清楚不放过，主要事故责任者和职工未受教育不放过，补救和防范措施不落实不放过”的“三不放过”原则。

(3)质量事故按直接经济损失的大小、检查和处理事故对工期影响时间的长短以及对工程正常使用的影响三方面综合分析后，分为一般质量事故、较大质量事故、重大质量事故、特大质量事故，对不同的质量事故采取不同的处理措施。

(4)对质量事故进行处理时须在专门处理方案的指导下进行，处理方案中，对质量事故处理后的质量要求应有明确的、不同于原工程部位质量要求的规定，所以对处理后的工程质量应重新进行监测和评定，以保证整体工程的质量能达到设计要求。

总体来说，全面质量管理包括如下的基本观点：

(1)质量第一的观点。“质量第一”是推行全面质量管理的思想基础。工程质量的好坏，不仅关系到国民经济的发展及人民生命财产的安全，而且直接关系到企事业单位的经营、经济效益、生存和发展。因此，在工程项目的建设全过程中，所有人员都必须牢固树立“质量第一”的观点。

(2)用户至上的观点。“用户至上”是全面质量管理的精髓。目前，国内外施工企业均把用户摆在至高无上的地位,把他们称为“上帝”,把企业同用户的关系比做鱼和水、作物和土壤的关系。工程项目用户至上的观点中的用户包括两个含义:一是直接或间接使用工程的单位或个人;二是在企业内部,生产(设计、施工)过程中下一道工序为上一道工序的用户。

(3)预防为主的观点。工程质量的好坏是设计建筑出来的而不是检验出来的,检验只能确定工程质量是否符合标准要求,但不能从根本上决定工程质量的高低。全面质量管理必须强调从事后检验把关变为工序控制,从管理质量结果变为管理质量因素,防检结合,预防为主,防患于未然。

(4)用数据说话的观点。工程技术数据是实行科学管理的依据,没有数据或数据不准确,对质量则无法进行评价。全面质量管理就是以数理统计方法为基本手段,依靠实际数据资料,作出正确判断,进而采取正确措施进行质量管理。

(5)全面管理的观点。全面质量管理突出一个“全”字,要求实行全员、全过程、全企业的管理。因为工程质量的好坏,涉及施工企业的每个部门、每个环节和每个职工,各项管理既相互联系又相互作用,只有共同努力、齐心管理,才能全面保证工程项目的质量。

(二)全过程质量管理

全过程质量管理也就是施工阶段的质量控制,因为工程质量的形成过程作为一个系统过程,需要有完整、有效的控制体系来保证。施工阶段质量控制体系包括质量控制的组织体系、对象体系和过程体系三个方面。

1.施工项目质量控制的组织体系

施工项目质量控制的组织体系主要包括施工承包商和监理单位两个方面。监理单位应督促施工承包商建立完善的质量管理组织体系,要求承包商把质量管理作为一项重要工作来抓,要求设置质量管理机构和相应的专职质量管理人员,建立健全质量保证体系,开展全面的质量管理。从而,在施工承包商内部形成完善的质量管理网络,并在监理单位内部建立完善的质量控制组织体系,包括合理设置质量控制机构、科学配置质量控制人员、明确各类质量控制人员的职责。

施工单位的质量管理体系和监理单位的质量体系相辅相成,构成了施工项目质量监控的组织体系。正是这一组织体系的正常运转,才得以保证施工项目质量目标的实现。此外,政府监督或政府部门的质量监督和建设单位的质量体系作为工作项目的质量控制的组成部分之一,也对质量控制起到了积极作用。

2.施工项目质量控制的对象体系

施工项目质量控制的对象包括两方面:一是对影响因素的控制;二是对施工结果的控制,即对工程实体质量及使用价值的控制。

对施工质量的影响因素的控制主要是对人员、材料、机械、方法和环境五大因素的控制。具体控制是对施工结果的控制,主要是指对工程产品质量的检查验收,评定其构成质量的各项指标是否达到了设计要求和合同规定的质量标准。对于不合格的工程则必须修补或返工。

3.施工质量控制的过程体系

由于形成最终工程产品质量是一个系统过程,因此施工阶段质量控制是一个由选择施工承包商以及对投入的材料、机械、方法和环境的质量控制开始,通过对各施工过程的质量把关，最后直到完成工程检查验收为止的全过程的系统控制过程，见图 8-2。

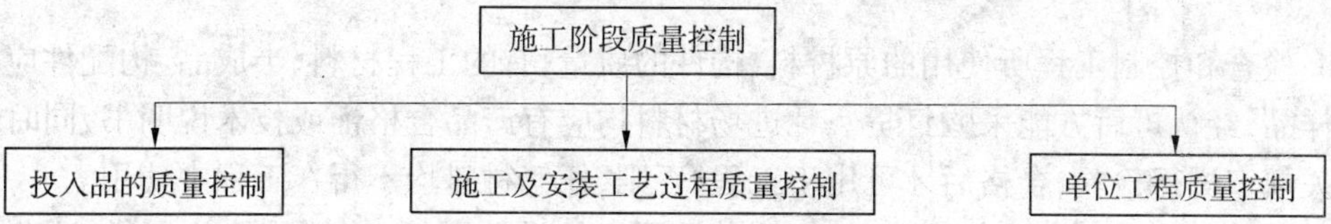

图 8-2　施工质量控制的过程体系

4. 施工阶段质量控制的内容

(1)要有明确的质量管理目标和质量保证的工作计划和进度安排，目标是解决施工已有的质量问题，缩小和消灭与先进企业质量水平的差距，达到用户要求和新的质量标准。目标要层层分解、层层交底、层层落实，一直落实到每个职工的具体工作岗位，形成一个从上到下、从大到小的目标管理体系。

质量管理工作计划是实现质量目标，组织与协调质量管理活动的手段和各部门、各环节质量工作的行动纲领，要有提高工程质量的综合计划，也要有分项目、分部分的具体计划，形成一套完整的质量计划体系。

(2)要建立和健全质量管理组织机构，明确职责分工。建立各级组织机构管理，确定各级的职责、权限及相互关系，明确规定各部门、各类人员在实现质量总目标中必须完成的任务及承担的责任和具体权限。

(3)组织开展质量管理小组活动。质量管理小组又叫 QC 小组，它是质量管理的群众基础，是职工参加管理的好形式，有利于发动全体职工参加质量管理，可以充分发挥职工的智慧和干劲，不断地把质量管理工作和产品质量提高到新水平。

(4)要与协作单位建立质量保证体系。工程质量与施工单位的施工质量、设计单位的设计质量、材料供应、设备制造、机械设备的产品质量有着密切的关系，需要设法使协作单位也开展全面质量管理，建立起协作单位的质量保证体系。

(5)要努力实现管理业务规范化和管理流程程序化。在施工过程中要经常研究管理业务活动的规律，把经常重复出现的管理业务分类归纳，形成有效的制度和规范化的程序及方法，成为职工行动准则，这样才能保证施工质量。同时，对管理业务处理过程中所经过的各环节、各管理岗位、各工作步骤加以分析，尽力使之规范化、流程化。

(6)要有一个可靠、有效的计量系统。只有搞好检测工作，才可能及时掌握质量动态与规律，以便控制质量的波动范围，保证工程质量的稳定，也才有可能评价工程质量，从而衡量施工单位的施工技术水平和管理水平。

(7)要建立一个完整的信息传递和反馈系统。要求实事求是，认真调查研究，及时掌握大量准确而又齐全的第一手资料，包括工程施工过程中每个环节的质量信息、基础数据原始记录、验收结果、统计分析以及用户意见等，这些信息和情报资料的收集、整理、分析和反馈，常常是提高和保证质量的巨大动力。

(8)根据工程实体质量形成的时间阶段，在施工过程中的质量控制又可分为事前控制、事中控制和事后控制。

①事前质量控制是指在正式施工前进行的质量控制，其具体的工作内容有以下几方面：

a. 审查施工单位的技术资质。在招标阶段已对总包单位的资质进行了审查，进入施工阶段后，监理工程师主要对总包单位选择的分包单位的资质进行审查认可，以确保工程顺利进行。

b. 检查和控制工程所使用的原材料、构件的质量，有的工程材料、半成品、构配件应事先提交样品，经认可后方能采购订货。凡进场材料均应有产品合格证或技术说明书，同时还应按有关规定进行检验，合格后才可用于工程，否则，任何材料均不得在工程中使用。

c. 对永久性的生产设备或装置，应按审批同意的设计图纸，组织采购或订货，这些设备到场后均应进行检查和验收，主要设备还应开箱检查，并按所附的技术说明书进行验收，对于从国外引进的机械设备，应在交货合同规定的期限内开箱逐一查验。

d. 对承包单位提出的施工方案和施工组织设计进行审查，从技术措施上保证工程质量。

e. 对工程中采用的新材料、新结构、新工艺、新技术，均应审核其技术鉴定书，审查通过后才能应用于工程。

f. 检查施工现场测量标桩、建筑物的定位放线以及高程水准点，重要工程还应亲自审核。

g. 协助承包单位完善质量保证体系，包括完善计量及质量检测技术和手段等。

h. 协助总包单位完善现场质量管理制度，如现场会议制度、现场质量检验制度、质量统计报表制度和质量事故报告及处理制度等。

i. 对工程质量有较大影响的机械、设备，均应对其技术性能和使用状况进行检查认可，凡不能保证工程质量的均不能使用。

j. 组织设计交底和图纸会审，审核设计变更和图纸修改。

k. 把好开工关。监理工程师对施工现场的各项准备工作进行检查，一切具备开工条件后，才能发布开工令，停工的工程，只有采取措施处理，经检查认可后才能发布复工令，继续工程施工。

②事中质量控制是指在施工过程中进行的质量控制，其具体工作内容有以下几个方面：

a. 协助承包单位完善工序控制，严格控制影响质量的各种因素，建立质量控制点，及时检查和审核承包单位提交的有关质量资料。

b. 严格工序间的交接检查。上一道工序只有检查确认后，才能进行下一道工序的施工。尤其对隐蔽作业要及时检查验收。

c. 重要的工程部位或专业工程还要亲自进行试验或技术复核，如混凝土坍落度的测定、混凝土试件的取样等。对于重要材料、半成品可自行组织材料试验工作。

d. 对完成的单元、分部工程按相应的质量评定标准和办法进行检查、验收。

e. 为确保工程质量，必要时监理工程师应下达停工令，具体包括以下内容：

ⅰ. 施工中出现质量异常情况经提出后承包单位仍不采取改进措施者，或者采取的改进措施不力，还未使质量状况发生好转趋势者。

ⅱ. 隐蔽作业未经现场监理人员查验自行封闭、掩盖者。

ⅲ. 对已发生的质量事故未进行处理和提出有效的改进措施就继续施工者。

ⅳ. 擅自变更设计、修改图纸进行施工者。

ⅴ. 使用没有技术合格证的工程材料或者擅自替换、变换工程材料者。

f. 组织定期或不定期的现场会议，及时分析通报工程质量状况并协调有关单位间的业务活动。

③事后质量控制是指在完成施工过程形成产品后进行的质量控制，其具体工作内容有以下几个方面：

a. 按规定的质量评定标准和办法，对完成的单元工程、分部工程及单位工程进行检查验收。

b. 组织联合试车。

c. 审核承包商提供的质量检验报告及有关技术性文件。

d. 审核承包商提交的竣工图。

e. 整理有关工程项目质量的技术文件并编目建档。

（三）全员质量管理

施工质量的控制是指在施工中积极推行全面质量管理，并加强质检人员的培训，建立健全各级责任制，以保证施工质量达到设计标准、工程安全可靠与经济合理。为了搞好施工质量控制，在工程施工中应做到以下几点：

(1)施工人员必须对工程质量负责，做好质量管理工作，实行自检、互检、交接班检查的制度，施工单位必须设立在施工主要负责人领导下的专职质量检查机构，实行一级管理或分级管理，但应有业务垂直领导关系。

(2)质检人员与施工人员都必须树立"预防为主"和"质量第一"的观点，双方必须密切配合，控制每一道工序的操作质量，防止发生质量事故。

(3)在制定施工技术措施，确定施工方案和施工工艺时，应根据现场实际情况同时制定每一工序的质量指标。施工中必须使前一工序向后一工序提交合格的产品，从而保证成品的总体质量。

(4)质量控制应按国家和部颁的有关技术标准、工程设计和施工图纸技术要求以及工地制定的施工规程进行。质检部门对所有检查对象或取样点的平面布置、高程、检验结果等均应如实记录，并逐班逐日填写质量报表，分送有关部门和负责人。质检资料必须妥善保存，防止丢失，严禁自行销毁。

(5)质量检查部门应在验收小组领导下，参加施工期的分部工程验收工作，特别是隐蔽工程、重要工程的验收工作，并应详细记录工程质量情况，必要时应拍照或取原状样品保存。

(6)施工过程中，对每班出现的质量问题、在现场做出的处理决定，必须在现场交接班记录本上详细写明，并由值班负责人签署。针对每一质量问题，在现场做出的处理及遗留问题，必须由主管技术负责人签署，作为施工质量控制的原始记录。

发生事故时，施工部门应会同质检部门，设计、监理单位共同查出原因，提出补救措施，及时处理并提出书面报告。

第二节　施工阶段质量控制的依据、方法和工作程序

一、施工阶段质量控制的依据

施工阶段质量控制的依据必须是科学合理的，能反映施工全过程各环节质量控制的要求。具体内容如下：

(1)合同文件及其技术规程，以及根据合同文件规定编制的设计文件图纸和技术要求及规定等，反映了业主的建设意图，只有依据它进行施工，才能达到工程本身的各项功能及

使用价值。根据工程实际而规定的合同文件的技术规范及要求，对工程施工的各项控制因素及施工环节的质量要求提出明确的标准，这些理应首先作为我们的质量控制依据。

(2)有关控制原材料、半成品、构配件质量的依据，具体内容如下：

①有关产品技术标准，如水泥及水泥制品、木材及木材制品、钢材、砖瓦、砌块、建筑五金等的产品标准。

②有关的技术标准，如GB2101—80《型钢验收、包装标志及质量证明书的一般规定》、SDJ—207—82《水工混凝土施工规范》、SL62—94《水工建筑物水泥灌浆施工技术规范》、SL223—1999《水利水电建设工程验收规程》、SL274—2001《碾压式土石坝设计规范》等。

③有关试验、取样方法的技术标准，如GB177—85《水泥胶砂强度检验方法》、GB11971—89《加气混凝土力学性能试验方法》等。

④有关材料验收、包装、标志的技术标准，如GB2102—80《钢管验收包装、标志及质量证明书的一般规定》等。

⑤凡涉及新用材料时应有权威的技术检验部门关于其技术性能的鉴定书。

(3)有关建筑安装作业的操作规程。操作规程是为保证工序质量而制定的操作技术规程，如混凝土操作规程、砌砖操作规程。

(4)有关施工工艺规程及验收规范，这是以分单元、分部工程或某类实体工程为对象制定的为保证其质量的技术性规范，如GBJ202—83《地基与基础工程施工及验收规范》、GBJ201—83《土方与爆破工程施工验收规范》等。

(5)凡属采用新工艺、新技术、新材料、新结构工程，事前应进行试验，并对在此基础上制定的施工工艺规程进行必要的技术鉴定，如应有权威技术检验部门及其技术性能的鉴定书或相应级别的技术鉴定。

二、施工阶段质量控制的方法和工作程序

施工阶段通过采用合适的质量控制方法，遵循工作程序，达到对工程质量的有效控制。

(一)施工阶段质量控制的方法

根据国际惯例，结合我国国情在施工阶段进行质量控制时要求做到以下几点：

(1)坚持以"预防为主"的方针，重点进行事前控制，防患于未然，把质量问题消除于萌芽状态。

(2)"监、帮、促"相结合，既应坚持质量标准，严格检查，把好质量关，又应热情帮助和促进施工单位建立健全工作制度，完善质量保证体系；想办法、出主意，达到积极有效地进行质量控制的目的。

(3)为了达到有效控制工程质量的目的，应结合工程的实际情况，确定合适的工作范围和深度，选用合适的工作方式，并在这些要求征得业主同意后，作为合同条件的组成内容，在承包合同中明确规定，以便于质量控制的实施。

(4)在处理质量问题的过程中，应尊重事实，尊重科学，立场公正，谦虚谨慎，以理服人，做好协调工作，树立良好作风。

(5)施工阶段质量控制的具体做法有如下几方面：

①审核有关技术文件、报告或报表。在施工过程中，应根据工程进度、施工顺序、工作程序及时审核各种文件报告，为实现对工程质量的全面控制奠定基础。具体讲，主要审核如下

内容：

a. 审核施工承包商提交的进场人员资质、进场施工机械和试验计量设备的报告。

b. 审核承包商的正式开工报告，并经现场核实后，下达开工指令。

c. 审核承包商提交的原始基准点、基准线坐标等复核报告。

d. 审核承包商提交的施工方案和施工组织设计，确保工程质量有可靠的技术措施。

e. 审核承包商提交的材料、半成品、构配件的质量检验报告，包括出厂合格证和质量保证文件及永久设备的技术性能和质量检验报告。

f. 审核承包商提交的反映工序质量动态的统计资料或管理图表。

g. 审核设计变更、修改图纸和技术核定书。

h. 审核有关工程质量事故处理报告。

i. 审核有关新工艺、新技术、新材料、新结构的技术鉴定书。

j. 审核承包商提交的关于工作工序交接检查及单元工程、分部工程质量检查报告。

k. 审核并签署现场有关质量技术签证、文件等。

l. 审核承包商的质量保证体系和有关质量保证文件。

②质量监督与检查。

a. 检查的内容：

开工前检查。目的是检查工程是否具备开工条件，开工后能否保证质量。开工前的检查包括两个方面：一是对施工承包商开工的准备完成情况检查；二是对业主提供的开工条件检查。

工序交接检查。对每一道工序，承包商在自检、互检的基础上，再由监理工程师进行交接检查。

隐蔽工程检查。凡是隐蔽工程，均需经监理、设计、施工、建设、质检人员联合检查认证后方能掩盖。

停工后复工前检查。停工后应经监理人员检查认可后才能下达复工令。

单元、分部工程完工后，应经监理人员检查认可后签署验收记录。

跟班或跟踪检查。对于重要工程部位和易产生质量问题的环节，监理工程师应随时检查，随时纠正不合规范的操作，及时纠正发现的质量问题。

成品保护质量检查。成品保护质量检查是指在施工过程中，某些单元工程或分部工程已完工，而其他单元工程还在继续施工，为保护已完工的成品免受损坏，监理人员对成品保护的质量经常进行巡视检查，要求施工单位对成品采取“护”、“盖”、“封”等保护措施，如设备基础及安装的设备。

b. 检查的方法：

ⅰ. 感觉性检查法：包括看、摸、敲、照等具体检查方法。如目测检查混凝土浇筑及成品质量、手摸检查表面的光滑度、敲击检查质量等。

ⅱ. 实测检查法：就是运用测量仪器和工具进行检查来判别质量是否合格。如对建筑物的平整度量测检查，对轴线标高、轮廓尺寸的检查等。通过把检查得到的数据与施工规范及质量标准所规定的允许偏差对照，作出工程是否合格的结论。

ⅲ. 试验检查法：指通过试验手段，才能对质量进行判断的检查方法。如混凝土强度、坍落度的测定，土的含水量、干密度的检查方法等。

c. 质量信息反馈及发布质量控制指令:把在施工质量控制中收集到的大量信息,通过对这些信息的加工、整理、分析,作出对施工质量是否符合质量标准和要求的评价,并将这些评价内容及时向承包商和业主反馈,让承包商了解施工质量现状,以便对存在的问题及时采取改正措施,同时,也使业主了解工程施工质量状况。监理工程师在质量控制过程中,如对质量有疑点,有权要求承包商加以澄清,对存在的质量问题,监理工程师则应下达质量控制指令(如停工令)等,要求承包商采取一系列处理措施,并经检查认可后才能下达复工令继续施工。

(二)施工阶段质量控制的手段

在施工阶段进行质量控制,常采用以下手段。

1. 旁站

旁站监理是驻地监理人员的一种主要现场检查形式,对于易产生质量缺陷的部分或产生缺陷难以补救的部分,以及对于隐蔽工程,尤其应该加强旁站,监理人员必须用全部或大部分时间在施工现场对承包商的施工活动进行跟踪监理,发现问题及时指令承包商予以纠正,以尽早避免可能发生的工程质量事故。

2. 测量

监理工程师利用测量手段,在工程开工前核查工程的定位放线,在施工过程中控制工程轴线和高程,在工程完成验收时,测量各部分的几何尺寸、高度等,同时监理工程师对承包商的所有测量记录,均应审核认可后方可使用。这是对建筑物的几何尺寸进行控制的重要手段。

3. 试验

监理工程师只有利用试验,才能对工程项目或材料进行客观公正的质量评价,以确保材料和工程的内在品质,不允许只采用经验、目测或感觉评价质量。

4. 指令文件

指令文件是用以指出施工中的存在问题,以引起承包商的注意,并加以解决的指令和文件。监理工程师在进行质量控制时,对工程中已发现或拟发生质量问题的情况,应及时采用指令文件,对存在问题发出书面指令,督促承包商严格遵守和执行监理工程师的书面指示,采取有效措施改进工程质量。

5. 严格执行监理程序

严格执行监理程序是保证工程质量控制顺利进行的必要条件和手段。如开工申请未经监理工程师批准的项目不能开工,这就强化了承包商做好开工前的各项准备工作,为保证质量奠定了良好的基础;未经试验合格并得到监理工程师认可的材料不得用于工程;质量不合格,监理工程师就可拒付工程款等。这既保证了监理工程师的核心地位,从而也确保了工程质量。此外,监理工程师还可利用工地会议的形式及时总结工程施工质量,指出存在的问题,共同商讨,找出解决质量问题的途径。对重大的疑难质量问题,也可通过召开专家会议的形式予以解决。

(三)施工阶段质量控制的一般工作程序

施工阶段质量控制是一个全过程、全方位的系统的质量控制过程。为此,必须制定一整套合理有效的监理工作程序,为保证工程的质量控制奠定可靠的基础。现将施工阶段质量控制的一般工作程序(见图8-3)介绍如下。

1. 审核承包商的"单项工程开工申请单"

在每个单项工程施工开始前,施工承包商均需填写"单项工程开工申请单",并附上施工组织计划、机具设备与技术工人数量、材料及施工机具设备到场情况、各项施工用的建筑材料试验报告,以及分包商的资格证明等,报送监理工程师进行审核,监理工程师应在收到"单项工程开工申请单"内7天,就承包商的一切施工准备情况作出是否具备施工开工条件审核意见,如审核同意可下达开工令,准予工程开工,如果审核不合格,监理工程师应指出承包商施工准备工作中的存在问题,并要求限期解决。待做好准备工作后,承包商应再次填报"单项工程开工申请单"供审核。对于个别复杂的单项及分部、单位工程也应单独申请该部分的工程开工。

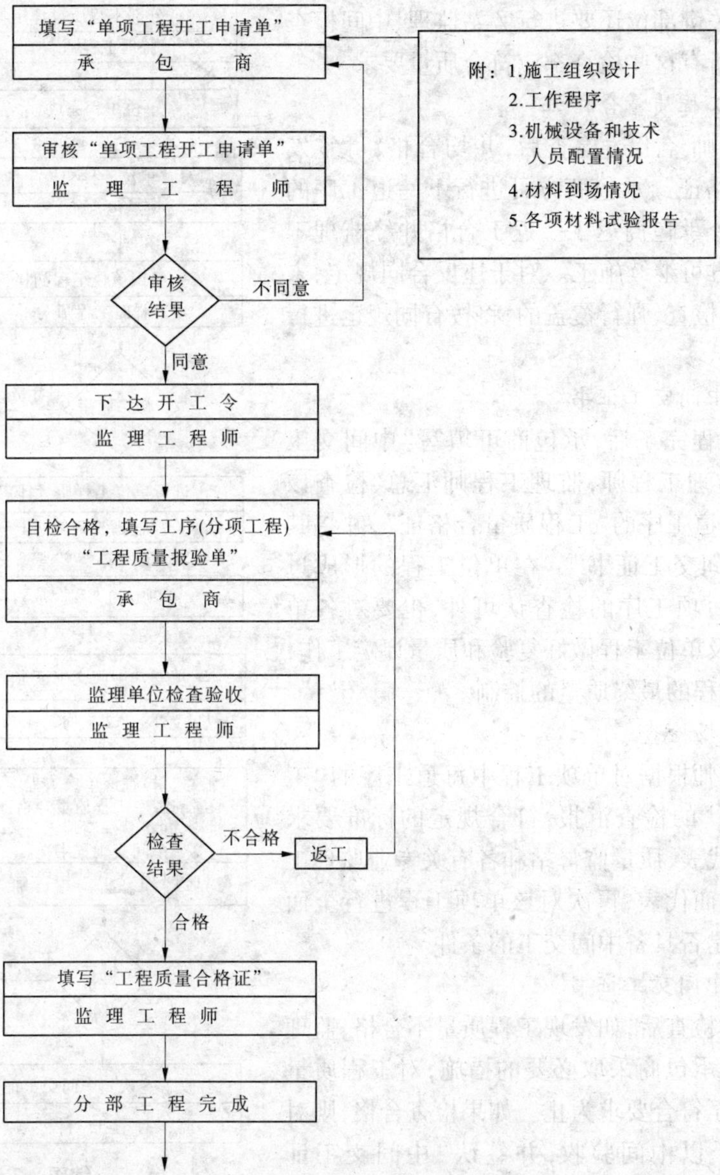

图8-3 施工质量监理工作一般程序

2. 现场检查和监理实验室试验

在单项工程施工过程中,监理工程师除了应检查、帮助、督促承包商的全面质量管理保证体系的正常运行之外,还应要求承包商严格执行工程质量的"三检测"(即施工班组的自检、班组之间或兼职质检员与施工技术人员的复检和专职质量人员的终检),终检合格后,由承包商填写"工程质量报验单"并附上自检资料,报请监理工程师检查认证,监理工程师应在商定的时间内到现场对每一道工序及时逐项检查,对于关键部位还要进行旁站监理、中间检查和技术复核,所有这些检查都应符合质量要求。

3. 签发"工程质量合格证"

监理工程师经上述检查后,并均合格,可签发"工程质量合格证",承包商方可进行下一道工序的施工,否则应令承包商返工。返工合格并经监理工程师确认后,方可继续施工。对于违反合同规定,未经监理工程师检查,强行覆盖的,将按合同规定进行处理。

4. 填写"中间交工证书"

在单项工程完工后,承包商可填写"中间交工证书",上报监理工程师,监理工程师汇总、检查该单项工程中每道工序的"工程质量合格证",并将其编号填入"中间交工证书"。在单位工程的形成过程中,除了对每项工序的检查认可外,也要对各单项、分部工程及单位工程做好复验和质量评定工作,以确保单项工程的最终质量的控制。

5. 组织现场检查

监理工程师根据对单项工程中每道工序的"工程质量合格证"的检查汇报,符合规定的标准要求后,组织业主代表、质量监督站和各有关专业监理工程师以及承包商代表,再次对该单项工程进行全面检查,以确定是否具备中间交工的条件。

6. 签认"中间交工证书"

经过上述检查后,如发现工程质量不合格,监理工程师则要求承包商采取必要的措施,对工程质量进行改进,直至符合要求为止。如果检查合格,则对该单项工程予以中间验收,并签认"中间交工证书"。

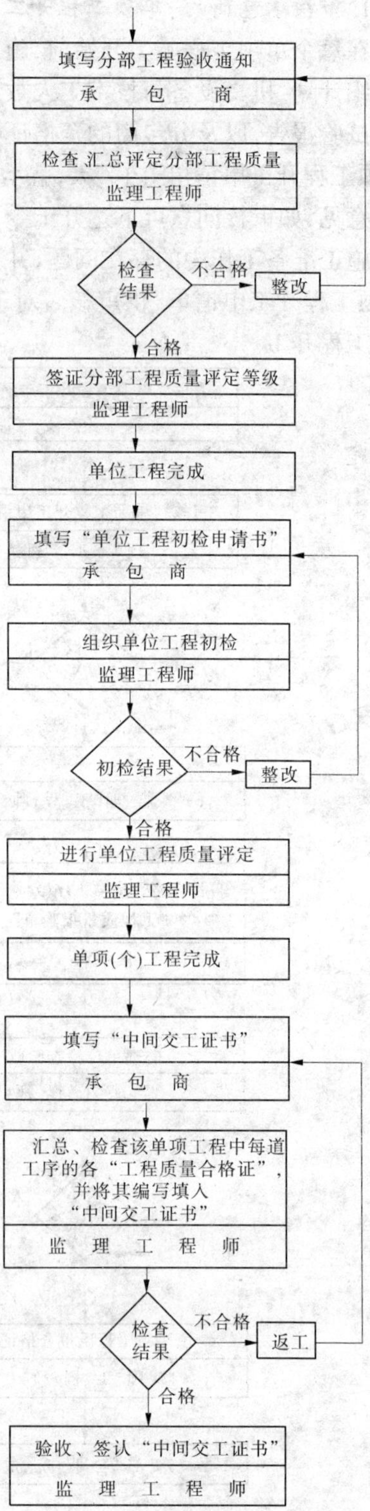

续图 8-3

（四）事后控制

搞好最后的各项工程的验收签证检查工作，

首先强调施工单位保证体系内的最终检查，并具备交工条件，再由建设（监理）单位组织验收与签证。单位工程的分项工程、分部工程验收签证是水利水电基本建设工程验收工作的基础，也是施工单位向建设（监理）单位交工的重要资料。

当单位工程的某一分部工程的分项工程已经完工或按承包合同要求已经完成，施工单位的质检机构应在分项工程质量检查等级评定的基础上进行一次系统的整体检查，检查中发现的问题应及时处理后再报监理工程师复检，合格后签证认可。

分部工程中的各分项工程均完成后，经监理工程师认可，可由分部工程验收小组进行分部工程验收签证。

单位工程的各分部工程经施工单位质检机构自检合格，报监理工程师复检后签字，并报分部工程小组验收签证后，由建管局组织设计、监理、施工、质检等相关技术人员进行单位工程的验收检查，并提供以下资料：

（1）设计和竣工图纸。

（2）设计变更说明和施工要求。

（3）施工原始记录、原始材料试验资料、半成品及预制件鉴定资料和出厂合格证。

（4）施工质量检查、试验、测量、观测等记录，单元工程质量、分部工程质量等级评定资料。

（5）地质部门提供的地质结论及地质素描图。

（6）特殊问题处理说明和有关技术会议纪要。

（7）其他与验收签证有关的文件和资料。

建设单位还应及时组织设计、施工、监理、质量监督单位等联合检查，除审核研究施工单位提供的签证文件、资料外，还要进行现场检查，其主要内容包括：

（1）工程部位的位置、高程、轮廓尺寸、外观是否与设计相符。

（2）各项施工记录是否与实际情况相符。

（3）对施工中出现过的质量事故或缺陷而经过处理的部位，处理后是否能满足设计要求。

检查中发现对工程质量有怀疑的部位，可进行必要的抽样试验、检查等，以便对工程质量作出符合实际的结论。

第三节　质量保证体系的基本运转方式

质量保证体系，其运转的基本方式是按照计划（P）—执行（D）—检查（C）—处理（A）的管理循环进行的。在处理阶段，把本次循环合理的、行之有效的质量管理措施制成标准，以备再次推行，对不合理的或尚需进一步解决的问题放到下一循环过程中，重复以上四个阶段来加以解决，这种方法通常称为 PDCA 循环工作法。这也是质量保证体系运转的基本方式，它包括四个阶段和八个工作步骤。

一、四个阶段

(1)计划阶段。按使用者要求,根据具体生产技术条件,找出生产中存在的问题及其原因,拟定生产对策和措施计划。

(2)执行阶段。按预定对策和生产措施计划,组织实施。

(3)检查阶段。对生产成品进行必要的检查和测试,即把执行的工作结果与预定目标对比,检查执行过程中出现的情况和问题。

(4)处理阶段。把经过检查发现的各种问题及用户意见进行处理,凡符合计划要求的予以肯定,成文标准化,对不符合计划要求和不能解决的问题,转入下一循环以便进一步研究解决。

二、八个工作步骤

(1)分析现状,找出问题,不能凭印象和表面作判断,结论要用数据表示。

(2)分析各种影响因素。要把可能因素一一加以分析。

(3)找出主要影响因素。要努力找出主要因素进行解剖,才能改进工作,提高产品质量。

(4)研究对象,针对主要因素拟定措施,制定计划,确定目标。

以上四个步骤均属 P(PLAN)阶段的工作内容。

(5)执行措施。为 D(DO)阶段的工作内容。

(6)检查工作成果。对执行情况进行检查,找出经验教训。为 C(CHECK)阶段的工作内容。

(7)巩固措施,制定标准。把成熟的措施定成标准(规程、细则),形成制度。

(8)遗留问题转入下一个循环。

以上步骤(7)、(8)为 A(ACTION)阶段工作内容。

PDCA 管理循环的工作程序如图 8-4 所示。

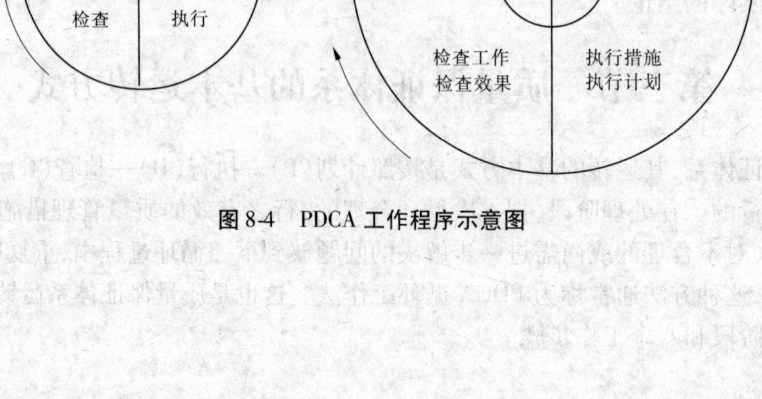

图 8-4　PDCA 工作程序示意图

三、PDCA 循环工作法的特点

(1)四个阶段缺一不可,先后次序不能颠倒,就好像一只转动的车轮,在解决质量问题中滚动前进,逐步使产品质量提高。

(2)企业的内部 PDCA 循环各级都有,企业整个是一个大循环,企业各部门又各有自己的循环,如图 8-5 所示。大循环是小循环的依据,小循环又是大循环的具体和逐级贯彻落实的体现。

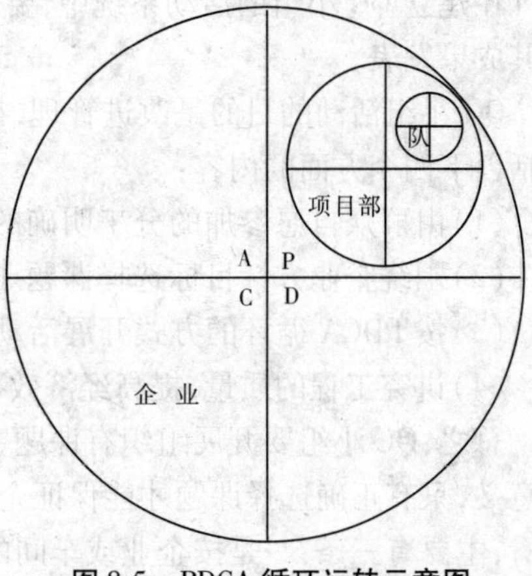

图 8-5 PDCA 循环运转示意图

(3)PDCA 循环不是在原地转动,而是在转动中前进。每个循环结束,质量提高一步。图 8-6 所示为 PDCA 循环上升示意图,它表明每一个 PDCA 循环都不是在原地周而复始地转动,而是像爬楼梯那样,每转一个循环都有新的目标和内容,因而就意味着前进了一步,从原有的水平上升到了新的水平,每经过一次循环,也就解决了一批问题,质量水平就有了新的提高。

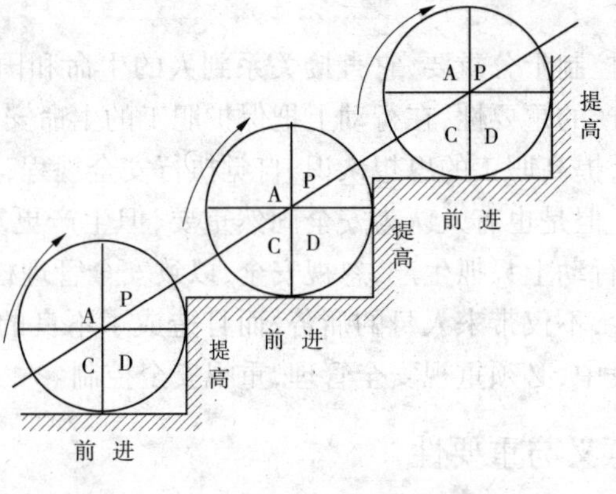

图 8-6 PDCA 循环上升示意图

(4)A 阶段是循环的一个关键。这一阶段(处理阶段)的目的在于总结经验,巩固成果,纠正错误,以利于下一个管理循环。为此,就必须把成功的经验纳入标准,定为规程,使之标准化、制度化,以便在下一循环中遵照办理,使质量水平逐步提高。

必须指出,质量的好坏反映人们质量意识的强弱,也反映了人们对提高产品质量意义的认识水平。有了转强的质量意识,还应使全体人员对全面质量管理的基本思想和方法有所了解,这就需要开展全面质量管理。必须加强质量教育的培训工作,贯彻执行质量责任制,并形成制度,持之以恒,才能使工程的施工质量水平不断提高。

四、质量管理小组活动组织与实施

质量管理小组就是 QC 小组,它是 TQC 活动中的基本组织,是向职工提供充分发挥自己才能的机会,是 TQC 体系的可靠基础。QC 小组是工人、技术人员、干部自愿结合的群众性技术组织,按 PDCA 工作循环不停地开展活动,许多 QC 小组组成整个企业的 PDCA 循环活动。在建立 QC 小组的活动系统中,要做好三方面工作,即 QC 小组的建立、QC 小组的活动及其成果发表。

QC 小组活动的目的是改进管理,提高产品质量和服务质量,一个合格的 QC 小组应该包括以下四个方面的内容:

(1)由群众自愿参加的分工明确的正式组织。

(2)围绕企业方针目标选择课题。

(3)按 PDCA 循环的方式开展活动。

(4)讲究工程的质量,提高经济效果。

总之,QC 小组要开展组织有课题、有效果的活动。选好课题对活动成效有着极为重要的意义,只有正确选择课题才能保证企业方针目标的实现。要选好课题,从一些试点企业经验看,主要有三条:一是按企业或车间的方针目标;二是从班组的实际中提出问题,分析确定小组力量可能实现的项目;三是选出的课题要交上级部门和技术部门审查,或同有关部门商量取得必要的支持与协作。

第四节　文明施工与施工安全管理

工程施工中的安全控制十分重要,它直接关系到人的生命和国家财产的安全。现在大多数人已认识到安全生产的重要性,在行动上把保护职工的生命安全和身体健康放在首位,认真搞好安全生产教育,提高职工的思想认识,自觉执行安全规程,严格安全管理,一切按科学办事,做到文明生产。但是也有人认为安全固然重要,但生产更重要,把安全与生产对立起来,口头上重视安全,行动上只抓生产,忽视安全,以致安全管理松弛,违章指挥,违章作业严重,安全事故不断发生,不仅带来人身的痛苦,而且造成了不良的政治影响和严重的经济损失。为此,在工程建设中,必须重视安全管理,重视安全控制。

一、安全控制的意义与重要性

在工程建设中,搞好施工安全控制,实现安全生产,既有重大的政治意义,也有重大的经济意义。

(一)安全控制的政治意义

1."安全第一,预防为主"是国家工程建设的基本精神和方针

安全生产关系到劳动者的切身利益,也关系到经济建设能否顺利进行。因此,国家和政府一贯重视安全生产,国务院颁布了"三大规程"和"五项规定",有关部委也分别颁布了安全技术规程,这些安全法规都强调了"安全第一,预防为主"的方针,对促进安全生产、文明生产具有重要意义。

2.抓好施工安全控制是施工企业的头等大事

加强劳动保护工作,抓好安全生产,保护劳动者的安全和健康,是国家企业管理的基本原则,不断改善职工劳动条件,防止事故和职业病,这是一项严肃的政治任务。要尽一切努力,在生产劳动中和其他活动中避免一切可以避免的事故,保护劳动者的人身安全和国家的财产安全。因此,搞好安全控制是施工企业的神圣职责和头等大事。

3. 安全生产是精神文明在生产中的具体体现

精神文明建设在经济建设中的具体体现就是文明生产、安全生产。安全生产关系着劳动者的安危，也是人道主义的广泛体现，伤亡事故多，职业病严重的国家，不能称为文明国家。因此，安全生产是人类精神文明生产活动中的具体体现。

（二）搞好安全生产的经济意义

搞好施工安全控制，实现安全生产，是水利工程施工生产管理中的重要任务，它对于提高施工单位的经济效益有着直接的影响。因为，如果一个施工企业安全生产条件很差，职业病多，伤亡率高，职工思想不稳定，误工时间多，是无法实现提高生产效益的。各种非安全事故的发生，往往造成十分惊人的经济损失，如：①人身伤亡造成的损失，如丧葬及抚恤费用、医疗护理费用、补助及救济费用、误工费用等；②设备、设施的损失，如固定资产的损失费用、因事故造成的维修费用、流动资产损失费用等；③善后的处理损失，如事故调查处理费用、现场保护及抢救费用、现场清理费用、事故罚款及赔偿费用等。

总之，伤亡事故越严重，职业病越多，造成的经济损失就越大。所以，只有注意施工安全控制，做到安全生产，才能最大限度地减少事故的发生，避免各种损失，提高经济效益，故实现安全生产具有重要的意义和作用。

二、安全生产控制的基本要求

为贯彻执行“安全第一，预防为主”的方针，保护水利水电建设战线广大职工的生产过程安全、健康和生命，应严格遵照执行SD267—88《水利水电建筑安全技术工作规程》中的有关要求。

（一）处理伤亡事故的原则和要求

对于伤亡事故、职业病的调查和处理，必须认真贯彻执行国家有关规定，发生事故后，应按照“三不放过”的原则，认真地从生产、技术、设备、管理制度等方面找出事故原因，查明责任，确定改进措施，指定专人限期贯彻执行，并按规定上报有关部门。

（二）警示性标志的要求

对工程建设现场危险处的防护与标示，应按以下规定：

（1）施工现场的洞、坑沟、升降口、漏斗等危险处应有防护设施或明显标志。

（2）交通频繁的交叉路口应设专人指挥，危险地段要悬挂“危险”或“禁止通行”标志牌，夜间设红灯示警。

（三）对爆破安全警戒的要求

爆破作业，必须统一指挥，统一信号，划定安全警戒区，并明确安全警戒人员，在装药联线开始前，无关人员一律退出作业区。在点燃开始前，除炮工外其他人员一律退到安全地点隐蔽，爆破后，须经炮工进行检查确认安全后，其他人员方能进入现场。对暗挖石方爆破，尚须经过通风、恢复照明、安全处理后方可进行其他工作。

并应该做到以下几点：

（1）对于一些大的水利水电工程，由多个施工单位同时承担施工，应按规定在每天固定时间进行爆破，统一各工区的统一信号及警戒标志，统一划定安全警戒区与警戒点，实行分片负责，明确各警戒点的负责单位与警戒人员。

（2）在装药及联网工作开始前，设定警戒区，所有机械设备及无关人员均应离开警戒区。

(3)使用火雷管起爆时,点炮前,除负责点炮的炮工外,其余人员一律撤到安全警戒线以外。点炮应满足以下规定:①必须2人以上进行点炮作业;②导火线的长度应保证点完导火索后,人能撤至安全地点,且不短于1.2 m;③一人连续点火根数,露天爆炮不得超过10根(组),地下爆炮不得超过5根(组),使用电雷管起爆时,在连接起爆雷管前,除操作人员外,其余人员一律撤离到安全警戒线以外;④爆破后,必须经过规定时间(露天爆破5 min以上,地下爆破30 min以上)后,其他人员才能进入现场。特别对于明挖又有暗挖的工程,还应注意以下问题:①当明挖爆炮振动可能使危石塌落产生危害或洞挖爆炮振动可能使边坡危石滑落产生危害,一方放炮时,双方人员均应撤离现场;②当洞挖工作面距边坡面或露天开挖区距地下洞室壁面最小距离小于15 m时,应停止一方工作且在另一工作面设立明显标志。

(四)对施工用电的要求

施工照明及线路应符合下列要求:在存有易燃易爆物品场所或有瓦斯的巷道内,照明设备必须采取防爆措施。

(五)对施工人员的安全规定

(1)凡经医生诊断患高血压、心脏病、贫血、精神病以及其他不适于高处作业病症的人员,不得从事高处作业。

(2)在坝顶、陡坡、屋顶、悬崖杆塔、吊桥、脚手架及其他危险边沿进行悬空高处作业时,临空一面必须搭设安全网或防护栏杆,工作人员必须拴好安全带,戴好安全帽。

(3)在带电体附近进行高空作业时,距带电体的最小安全距离必须满足表8-1的规定。

表8-1 距带电体的最小安全距离 (单位:m)

项目	带电体电压(kV)						
	10以下	20~35	44	60~110	154	220	330
工器具、安装构件、接地线等带电体的距离	2.0	3.5	3.5	4.0	5.0	5.0	6.0
工作人员活动范围与带电体的距离	1.7	2.0	2.2	2.5	3.0	4.0	5.0
整体组立杆塔与带电体的距离	应大于倒杆距离						

(六)施工防火安全的要求

施工现场各作业区与建筑物之间的防火安全距离应符合以下要求:

(1)用火作业区距所修建建筑物和其他区域不得小于25 m,距生活区不小于15 m。

(2)仓库区、易燃可燃材料堆集场距修建的建筑物和其他区域不小于20 m。

(3)易燃料堆集产生意外事故的可能性更大,因此易燃料集中站距所建的建筑物和其他区域的距离应大于30 m。

(4)防火间距中,不应堆放易燃和可燃物质,如在仓库、易燃可燃材料堆集场与建筑物之间堆放有易燃和可燃物质,应确保建筑物距离易燃和可燃物质最近的距离大于防火安全距离。

(七)对爆破器材仓库的要求

(1)仓库和药堆与住宅区或村庄边缘的距离规定如下：

①有土堤和无土堤的地面库房与药堆的安全距离如表 8-2 所规定。

表 8-2　地面库房与药堆的安全距离　（单位：m）

库房类别	存药量(t)								
	150 ~ 200	100 ~ 150	50 ~ 100	30 ~ 50	20 ~ 30	10 ~ 20	5 ~ 10	2 ~ 5	<2
无土堤库	1 000	900	750	600	400	350	250	200	150
有土堤库	800	700	600	500	350	300	250	170	130

②隧道式洞库至住宅区或村边缘的最小距离如表 8-3 所规定。

表 8-3　隧道式洞库至住宅区或村边缘的最小距离

与洞口角交角 α	存药量(t)						
	50 ~ 100	30 ~ 50	20 ~ 30	10 ~ 20	5 ~ 10	2 ~ 5	<2
0°至两侧 70°	1 500	1 250	1 100	1 000	850	750	700
两侧 70° ~ 90°	600	500	450	400	350	300	250
两侧 90° ~ 180°	300	250	200	150	120	100	110

③由于保护对象不同,因此在使用当中对表 8-2、表 8-3 的数值应加以修正(保护系数)，如表 8-4 所示。

表 8-4　保护系数

序号	保护对象	保护系数
1	村庄边缘、住宅边缘、乡镇企业围墙区域、变电站围墙	1.0
2	地、县级以下乡、通航汽轮的河流航道、铁路支线	0.7 ~ 0.8
3	总人数不大于 50 人的零散住户边缘	0.7 ~ 0.8
4	国家铁路线、省级及以上公路	0.9 ~ 1.0
5	高压送电线路 500 kV	2.5 ~ 3.0
6	高压送电线路 220 kV	1.5 ~ 2.0
7	高压送电线路 110 kV	0.9 ~ 1.0
8	高压送电线路 35 kV	0.8 ~ 0.9
9	人口不大于 10 万人的城镇规划边缘、工厂围墙、重要建筑铁路车站	2.5 ~ 3.0
10	人口大于 10 万人的城镇规划边缘	5.0 ~ 6.0

(2)爆破器材库的贮存量规定如下：

①地面库单一库房允许的最大贮存量不得超过表 8-5 的规定。

表 8-5　单一库房贮存量规定

爆破器材名称	允许最大贮存量(t)
硝化甘油炸药	40(净重)
梯恩梯	120(净重)
销铵炸药,如浆状炸药	200(净重)
导爆索	120(皮重)
导火索	不限
雷管、继爆管、导爆管起爆系列	120(净重)
硝酸铵、硝酸钠	400(净重)

②地面总库的容量:炸药不超过本单位半年生产用量,起爆器材不超过一年生产用量;地面分库的总容量:炸药不超过 3 个月生产用量,起爆器材不超过半年生产用量。

(3)库区布局必须符合下列规定:

①位置必须选择在远离被保护对象,较安全的地方,其外部安全距离和库房彼此间的距离应符合相关规定。

②避免设在山洪或地下水危害的地方,并充分利用山上等自然屏障。

③周围应设围墙,围墙高度不应低于 2.0 m,防止人员自由出入,围墙至最近库房墙角的距离应不小于 25 m。

④库区值班室应设在围墙外侧,距离一般不应小于 25 m,食堂、宿舍距危险品库房应不小于 200 m。

(八)对运输爆破器材的要求

(1)有押运人员,外部运输必须有警卫人员护送。

(2)按指定路(航)线行驶。

(3)车(船)不准在人多的地方、交叉路口或桥上(下)停留。

(4)车(船)应由帆布盖住,并设有明显警戒标志。

(5)非押运人员不准乘坐。

(6)气温低于 10 ℃时运输易冻的硝化甘油炸药,或气温低于 -15 ℃时运输难冻硝化甘油炸爆器材,必须采取防冻措施。

(7)禁止用翻斗车、自卸汽车、拖车、机动三轮车、人力三轮车、摩托车和自行车等运输爆破器材。

(8)车厢和船底应加轨垫。

第九章　土石坝工程安全监测施工质量控制

土石坝工程安全监测的目的主要是监测大坝在施工期和运行期的工作实态，对大坝运行状况进行评估和预测预报，为保证工程安全，改进和提高设计、施工和管理的技术水平提供科学依据。

土石坝安全监测范围包括坝体、坝基、坝肩以及对大坝有重大影响的近坝区岸坡和其他与大坝安全有直接关系的建筑物。安全监测的方法包括巡视和用仪器设备进行观测。

土石坝安全监测，必须根据工程等级规范，结构形式及其地形、地质条件和地理环境因素设置必要的监测项目及其相应设施，定期进行系统的观测。各类监测项目及设置均应遵守 SL60—94《土石坝安全监测工作技术规范》的规定。

第一节　土石坝工程安全监测工作应遵循的原则

土石坝安全监测的内容，除进行外部变形、内部变形和应力、渗流等项观测外，还要增加混凝土面板及其接缝的有关监测项目。为实现预定监测目的和任务，监测重点应依坝的高度、等级和工作阶段而不同。因此，土石坝工程的安全监测工作必须遵循以下原则：

（1）各监测仪器设施的布置应密切结合工程的具体条件，既能较全面地反映工程的进行状态，又突出重点和少而精，相关项目应统筹安排、配合布置。

（2）各监测仪器设施的选择要在可靠、耐久、经济、实用的前提下，力求先进和便于实现自动化观测。

（3）各监测仪器设施的安装和埋设必须按设计要求精心施工，确保质量。安装和埋设完毕，应绘制竣工图，填写考证表，存档备查。

（4）应保证在恶劣气候条件下仍能进行必要的项目观测，必要时可设专门的观测站（房）和观测廊道。

（5）设计应能全面反映大坝的工作状态。仪器布置要目的明确、重点突出，观测的重点应该放在坝体结构或地质条件复杂的坝段。观测设备应及时安装，以保证第一次蓄水期能获得必要的观测成果。

（6）监测仪器设备应精确、可靠、稳定、耐久，监测仪器使用应有良好的照明、防潮和交通条件。必要时可设置专用廊道和房屋，以保证在大洪水、严寒、冰冻等情况下仍能进行观测。采用自动化观测设备时，还应安排人工观测必要的工作，以保证在自动化仪器发生故障时，观测数据不致中断。

（7）应切实做好观测工作，严格遵守规程规范，做到记录真实、注记齐全，填写好考证表，观测数据应立即整理存档。

第二节　土石坝安全监测工程各阶段监测工作的要求

土石坝安全监测各阶段的工作应符合以下要求：

(1)可行性研究阶段应提出安全监测系统的总体设计方案、观测项目及其所需仪器设备的数量和投资估算。

(2)初步设计阶段应优化安全监测系统的总体设计方案、测点的布置、观测设备及仪器的数量和投资概算。

(3)招标设计阶段应提出观测仪器设备的清单及各主要观测项目及测次，各观测设施、仪器安装技术要求及投资预算。

(4)施工阶段应根据监测系统的设计和技术要求提出施工详图。承建施工单位应做好仪器设备的埋设、安装、调试和保护，并固定专人进行观测工作，保证观测设施完好及观测数据连续、准确、完整。工程竣工验收时应将观测设施埋设记录和施工期观测记录和竣工图等全部资料改编成正式的文件移交给管理单位。

(5)监测设施的安装埋设随土建进行。为避免或减少仪器埋设过程中的干扰，应严格按SL60—94《土石坝安全监测技术规范》有关规定，保证监测设施埋设时的施工质量，并特别注意对已埋设仪器设备和电缆线路等的保护，以避免造成观测数据缺失。

(6)仪器安装埋设必须按设计所选仪器型号使用说明书的规定进行，同时遵守有关技术规范操作程序。

(7)监测仪器使用的电缆要求监测专用水工电缆，以保证质量，不允许用其他类型的电缆替代。

(8)承包单位施工应由专职技术人员组织实施，严格按施工详图和SL60—90《土石坝安全监测技术规范》的要求和规定，及仪器使用说明书中安装工艺来进行全部监测仪器的安装埋设，并对各仪器表包括电缆及监测断面等统一编号(应与施工详图编号一致)，建立档案卡。

(9)承包单位应负责整个施工过程中对已埋设监测仪器的观测，监视险情，及时提供施工期观测报告(一般为月报，并根据工程实际情况需要进行调整)。如发现观测值异常，应立即通报监理工程师或业主、设计人员，以便共同分析原因，及时采取处理措施，并相应增加测次，必要时进行连续观测。

(10)监测仪器安装埋设在电缆敷设的线路上，应设置明显的警告标志。监测仪器至测站(或临时测站)及堤顶电缆应尽可能减少电缆接头。电缆的连接和测试应满足SL60—94《土石坝安全监测技术规范》及SDJ336—89《混凝土大坝安全监测技术规范》中的有关要求。

(11)承包单位在工程竣工后应向承包(监理)单位移交全部埋设仪器的档案资料，主要包括测点埋设布置图、仪器检验率定资料以及包括初始读数在内施工观测时间的全部原始和整编监测资料。

(12)初蓄水阶段应制定监测工作计划和主要的监控技术指标，在大坝开始蓄水时就做好安全监测工作，取得连续的初始值，并对土石坝工作状态作出初步评估。

(13)运行阶段应进行经常的及特殊情况下的巡视检查和观测工作，并负责监测资料的整编、监测报告的编写以及监测技术档案的建立。要求大坝管理单位还应根据巡视检查和观测资料,定期对大坝的工作状态提出分析和评估(工作状态可分为正常、异情和险情三类),为大坝的安全鉴定提供依据。

(14)各观测应使用标准记录表格,认真记录填写,严禁涂改、损坏和遗失。观测的数据应随时整理和计算,如有异常应立即复测。当影响工程安全时,应立即分析原因和采取对策,并上报主管部门。

(15)当发生有感地震、大洪水以及大坝工作状态出现异常等特殊情况时,应加强巡视检查,并对重点部位的有关项目加强观测。

(16)对已建坝监测设施不全或损坏失效的,应根据情况予以补设或更新改造。当工程进行除险加固、扩建、改建或监测系统更新改造时,应根据 SL60—94《土石坝安全监测技术规范》有关规定做出监测系统更新设计,精心实施,并保持监测资料的完整性。

(17)在采用自动化监测系统时,必须进行技术经济论证。仪器设备要稳定、可靠。监测数据要连续、正确、完整。系统功能应包括数据采集、数据传输、数据处理和分析等。数据采集自动化可按各监测项目的仪器条件分别实现。自动化设备应有自检、自校功能,并应长期稳定,以保证数据的准确性和连续性。数据采集实现自动化后,仍应适当进行人工检测,并继续做好巡视检查,数据储存处理(分析、预报技术及报警等)的自动化已有条件优先实现,实现自动化后,基本观测的数据和主要成果仍应具备硬拷贝存档功能。

第三节　安全监测系统的布置原则和方法

土石坝安全监测布置的内容,主要指监测项目的确定、监测断面高程、部位的选取,以及监测仪器的选型等。所有这一切,都应体现工程的具体特点与要求。因此,监测布置又从总体上规定了一个工程的监测规模、投资与效益。所以,对于重要工程,应当进行多方案的对比取舍。

一、监测布置设计的考虑因素

监测设计的考虑因素,可归纳为以下几点:

(1)工程的等级、规模与施工条件,主要的施工工期,施工布置进度,技术工艺水平等。

(2)土石坝工程特点。土石坝的变形问题、在正常蓄水期的渗流问题等。

(3)地形地质条件。例如,堤址河谷宽窄、陡缓,有无断层破碎带,覆盖层的情况,有无防渗墙等。

(4)监测仪器的类型与性能。在这方面,有仪器性能的选择、确认和研究,有仪器监测方面的确认与校测。前者可考虑监测仪器的重复布置、对比布置,后者可考虑校测布置。例如,在土压计旁布置双腔式沉降仪等。

(5)专门问题的考虑。指工程设计未能充分论证而遗留的问题,也可以是工程中的特殊问题或拟研究的问题。

(6)监测变量之间的校核、验证、监测布置。有条件时应尽可能使相关监测变量之间能相互校核与验证,同时也要尽可能使其能形成分布线、等值线。

二、监测系统布置的原则

(1)监测系统的布置原则,要按工程或试验研究的需要、地质条件、结构特点和观测项目来确定,选择有代表性的部位布置仪器,仪器布置要合理,注意时空关系,控制关键部位。

(2)埋设仪器位置应选择能反映出预测的施工和运行情况,特别是关键部位和关键施工阶段的情况,有条件的应在开工初期进行仪器埋设观测,以便得到连续、完整的记录,在施工中尽早获取资料,并逐步修正数学解释模型中用到的参数。

(3)埋设选择应有灵活性,以便根据施工中的具体资料修改仪器的具体位置。为了掌握岩土介质的固有特性或建筑物的性能,要准备随即布置量。

(4)为了校核设计计算方法,观测断面应在典型区段选择岩体或结构形态变化最大的部位。监测施工和运行的观测断面,应选择条件最不利的部位,断面数量和仪器数量取决于被测工程尺寸,并与控制的目的相吻合。

(5)在观测断面上,应考虑岩体和结构的性态变化规律、结构物的尺寸与形状预计的变形、应力和其他参量的分布特征。测点的数量,在考虑到结构特征和地质代表性后,依据上述特性变化情况和预测参量变化梯度来确定,梯度大的部位测点点距小,梯度小的部位点距大。

(6)监测布置要考虑便于与计算和参照模型比较和验证。

(7)考虑到岩体和结构物的复杂性、可能发生的偶然误差和个别仪器的损坏等情况,为了获取准确的观测成果,对重要的断面和测点,仪器布置适当地重复和平行观测,以便进行校核。随着对建筑物性状了解的不断加深,可以放弃一些仪器或再补充安装其他一些仪器,使系统优化。

(8)有相关因素的监测仪器,要注意仪器的相关性,布置要相关配合,以便综合分析。

(9)仪器的布置力求以合理的最少量达到所需观测的目的,在满足精度的要求下达到观测方便,测值能相互对比校核。要尽量排除影响精度的因素(如基准点变位、测点滑移、温度影响等)。

(10)对需要自动化观测的建筑物,安全运行监测系统要考虑便于自动化数据采集的需要,同时保留人员观测的条件。

(11)一般现场巡回观察是监测建筑物安全的重要手段之一,应列入设计内容,其项目和内容以及观测布置和仪器设置、观测方法等可参照有关规程进行。设计应编制计划,对检查项目、部位、线路、记录格式、时间等应做出规定。对检查项目的检查记录、文字描述应作为资料文件存入数据库,同时提出安全报告。

(12)仪器设备布置总的原则是突出重点(重点工程、重点部位、重点项目)且要兼顾全局。监测项目和监测点布置应满足建立安全监控数学模型的需要,同时应兼顾指导施工、校对设计,达到提高设计水平的目的。

三、安全监测布置的方法

当监测项目确定之后,监测布置主要是监测断面的选择和监测点的布设。

(1)监测断面的选择,通常只选择横断面。当坝的重要性较大,坝顶较长时,有时需要选择两个以上的监测横断面,并确定其中之一为主监测断面。主监测断面应选择在大坝高最大或最典型的断面，在此断面上，监测项目、测点、仪器较多，较齐全。

监测高程，一般按坝高三分点、四分点等均布布设，亦可在中下部相对集中布设。最低监测高程应尽可能低些。

由于坝址河谷的弯曲地形，为要监测最大断面，一些工程布设了斜断面，即同坝轴线斜交的断面。

(2)监测测点的布设。一般情况下，测点的布设多遵循均布的原则。但是对于堆石坝的沉降、水平位移、孔隙水压力、土压力以及周边缝的位移等，着重强调的是重点布设。例如，沉陷(降)测点可集中布设于坝的上游区，因而除传统的分散布设方法外，集中布设的方法有时可取得更好的效果。

(3)仪器组的布设。有些项目在同一测点布设成组仪器，如应变计、测缝计、土压力计等。

第四节　监测仪器现场检验与率定

一、监测仪器检验率定的目的与任务

(1)校核仪器出厂参数的可靠性。

(2)检验仪器的稳定性，以保证仪器性能长期稳定。

(3)检验仪器在搬运中是否损坏。

二、监测仪器现场检验的内容

(1)出厂仪器资料参数卡片是否齐全，仪器数量与发货单是否一致。

(2)外观检查，仔细查看仪器外部有无损伤痕迹、锈斑等。

(3)用万用表测量仪器线路有无断线。

(4)用兆欧表测量仪器本身的绝缘是否达到出厂值。

(5)用二次仪表测试一下仪器测值是否正常。

三、各项仪器的率定要求

(一)差动电阻式仪器的率定

目前我国使用的监测仪器主要有差动电阻式仪器，通常使用的有大小应变计、钢筋计、测缝计、渗压计、温度计、应力计、土压力计等，二次仪表均为水工比例电桥。率定的内容有最小读数(f)、温度系数(α)、绝缘电阻(防水能力)。

1. 最小读数 f 率定

(1)率定设备及工具：大小校正仪各1台，水工比例电桥1台，活动扳手2把，尖嘴钳1把，起子1把。

(2)率定准备。在记录表中填好日期、仪器名称、率定人名，按仪器芯线颜色接入水工比例电桥的接线柱，测量自由状态电阻比及电阻值。将大应变计放入校正仪两夹具中，用扳手扳紧螺丝，将两端凸缘夹紧。拧螺丝时，四颗要同时缓慢地进行，边紧螺丝边监视电阻比的变化。仪器夹紧时，电阻比读数与自由状态下电阻比之差值应小于20，否则放松后重按上述进行。然后将千分表放入固定支座内夹紧，但须注意让千分表活动伸缩杆能自由移动为限。移动千分表支座，使千分表活动杆顶住仪器端面，并顶压0.25 mm之后，固定千分表支座转动表盘，使长针指零。摇动校正仪手柄，对仪器预拉0.15 mm，回零再压0.25 mm。这样经过三次之后，可正式进行率定。

(3)正式率定。开始时，千分表盘上的小针指0.05(mm)，长针指零，摇动校正仪手柄。每拉0.05(mm)读一次电阻比，并记入表中，拉三次后反摇手柄分级压，每级仍为0.05(mm)读一次。再继续反摇手柄，使仪器压0.05(mm)读一次电阻比，照此继续使仪器压至0.25 mm后又分级退压直到回零。完成一个循环的率定，即可结束该支应变计的率定工作。取下仪器，测量率定后自由状态电阻比及电阻值。小应变计率定步骤同上，拉伸范围为0.06 mm，压缩范围为0.12 mm。

(4)率定后最小读数的计算：

$$f = \frac{\Delta L}{L(Z_{max} - Z_{min})} \tag{9-1}$$

式中 ΔL——拉压全量程的变形量，mm；

L——应变计标距长度，mm；

Z_{max}——拉伸至最大长度时的电阻比（×0.01%）；

Z_{min}——压缩到最小长度时的电阻比（×0.01%）。

率定结果f值相差小于3%认为合格。

(5)直线性a的计算：

$$a = \Delta Z_{max} - \Delta Z_{min} \tag{9-2}$$

式中 ΔZ_{max}——实测电阻比最大极差（×0.01%）；

ΔZ_{min}——压缩到最小长度时的电阻比极差（×0.01%）。

率定结果：若$a \leqslant 6$（×0.01%）为合格。

2.温度系数α的率定

差动电阻式应变计对温度很敏感，它可兼作温度计使用。计算应变时须用温度修正测值，因此应率定温度系数。

(1)率定设备及工具：恒温水浴1台，水银温度计1支（读数范围为-20～50 ℃，精度0.1 ℃），水工比例电桥1台，千分表1块，扳手2把，记录表若干张。

(2)率定步骤：

①将若干冰块敲碎，冰块小于30 mm备用。

②恒温水浴底均匀铺满碎冰，厚100 mm，把仪器横卧在冰上，仪器与浴壁不能接触，再覆盖100 mm厚的碎冰，仪器电缆线按色接上电桥的接线柱，把温度计插入冰中，向放好仪器的碎冰槽内注入自来水，水与冰的比例为3∶7左右，恒温2 h以上。

③0 ℃电阻测定，每隔10 min读一次温度和电阻值，并记下测值，连续三次读数不变后，结束0 ℃试验，得到0 ℃时的电阻值(R_0)。

④再加入水或温水，搅动使温度升到10 ℃左右，恒温30 min。保持10 min读一次温度和电阻，连续测读三次，结束该级温度测试，再加入温水搅匀，使温度保持恒温后读数，按上述方法测四级。

⑤温度系数α的计算：

$$\alpha = \frac{\sum_{i=1}^{n} T_i}{\sum_{i=1}^{n} (R_i - R_0)} \tag{9-3}$$

式中 T_i——各级实测温度,℃;

R_i——各级实测电阻值,Ω;

R_0——0 ℃时电阻值,Ω。

⑥温度 T 的计算:

$$T = \alpha \times (R_t - R_0) \tag{9-4}$$

式中 R_t——计算温度时用的电阻值,Ω;

其他符号含义同前。

如果率定值温度之差小于 0.3 ℃,则认为合格。

3. 防水试验

(1)试验设备及工具:压力容器,压力表,进水管,排水管,排水阀,手动或电动压水试验泵,水工比例电桥,兆欧表,扳手等。

(2)试验步骤:

①用兆欧表测仪器绝缘度。将绝缘值大于 50 MΩ 的仪器放入水中浸泡 24 h 之后,测浸泡后的绝缘值。若浸泡后绝缘值下降视为不能防水。

②将初验合格仪器放入压力容器,把电缆线从出线孔中引出,将封盖关好。用高压皮管将泵与压力容器连接,启动压力泵,使高压容器充水,待水从压力表安装孔溢出排出压力容器内所有的空气后,再装上 0.2 级的标准压力表,拧紧电缆出线孔螺丝。

③试压水,可加压到最高压力,看密封处是否已封好,打开回水阀降至零。如没有封堵好,处理好后再试压,直到完全封密不漏水为止。

④把仪器的电缆按芯线颜色接到水工比例电桥上。

⑤按最高水压分为 4 ~ 5 级(等分)。从零开始,分级加压至最高压力后,又分级退压,直到回零,各级测读一次电阻比,并记录到正式的记录表中。完成上述试验循环后结束。

⑥用 500 V 兆欧表测仪器的绝缘电阻。绝缘电阻大于 50 MΩ 为防水性能合格。

(二)渗压计的率定

渗压计需作最小读数 f 的率定、温度系数 α 的率定及防渗检查。

1. 最小读数 f 的率定

(1)率定工具及设备:活塞式压力计或手摇水(油)泵,0.35 级标准压力表,水工比例电桥,起子,记录表。

(2)率定步骤:

①按表格填好校验日期、人员。将渗压计电缆按芯线颜色相应地接到水工比例电桥的接线柱上,记好仪器编号,量测自由电阻和电阻比。

②把渗压计进水口螺丝与油泵螺纹旋紧,必要时加上水垫圈,装上压力表。油泵用干净的变压器油,排除油管内空气后与仪器连接。

③试压 3 个循环后,分 4 ~ 5 级加压和减压,测读各级压力下的电阻比,做一个循环后结束。

(3)计算最小读数f,计算直线性a和重复性a,其计算方法同前。重复性为加荷两次率定过程同挡位两个电阻比的最大差值,$a \leq 6 \times 0.01\%$为合格。

2. 温度系数α的率定

渗压计温度系数α的率定方法与应变计相同。

3. 防水检验

设备与方法同前。

(三)应变计(钢弦式)的率定

1. 灵敏度K值的率定

(1)率定设备及工具:率定架1台,千分表1块,8号扳手2只,起子1把,钢弦式频率计1台。

(2)率定步骤:

①在规定的表上填写好率定日期、试验者、仪器编号、自由状态下的频率。

②将应变计放入率定架夹头内,用扳手将仪器的两端夹紧。前后的频率变化不得大于20 Hz。

③在率定架上安装千分表,使千分表测杆压0.5 mm后固定,转动表盘使长针指零。

④对仪器拉压三次,拉0.15 mm后,压0.25 mm,记录零位频率,分级拉压0.05 mm一级,完成一次拉压之后回零,为一个循环,每级测读一次频率,做三个循环后结束,取下仪器,测其自由状态下频率。

(3)计算灵敏度系数K:

$$K = \frac{\sum_{i=1}^{n} \frac{L_i}{L}}{\sum_{i=1}^{n} (f_i^2 - f_0^2)} \tag{9-5}$$

式中 L_i——各级拉压长度,mm;

L——仪器长度,mm;

f_0——未拉时的频率,Hz;

f_i——各级测读的频率,Hz;

n——拉压次数。

(4)判断率定资料的合格方法:

$$\varepsilon_i' = \frac{K(f_i^2 - f_0^2)}{L} \tag{9-6}$$

$$\Delta = \frac{\varepsilon_i - \varepsilon_i'}{\varepsilon_i} \tag{9-7}$$

式中 ε_i——实测各级应变值;

ε_i'——计算的各级应变值;

Δ——相对误差。

当$|\Delta| \leq 0.01$时为合格。

2. 防水试验

钢弦式应变计的防水试验与差动电阻式率定的方法相同,只是测量仪表改用频率计。

(四)位移计的率定

位移计一般由传感器及其若干附件组成,它的率定是指对传感器的率定和组装率定。

1. 灵敏度系数 K 的率定

(1)率定的设备及工具:大率定架附一套传感器夹具,扳手2把,起子1把,频率计1台,大量程百分表2只。

(2)率定的方法:

①将传感器筒和拉杆夹在率定架上,再安装好百分表摇动手柄,按传感器的量程分级拉三次。

②在记录表中写好仪器的编号、试验日期、人员等,用频率计读出初读数。按量程等分若干级进行拉压,各级读一次频率数记入表中,作三个循环后结束,取下传感器。

③灵敏系数 K 的计算:

$$K = \frac{\sum_{i=1}^{n} L_i}{\sum_{i=1}^{n}(f_i^2 - f_0^2)} \tag{9-8}$$

式中 L_i——每次拉伸长度,mm;

f_i——每次拉伸 L_i 长度的频率,Hz;

n——拉压次数;

f_0——未拉时的初始频率,Hz。

④误差 Δ 的计算:

$$L_i' = K(f_i^2 - f_0^2) \tag{9-9}$$

$$\Delta = \frac{L_i - L_i'}{L_i} \tag{9-10}$$

式中 L_i——各级拉伸长度,mm;

L_i'——各级计算的长度 mm。

2. 温度系数的率定

位移计温度系数率定与差动电阻式应变计的率定相同,因温度影响较小,因此工地无条件时,可免做。

3. 防水检查

水下型位移计的防水检查与差动电阻式应变计的防水检查相同,普通可根据厂家提供的参数做现场检验。

(五)压力计的率定

压力计的率定根据使用条件采用相应的试验方法。不同的传力介质所率定出的参数有一定的差别,因此标定工作需在压力计使用前标定方向,常用如下方法标定。

1. 油压标定

(1)方法:油压标定是把压力计放入高压容器中,用变压器油作传力媒介,试验方法同差动电阻式应变计防水试验,标定时,应等分五级以上的压力级,每级稳压10~30 min之后才能加压或减压。

(2)灵敏系数 K 的计算:

$$K = \frac{\sum_{i=1}^{n} P_i}{\sum_{i=1}^{n} (f_i^2 - f_0^2)} \tag{9-11}$$

式中 P_i——各级压力时标准压力表读数,MPa;

f_i——各级压力下的频率,Hz;

f_0——压力为零时的频率,Hz。

(3)仪器的误差 Δ 计算:

$$P_i' = K(f_i^2 - f_0^2) \tag{9-12}$$

$$\Delta = \frac{P_i - P_i'}{P_i} \tag{9-13}$$

式中 P_i'——计算得的压力值,MPa。

$|\Delta| \leqslant 1\%$ 为合格,若此规定与国家有关规范有出入时以规范为准。

2. 水压或气压标定

此法是把压力计放入高压容器内,用水压或气压作媒介对压力计进行加压。除气压需高压泵打气外,其他所用的设备、工具、试验方法都与油压试验相同。

最小读数 f 值的误差计算与油压法相同。

3. 砂压标定

(1)主要设备:砂压标定罐,其内径应大于压力计外径的 6 倍,罐的底板和盖要有足够的刚度,在高压下应无大的变形;0.35 级标准压力表 1 只;小型空压机 1 台;频率计 1 台。

(2)标定的方法:将压力计放在标定罐的底板上,让压力计的受力膜向上,盒底与放置底板紧密接触,异线从出线孔引出罐外。

标定用砂要与工程实际相似,如为土需夯实,厚度应大于 10 mm。正式标定前,先试加压至最大量程,观察标定罐有无漏气,仪器是否正常,再按压力计允许量程等分五级,逐级加荷卸荷,照此做一个循环,在各级荷载下测读仪器的频率值。

(3)灵敏系数 K 的计算及合格判断均同油压试验。

压力计使用前还应通过率定确定压力盒或液压枕边缘效应的修正系数、转换器膜片的惯性大小和温度修正系数。

第五节 常用安全监测仪器安装埋设的技术要求

常用安全监测仪器的安装埋设施工前应进行充分的准备,准备工作的主要内容包括技术准备、材料准备、仪器检验率定、仪器与电缆连接仪器编号、土建施工等。

一、技术准备

技术准备的目的是了解设计意图、布置和技术规程,以便满足设计要求,达到设计目的。技术准备的主要内容具体有:

(1)阅读监测工程设计报告及各项技术规程,熟知设计意图和实施技术方法与标准。

(2)施工人员技术培训是设计交底的过程。通过培训,使工作人员了解技术方法和技术标准,确保施工质量。

(3)研究现场条件。监测工程的施工是与其他工程交叉进行的,仪器安装埋设施工,既要达到设计的实际要求,又要克服恶劣环境的影响,避免干扰。因此,仪器安装埋设前,对现场条件要进行全面的分析研究,提出具体措施,在施工过程中还要随时进行研究和调整。

二、材料设备准备

材料设备准备见表 9-1 所列内容。

表 9-1　仪器安装埋设施工的主要材料设备

项　目	内　容	说　明
1. 土建设备	(1)钻孔和清基开挖机具 (2)灌浆机具与混凝土施工机具 (3)材料设备运输机具	在岩土体内部安装埋设仪器时,需要钻孔、凿石、切槽和灌浆回填,机具的型号根据工程需要确定
2. 仪器安装设备、工具	(1)仪器组装工具 (2)工作人员登高设备及安全装置 (3)仪器起吊机具和运输机具 (4)零配件加工,如传感器安装架及保护装置等	根据现场条件和仪器设备情况加以选用 安装仪器要借助一些附件,这些附件有厂家带的,大多数情况是根据设计要求和现场实际情况自行设计加工 登高和起吊设备应根据地面或地下工程现场条件选择灵活多用的设备
3. 材料	(1)电缆和电缆连接与保护材料 (2)灌浆回填材料 (3)零配件加工材料、电缆走线材料和脚手架材料 (4)零星材料、电缆接线材料及零配件加工材料等	电缆应按设计长度和仪器类型选购 零星材料需配备齐全,避免仪器安装因缺一件小材料而影响施工进度和质量
4. 办公系统	(1)计算机、打印机及有关软件 (2)各种仪器专用记录表 (3)文具、纸张等	计算机软件包括办公系统、数据库和分析系统 记录表应使用标准表格
5. 测试系统	(1)有关的二次仪表 (2)仪器检验率定设备、仪表 (3)仪器维修工具 (4)测量仪表工具 (5)有关参数测定设备、工具	二次仪表是与使用的传感器配套的读数仪 岩土、回填材料和其他材料检验时的材料参数测定设备、工具

三、仪器检验率定

仪器安装埋设前应按规程规范的规定进行率定或组装，率定检验按照合格标准选用。

四、仪器与电缆连接

仪器与电缆连接是保证监测仪器能长期运行的重要环节之一。尽管仪器经过各种测试而保证无任何质量问题，可是如因电缆或连接接头有问题，仪器也不能长期正常地工作。因此，电缆与仪器的连接在安装前必须引起足够重视。

（一）电缆质量的要求

以差动电阻式仪器对电缆的要求为例，要求芯线电阻小、防水等。因此，要求选购观测专用电缆，其橡胶外套具耐酸、耐碱、防水、质地柔软等特点，芯线直径不小于 0.2 mm。铜丝镀锡 100 m 单芯电阻小于 1.5 Ω。电缆有两芯、三芯、四芯、五芯。用前做浸水检查，检查时把电缆浸泡在水中，线端露出水面，不得受潮。浸泡 12 h 线与水之间的绝缘值大于 200 MΩ 为合格。若电缆埋在高水压下，应在压力水中进行检查，用万用表测芯线有无折断，外皮有无破损（用打气筒向外皮内打气是否出气泡），如与要求一致，电缆质量为合格。

（二）电缆线的连接

仪器与电缆的连接，必须按要求进行。

(1)电缆的长度：按仪器到观测网站实际需要的长度，加上松弛长度，进行裁料。松弛长度根据电缆所经过的路线要求确定。土坝中须按 S 形延伸，松弛长度为实际长度的 15%，一般不得少于 5%，如有特殊要求另行考虑。

(2)剪线头：将选好的线端橡胶色皮剪除 100 mm，如表 9-2 和图 9-1 所示。

表 9-2　电缆连接时对接芯线应留长度　　（单位：mm）

芯线颜色	仪器电缆接头芯线长	接长电缆接头芯线长
黑	25	65 （85）
红	45	45 （65）
白	65	25 （45）
绿	（85）	（25）

注：当电缆为四芯时，应用括号内数值，五芯时可依次加长。

把芯线剪成长度不等的线段。另一线的一端按相同颜色的长度相应剪短，各芯线连接之后，长度一致，结点错开，切忌搭接处在一起。

（三）接线

把铜丝的氧化层用砂布擦出，按同颜色互相搭接，铜丝相互叉入，拧紧，涂上松香粉，放入已熔化好的锡锅内摆动几下取出，使上锡处表面光滑无毛刷，如有应锉平。

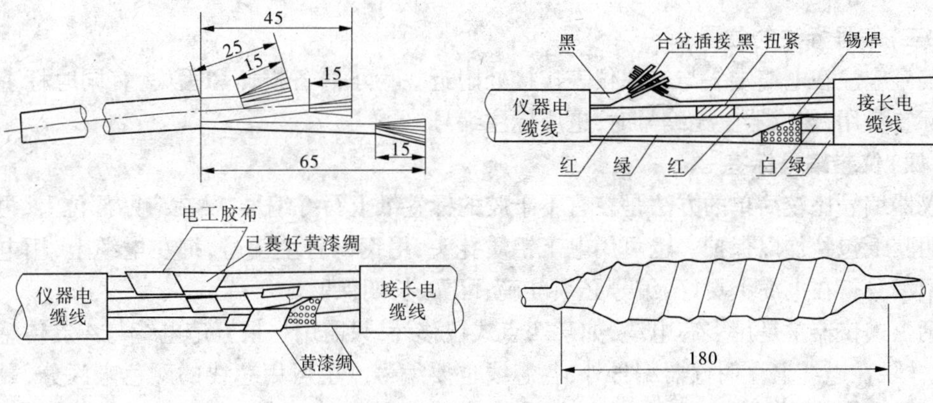

图 9-1 电缆连接工艺 （单位:mm）

（四）包扎

用黄漆绸小条裹好焊接部位，再用高压绝缘胶带缠线一层，用木锉打毛电缆端部橡皮长约 30 mm，用脱脂棉醮酒精洗净后，涂以适量的胶水将芯线并在一起，裹上高压绝缘胶带或硅橡胶带，或宽度 20 mm 的生橡胶。裹时一圈一圈地依次进行，并用力拉长胶带，边拉边缠，使粗细一致。包扎体内不能留空气，总长度约 180 mm，直径 30 mm，比硫化器模子长 2 mm，外径也比硫化器大约 2 mm 为宜，为使胶带之间易胶合，缠前宜在胶带表面涂以汽油。

（五）硫化

电缆接头硫化时，在硫化器模内均匀地撒上滑石粉，将裹扎好的电缆接头放入模槽中，合上模，拧紧旋纽，合上电源加热。一边加热，一边拧紧旋纽，升温到 155 ~ 160 ℃，恒温 15 min，关闭电源自然降温，冷却至 80 ℃后方可脱模。

电缆连接也可以采用热缩材料代替硫化。目前，热缩管广泛用于观测电缆的连接，操作简单，有密封、绝缘、防潮、防蚀的效力。接线时，芯线采用 $\phi5 \sim 7$ mm 的热缩套管加温热缩，用火从中部向两端均匀地加热，使热缩管均匀地收缩，管内不留空气，热缩管紧密地与芯线结合。缠好高压绝缘胶带后，将预先套在电缆上的 $\phi18 \sim 20$ mm 热缩套管移至缠胶带处加温热缩。热缩前在热缩管与电缆外皮搭接处涂上热熔胶。

（六）检查

当接头扎好后测试一次，硫化过程中和结束后各测一次，如发现异常立即检查原因，如果断线应重新连接。

五、仪器编号

（一）仪器编号的意义

仪器编号是整个埋设过程中一项十分重要的工作，常常由于编号不当难以分辨每支仪器的种类和埋设位置，造成观测不便，资料整理麻烦，甚至发生错乱。

（二）仪器编号的原则

仪器编号应能区分仪器种类，埋设位置力求简单明了，并与设计布置图一致。如某仪器编号为 M_{1-2-3}，它的含义是：“M”为多点位移计，“1”是第一个断面，“2”是第 2 个孔，“3”是第 3 个测点。只要知道编号的含义，一见编号就知道是什么仪器、在第几个断面以及孔号和测点号。

(三)编号标注的位置

编号应注在电缆端头与二次仪表连接处附近。为了防备损坏和丢失，宜同时标上两套编号标签备用，传感器上无编号时，也应标注编号。

(四)仪器编号标签

仪器编号比较简单的方法是在有不干胶的标签纸上写好编号，贴在应贴部位上，再用优质透明胶纸包扎加以保护。也可用电工铝质扎头，用钢码打上编号，绑在电缆上，用电缆打号机把编号打在电缆上更好，编号必须准确、可靠、长期保留。

钢弦式仪器常是用多芯电缆，如某四点式位移计，只需用一根五芯电缆与4支传感器相连，这样除在电缆上注明仪器编号外，各芯线也要编号。也可用芯线的颜色来区分，最好按规律连接，如红、黑、白、绿分别连接1、2、3、4各号仪器。

六、仪器安装埋设的土建施工

安全监测的土建施工包括：临时设备施工，仪器安装埋设土建施工，电缆走线工程土建施工，观测站及保护设施土建施工。这些土建施工项目分别在有关的项目中，根据具体要求提出施工方法和标准。仪器安装埋设的土建施工在各类工程监测中也有具体的方法和标准。这类土建施工工艺和技术标准比一般工程高，而且细，这是仪器性能和观测精度的需要。所以，仪器安装埋设前应做好土建施工，经验收合格后，才能安装埋设仪器。

七、仪器安装埋设的要点

监测仪器的安装埋设工作是最重要的环节。这一工作若没做好，监测系统就不能正常使用。大多数已埋设仪器是无法返工或重新安装的。这样导致观测成果质量不高甚至整个工作失败。因此，仪器的安装埋设必须事前做好各种施工准备，埋设仪器时尽量减少其他施工的干扰，确保埋设质量。下面按各类仪器的要求分别叙述安装埋设的要求。

(一)土石坝填筑过程中压力计的安装埋设要求

在土石坝的填筑过程中，埋设压力计可采用坑埋和非坑埋两种方式，并根据工程和施工现场情况决定采用哪种方式。一般采用非坑埋，特别是在堆石体中埋设最适宜。

(1)非坑埋。在埋方高程即将达到埋设高程时，在填筑面上测点位置制备仪器基面。基面必须平整、均匀、密实，并符合规定的埋设方向。在堆石体内，仪器基面应分层填筑，先以较大的砾石或碎石填充堆石表面空隙，再以较小粒径砂砾及砂铺平、压实。然后按设计观测方位安装压力计，掩埋保护层，铺平、压实。仪器周围安全覆盖厚度以内的填方应采用薄层铺料、专门压实方法，确保仪器安全，并尽量使仪器周围材料的级配、含水量、密度等与邻近填方接近，为了不损坏受压板，与其接触的材料一般宜采用中细砂。

(2)坑埋时，根据埋方材料的不同，在填方高程超过埋设高程1.2～1.5 m时，在埋设位置挖坑至埋设高程，坑底面积约1 m^2。在坑底制备基面，仪器就位后将开挖土石料(筛除粒径大于5 mm的碎石)分层回填压实。对于水平方向和倾斜方向埋设的压力计，按要求方向在坑底挖槽埋设，槽宽为2～3倍仪器厚度，槽深为仪器半径。回填方法同上。如在堆石中埋设，同样挖坑并按上述要求制备基面。

(3)压力计埋设后的安全覆盖厚度，一般在黏性土填方中应不小于1.2 m，在堆石填方中应不小于 1.5 m。

(4)压力计组的埋设,可采用分散埋设,但间距应不大于 1 m。

(5)接触面压力计安装埋设。根据已有基面和填筑材料的类型,可采用上述相应于混凝土或土石料填筑时的压力计埋设方法进行埋设,埋设时首先在埋设位置按要求制备基面,然后用水泥砂浆或中细砂将基面垫平,放置压力计,密贴定位后,回填密实。

(二)渗压计的安装埋设要求

渗压计用于观测土体和混凝土内的渗透水压力,安装埋设前应做好以下准备工作:

(1)仪器室内处理。仪器检验合格后,取下透水石,在钢模片上涂一层防锈油,按需要长度接好电缆。

(2)将渗压计放入水中浸泡 2 h 以上,使其充分饱和,排除透水石中的气泡。

(3)用饱和细砂袋将测头包好,确保渗压计进水口通畅,并继续浸入水中。

(4)土料填筑过程中埋设渗压计的要点:土料填筑过程超过仪器埋设高程 0.5 m 后暂停填筑,测量并放出仪器位置,以仪器点为中心,人工挖出长×宽×深为 1 m×0.8 m×0.5 m 的坑,在坑底用与渗压计直径相同的前端呈锥形的铁棒打入土层中,深度与仪器长度一样,拔出铁棒后,将仪器取出读一个初始读数,做好记录,然后将仪器迅速插入孔内,但不得用铁锤打,只能用手加压,将仪器全部压入孔中,再把仪器末端电缆盘成一圈,其余电缆从挖好的电缆沟向观测站引去,分层填土夯实。

(5)在土石坝填筑体的基岩面上埋设渗压计,也可采用坑埋方法。当土石料填筑已高于仪器埋设处 0.5 ~1 m 时,暂停填筑,测量人员按设计要求测出仪器埋设位置。挖出周围 50 cm 的填土,露出基岩,在底部铺上 20 ~30 cm 厚的砂,浇水,使砂饱和,在上面填土并分层夯实。电缆线从已挖好的电缆沟引到观测室。电缆间宽 0.5 m、深 0.5 m,电缆线之间相互平行排列,呈 S 形向前引,而后分层填土夯实。

(6)测压管的安装埋设。在坝基、坝岸安装测压管,一般均使用钻孔埋设法。如果穿过堆石坝体安装埋设测压管,由于坝填筑以后钻孔成孔困难,也可使用随填筑升高不断接长测压管的埋设方法。采用该方法埋设,在每次加长测压管时必须保证接头处不渗水。在进水管侧头段,处理方法与单管测压管相同。测压管经过堆石体,管周围约 30 m 范围内宜填较细的过渡料,以保证测压管不被挤压破裂。测压管管口应设置混凝土保护墩和加锁的保护盖。

测压管安装、封孔完毕后,需进行灵敏度检验。检验的方法采用注水试验,一般在库水位稳定期进行。试验前先测定管中水位,然后向管内注入清水。若进水段周围为壤土料,注水量相当于每米测压管容积的 3 ~5 倍;若为砂砾料则为 5 ~10 倍。注入水后不断观测水位变化,直至恢复到接近注水前的水位。对于黏壤土,注水位在 5 昼夜内降至原水位为灵敏度合格;对于砂壤土 1 昼夜内降至原水位为灵敏度合格;对于砂砾土,1 ~2 h 降至原水位或注水后水位升高不到 3 ~5 m 为合格。

当一孔埋多根测压管时,应自上而下逐根检验,并同时观测非注水管的水位变化,以检查它们之间的封孔止水是否可靠。

为测水库蓄水后绕坝渗流的情况,根据设计要求,往往在大坝两岸坡上设置若干渗流观测孔。一般来说,这些钻孔如果岩石较好,不需要全孔下套管保护,往往只需要对孔口段实施护孔措施。孔口设混凝土保护墩,并加盖上锁。观测时打开孔盖,将水位计放入孔中即可测得孔中水位。为便于遥测和自动化检测,也可以在孔中安装水位传感器如渗压计等。

(7)量水堰的安装。在堆石坝的下游坝坡脚修建一座或几座量水堰。多用三角形堰口,堰板一般用不锈钢板制成,堰上部分设有小读数为毫米的刻度,以便直接读出量水堰中的水位高度。为便于遥测和自动化检测,也可以在量水堰中安装水位传感器如微压计等。

(8)位移计安装埋设要求。土石坝工程安全监测通用的位移计是安装在钻孔中的位移计,用于观测钻孔轴向的位移。钻孔位移计有单点位移计和多点位移计。其孔内测点的固定方式有机械式和黏结式两种。测点与传感器的速接方式,有传递杆连接和钢丝连接,其外部均用 PVC 管封闭保护,传感器均安装在孔口,孔内最深的测点应位于不动层中。具体安装埋设方法如下:

①造孔:

a. 在预定部位,按设计要求的孔径、孔向和孔深钻孔。钻孔轴线弯曲度应不大于钻孔半径,以避免传递杆(丝)过度弯曲,影响传递效果。孔向偏差应小于 3°,孔深应比最深测点多 1.0 m 左右。孔口保持稳定、平整。

b. 钻孔结束后应冲洗干净,并检查钻孔通畅情况。

c. 距离开挖工作面近的孔口,应预留安装保护设施的孔。

②仪器组装:

a. 按照设计的测点深度,将锚头、位移传递杆和护管及传感器严格按厂家使用说明书进行组装合格后,运往埋设孔,调好传感器工作点(一般调在全量程的 70% 左右)。全灌浆或位移计,其传递系统的杆件护管应胶接密封。

b. 孔周边安装牢固的隔离架确保安装和注浆的安全,并将传递杆捆扎在一起。机械式锚头应安装锚定装置,全孔灌浆式的位移计,水平孔和上仰孔应同时捆扎好灌浆排气管和垂直孔底灌浆管。

③仪器安装:

a. 在现场组装的位移计经检验合格后,送入孔内安装运输时,支撑点间距应不小于2 m,曲率半径不得小于 5 m,入孔速度应缓慢。

b. 位移计入孔后,固定传感装置,并使其与孔口齐平,引出电缆和排气管。水平孔和上仰孔孔口,插入孔口灌浆管之后,用水泥砂浆封密。

c. 孔口水泥砂浆固化后,若检测正常,开始封孔灌浆,灌浆灰砂比为 1∶1,水灰比为 0.38 ~0.4。上仰孔灌至不进浆后,继续灌 10 min 后闭浆,确保最深测点锚头处浆液饱满。灌浆结束,应进行检测。

d. 灌浆液固化约 24 h 后,打开传感器装置盖,用手预拉一下传递杆,再确认一次工作点,即可观测初始值,做好孔口保护和电缆走线。

多点位移计安装埋设如图 9-2 所示。

(三)观测电缆的走线要求

观测电缆的走线是安全监测工程施工的一个组成部分。电缆走线和仪器安装埋设的重要性是等同的,设计阶段与施工阶段均应予以重视。

电缆走线有明走和暗走之分。明走电缆包括明管穿线、缠裹和裸束等方式,暗走电缆包括裸束埋线、缠裹埋线、埋管穿线、钻孔穿线和沟槽敷设等方式。

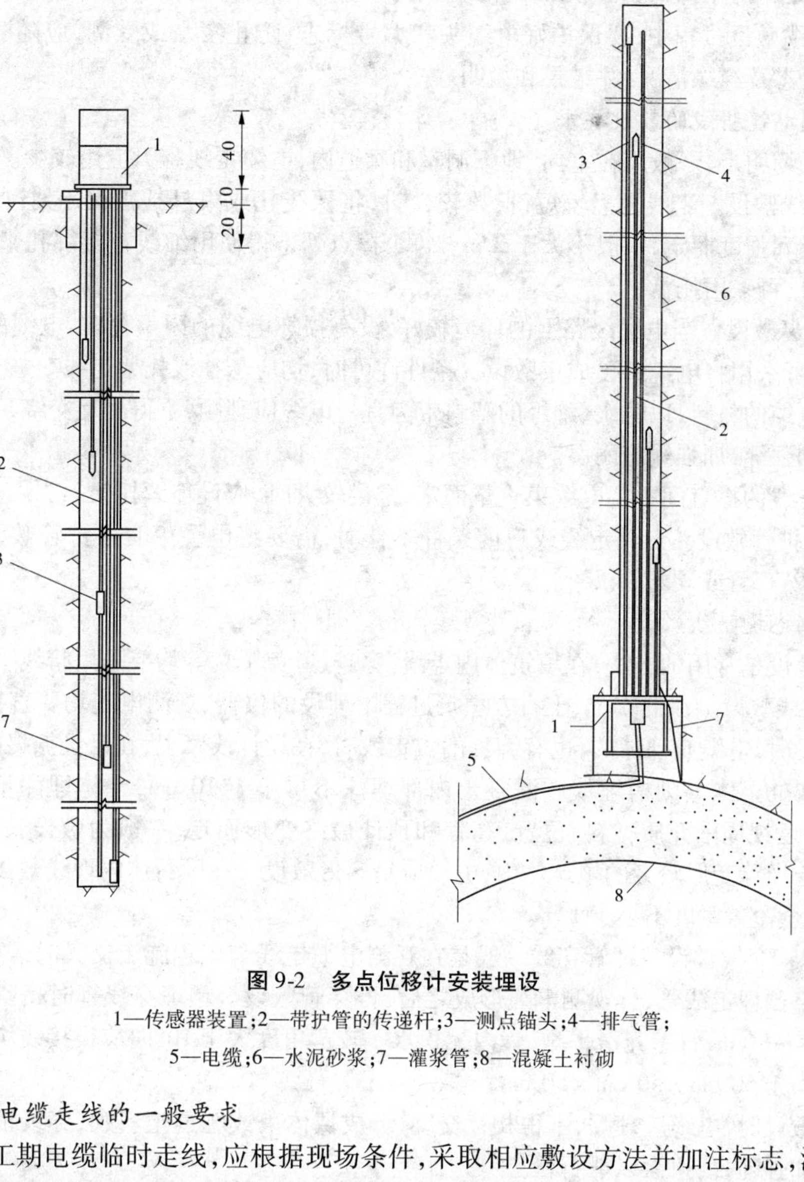

图 9-2　多点位移计安装埋设

1—传感器装置;2—带护管的传递杆;3—测点锚头;4—排气管;
5—电缆;6—水泥砂浆;7—灌浆管;8—混凝土衬砌

1. 监测电缆走线的一般要求

(1)施工期电缆临时走线,应根据现场条件,采取相应敷设方法并加注标志,注意保护,选好临时观测站的位置,尤其在条件十分恶劣的地下工程施工中,监测电缆的保护需要有切实可靠的措施。

(2)电缆走线敷设时,应严格按照电缆走线设计图和技术规范施工,尽可能减少电缆接头,遇有特殊情况需要更改时,应以设计修改通知为依据。

(3)在电缆走线的线路上,应设置警告标志。尤其是暗埋线,应对准确的暗线位置和范围埋设明显标志。设专人监测电缆,进行日常维护,并健全维护制度,树立"损坏观测电缆是违法行为"的意识。

(4)电缆跨施工留缝时,应有 5 ~ 10 cm 的弯曲长度。穿越阻水设施时,应单根平行排列,间距 2 cm,均应加阻水环或阻水材料回填。坝内走线时,应严防电缆线路成为渗水通道。在填筑过程中,电缆随着填筑体升高垂直向上引伸时,可采用立管引伸,管外填料压实后，将立管提升，管内电缆周围用相应的料填实。

(5)电缆敷设过程中，要保护好电缆头和编号标志，防止浸水或受潮，应随时检测电缆和仪器的状态及绝缘情况，并记录和说明。

2. 监测电缆明线的敷设要求

监测电缆明走，一般用在室内、地下洞室和廊道内，电缆走线露天应用较少。

(1)裸线敷设。走线距离较短，根数较少时，将裸线扎成束悬挂敷设，悬挂的撑点间距视电缆重量和强度而定，一般不大于2 m。每个撑点处不得使用细线直接绑扎来固定电缆。电缆较多时，可采用托盘。

(2)缠裹敷设。当电缆线路上的环境较好，没有损坏电缆的因素存在，电缆的数量较大时，一般均可采用将电缆缠裹成束敷设。条件许可时，均应悬挂或托架走线。

缠裹电缆的材料，以防水、绝缘的塑料带为宜。电缆应理顺，不得相互交绕，一般在电缆束内复加加强绳，加强绳应耐腐。

悬挂走线的撑点间距视电缆束重量而定，重量较大时，应设连续托架。

(3)套护管敷设。户外走线或户内条件不佳时，需要将电缆束套上护管敷设。护管一般为钢管、PVC 管或硬塑管。

3. 监测电缆暗线敷设

暗线敷设是常用的方法，在填筑体内走线、穿越、避免干扰等均要采用暗线。

(1)埋线敷设。在混凝土、土石方填筑过程中埋设的仪器、观测电缆均要直接埋入填筑体内。敷设时，电缆有裸体的，也有缠裹的。走线时，在设计线路上，在已经振捣好的混凝土或已经压实的土体上刻槽埋线。混凝土内部埋深不得小于10 cm，土体埋深不得小于50 cm，埋线裕度视周围介质材料、位置、高程和预计最终变形而定，一般为敷设长度的5%～15%。在土坝等变形较大的填筑体内，电缆应呈S形敷设。在堆石体内埋线敷设，电缆应加保护管，安全覆盖厚度不小于1 m。

(2)埋管穿线敷设。埋管穿线一般是在观测电缆走线与工程施工交叉时需要在先期工程中沿线路预埋走线管，待观测电缆形成之后，再穿管敷设。预埋穿线管时，管径应大于电缆束直径4～8 cm，管壁光滑平顺，管内无积水。较弯角度大于10°时应设接线坑断开，坑的尺寸不得小于50 cm×50 cm×50 cm。

穿线敷设时，电缆应理顺，不得相互交绕，绑成裸体束或缠裹塑料膜，穿线根数多时，束中应复加加强绳，线束涂以滑石粉。

(3)钻孔穿线敷设。线路穿越岩体或已有建筑物时，需要钻孔穿线敷设。具体要求与埋管穿线相同。注意钻孔应冲洗干净，电缆应缠裹，避免电缆护套损坏。

(4)电缆沟槽走线敷设。电缆数量较大或有特殊要求时，可修建电缆沟或电缆槽进行走线敷设。也可利用对监测电缆使用无影响的已有电缆沟走线。在沟内敷设时，需要有电缆托架，在槽内敷设时，槽内不得有积水，应考虑排水设施，沟槽上盖要有足够强度，严防损坏，砸断电缆。室外电缆沟槽的上盖应锁定。

第六节　安全监测仪器安装埋设后的工作

为了便于对土石坝安全监测仪器的维护管理和对监测资料的整理分析，为工程安全做出准确的评价，使观测资料发挥应有的作用，仪器安装埋设后，必须做好下列各项工作。

一、仪器安装埋设记录

仪器安装埋设记录应贯穿在全过程中，记录应包括下列内容：

（1）准备工作记录：①技术资料记录；②技术培训情况；③现场调查记录；④设备仪器检查记录；⑤电缆连线及仪器组装记录；⑥仪器编号记录；⑦土建施工记录。

（2）仪器安装埋设记录：①工程名称与项目名称；②仪器类型、型号；③位置坐标和高程；④安装日期和时间；⑤天气、温度、降雨及风速状况；⑥安装期周围施工状况；⑦安装过程中的安装记录、方法、材料和检测记录；⑧结构的平、剖面图、显示仪器的安装、仪器位置、电缆位置、电缆接头位置以及安装过程中使用的材料；⑨安装期间的照片、录像，仪器埋设前的情况；⑩安装期间的调试及其测试数据。

（3）监测电缆走线记录：①电缆编号（仪器号）；②电缆类型、型号、规格；③电缆接头数量、位置；④敷设方法、线路辅助设施结构；⑤敷设过程中的检测记录；⑥敷设前后的照片、录像；⑦电缆线路图。

（4）工程施工记录：①填筑工程，包括工程部位、施工方法、填筑厚度、起止时间、温度、填料特性、材料配合比、气象条件；②开挖工程，包括工程部位、施工方法、开挖动态图、爆破参数、支护方式与时机、地质描述；③试验与检验记录。

二、编写仪器安装竣工报告

（一）资料收集与整理

需要收集与整理的资料包括：①工程资料；②观测设计资料及仪器出厂资料和率定资料；③仪器安装埋设记录；④绘制仪器安装埋设竣工图（单只仪器考证图表及仪器总体分布图）；⑤仪器安装埋设后初始状态图表。

（二）报告内容

（1）单只仪器安装竣工报告内容：①观测项目；②仪器类型、型号；③仪器位置、高程；④安装埋设时间；⑤土建工程情况；⑥仪器安装埋设状态图（平面、剖面图）；⑦仪器率定情况；⑧仪器组装与检测；⑨仪器安装埋设与检测；⑩仪器初始状态检测；⑪验收情况。

（2）仪器安装埋设竣工总报告内容：①监测工程设计概况；②监测工程施工组织设计概述；③仪器设备造型、仪器装置图及仪器性能明细一览表；④安装率定和监测方法说明（含率定结果统计表）；⑤土建施工情况；⑥仪器安装埋设竣工图、状态统计表及文字说明；⑦仪器初始状态及观测基准值。

三、仪器安装埋设后的管理

（一）建立仪器档案

仪器档案内容一般包括名称、生产厂家、出厂编号、规格、型号、附件名称及数量、合格证书、使用说明书、出厂率定资料、购置商店及日期、设计编号及使用日期、使用人员、现场检验率定资料、安装埋设考证图表、问题及处理情况、验收情况。

（二）仪器设备的维护管理

（1）建立维护观测组织。

(2)编制维护观测制度。

(3)编制维护观测技术规程。

四、监测组织与仪器设备管理

(一)监测组织

(1)土石坝的管理单位以及进行施工期监测的施工单位,必须根据《水库大坝安全管理条例》精神建立健全土石坝安全监测的专业组织。

(2)监测组织必须实行岗位责任制,认真执行各有关规范、规程和工作细则,确保规则和资料整编分析及时,成果真实准确,符合精度要求。

(3)根据监测任务,必须配备具有相应的工程技术知识和监测经验的专职人员,并尽量保持人员固定。

(4)监测组织必须为观测人员创造工作条件,并配备必要的安全劳动保护用品。

(二)监测仪器、仪表的管理

(1)应建立仪器、仪表档案。一般包括名称、生产厂家、出厂号码、规格、型号、附件名称及数量、合格证书、使用说明书、出厂率定资料、购置商店及日期、本单位予以的编号以及使用日期、使用人员、发生故障或损伤和相应的排除或送厂修复等情况。

(2)仪器、仪表在运输和使用过程中,必须轻拿轻放,确保平稳放置,不受挤压、撞击或剧烈颠簸振动,使用时应严格依照厂家提供的使用说明和注意事项。

(3)除埋设在土石坝内部的仪器外,各项仪器、仪表均应设置在通风、干燥、平稳、牢固的地方,并应注意防尘、防潮,对于温度不适宜的时空,应设置温控设施。

(4)各项仪器、仪表应定期进行保养、率定、校正,用电仪表应定期通电检验。

(5)观测中发现异常测值时,在进行复测前,应检查仪器、仪表是否正常,使用方法是否有错误。

(6)仪器、仪表使用后应进行保养维护,入水观测的仪具,必须擦净晾干并涂必要的防护油。

(7)经常使用的无检修间隙时间的仪器、仪表,必须配置备件。

(三)监测设备、设施的管理

(1)所有基点和观测点都应有考证表,并绘制总体布置图,水准基点应定期校测,当附近发生引起较大变形地震时,应重新引测校核,表面基点和测点都应有相应的保护罩,在工作基点处宜修建观测室。

(2)电传观测设备,应定期检查接线是否坚固,电触点是否灵敏,是否有断线、漏电现象,防雷设施是否正常,接地电阻是否合格,电缆是否有浸水、老化、损坏,并及时修复改善,必要时更换新件。

(3)设置在现场的所有监测设备、设施都应在其适当位置,明显标出其编号,并应经常或定期进行检查维护,如发现破损应及时修复。

(4)应及时清除影响测值的一切障碍物。量水堰应及时清洗堰板和清除上下游水槽内的水草、杂物。

测压管淤积厚度超过透水段长度的1/3时,应进行掏淤。经分析确认副作用不大时,也可采用压力水或压力气冲淤。

(5)现场自动化监测设施或集中遥测的观测站(房),应保持各种仪器、设备正常运转的工作条件和环境。

(6)在工程除险加固或扩(改)建中对应保留的观测设备,在工程维修施工中,对表面监测设备及设施均应多加保护,保证监测工作能够正常进行。对传输电缆应作特殊保护。

(7)为保护观测人员在高空、水面、坑道、竖井、陡崖、窄道、临水边墙等处安全操作和通行所设置和配置的护栏、爬梯、保险绳、安全带、救生衣、安全鞋帽等,应经常检查、维护或更新。